Maschinelle Verarbeitung altdeutscher Texte

Maschinelle Verarbeitung altdeutscher Texte

Beiträge zum dritten Symposion
Tübingen 17.–19. Februar 1977

Herausgegeben von
Paul Sappler und Erich Straßner

Max Niemeyer Verlag
Tübingen 1980

CIP-Kurztitelaufnahme der Deutschen Bibliothek

Maschinelle Verarbeitung altdeutscher Texte. –
Tübingen : Niemeyer.
Bis 2 im Verl. E. Schmidt, Berlin.

3. Beiträge zum Symposion : Tübingen 17.–19. Februar 1977. – 1980.
ISBN 3-484-10349-3

ISBN 3-484-10349-3

Druck: Sulzberg-Druck GmbH, Sulzberg im Allgäu
Einband: Heinr. Koch, Tübingen

Vorwort

Das dritte Symposion über Probleme der maschinellen Verarbeitung altdeutscher Texte, dessen Referate hier wiedergegeben sind, fand vom 17. bis 19. Februar 1977 in Tübingen im Rahmen des 500-jährigen Universitäts-Jubiläums statt. Finanziert wurde es von der Deutschen Forschungsgemeinschaft; dafür sei ihr sehr gedankt. Die Tagung führte eine nützliche Tradition weiter, die von Hugo Moser und Winfried Lenders mit den Symposien in Mannheim 1971 und 1973 begründet worden war. Der Gegenstand, Computeranwendungen im Umkreis der älteren deutschen Philologie, ist immer noch neu, seine Möglichkeiten sind im einzelnen noch nicht abzusehen, und er erweist sich gerade jetzt als sehr vielfältig. Ein solche Situation verlangt in besonderer Weise nach kontinuierlicher Diskussion und auch nach dem Festhalten eines Diskussionsstandes in einem Band wie diesem.

Inhalt

Jochen Splett

Ermittlung von Graphemsystemen in der althochdeutschen Glossenüberlieferung mit Hilfe elektronischer Datenverarbeitung

In der neuesten, 1975 erschienenen Auflage der Althochdeutschen Grammatik von WILHELM BRAUNE, die HANS EGGERS bearbeitet hat, heißt es einleitend zum Kapitel 'Übersicht über die althochdeutschen Konsonantenzeichen': »Inwieweit die in den §§ 172–191 angegebenen, sehr unterschiedlichen Graphien allein auf Schreibtraditionen (z.B. romanischen, angelsächsischen usw. Einflüssen) beruhen oder aber phonologische Unterschiede (Erfassung von Allophonen; mundartliche Sonderentwicklungen) wiedergeben, kann, da es an systematischen Untersuchungen des Gesamtbereichs der ahd. Phonologie fehlt, nicht in jedem Fall mit Sicherheit festgestellt werden« (S. 169, § 171, Anm. 1). Abgesehen davon, ob bei einer nur schriftlich bezeugten Sprachstufe in dieser Hinsicht überhaupt in jedem Fall sichere Aussagen möglich sind, ist in der Tat eine phonologische Gesamtuntersuchung des Althochdeutschen bis heute ein Desideratum. Vor allem die Aufarbeitung der rund 300.000 althochdeutschen Glossen stellt hier eine bisher nicht bewältigte Aufgabe dar, zumal die vorab notwendige lexikalische Erfassung in toto noch aussteht. Andererseits wäre eine detaillierte Kenntnis der althochdeutschen Graphemsysteme erforderlich, um zumindest größere Sicherheit bei der Glossendeutung zu erreichen, speziell bei der Entscheidung, ob in bestimmten Fällen mit Graphemvarianten oder Verschreibungen zu rechnen ist. Daß diese Aufgabe nur mit Hilfe der maschinellen Datenverarbeitung zu lösen sein wird, bedarf heute keiner eingehenden Begründung mehr. Als ein erster bescheidener Versuch, Grundlagen für die Lösung der angesprochenen Probleme zu schaffen, ist das Projekt anzusehen, über dessen Anfänge auf dem zweiten Symposion unter dem Titel 'Verfahrensweisen zur grammatikalischen Auswertung althochdeutscher Glossen mit Hilfe elektronischer Datenverarbeitung' berichtet werden konnte. Anknüpfend an diese Ausführungen soll im folgenden über Aufbau, Methode und Stand der Arbeit referiert werden.

Das Projekt gliedert sich in fünf Abschnitte:

I: Datenerfassung
II: Erstellung der 'lautlichen' Ebene
III: Erstellung der Datenstruktur für die grammatische Analyse
IV: Abfragprogramme und Distributionslisten
V: Auswertung

Mit dieser Gliederung ist zugleich die Reihenfolge der einzelnen Arbeitsschritte angedeutet, nicht dagegen ihre Abhängigkeit untereinander und die rekursive Komponente des Verfahrens.

I: Datenerfassung

Jede einzelne Wortform einer althochdeutschen Glosse wird auf einer gesonderten Lochkarte abgelocht, die durch einen Stern (*) in Spalte 1 als Belegkarte kenntlich gemacht wird. In Spalte 2 bis 10 wird die sogenannte 'Adresse' markiert, die Band, Seite, Zeile, Handschriftensigle und – falls notwendig – Stellung in der Zeile im STEINMEYER/SIEVERS'schen Glossencorpus angibt und mit deren Hilfe jeder einzelne Glossenbeleg eindeutig zu identifizieren ist. Bei den nicht bei STEINMEYER/SIEVERS edierten Glossen tritt an die Stelle der Bandangabe eine Buchstabenkombination analog den Siglen, die STARCK/WELLS in ihrem Althochdeutschen Glossenwörterbuch benutzen. Spalte 11 bis 30 stehen für den Glossenbeleg zur Verfügung, der in der überlieferten Form abgelocht wird. Einzelheiten der Ablochkonvention etwa bei Graphien, die nicht im Zeichenvorrat des Lochers enthalten sind, bei übergeschriebenen Buchstaben, Abkürzungen, unleserlichen Graphien und ähnlich gelagerten Fällen brauchen hier nicht wiederholt zu werden.

Besonderheiten der handschriftlichen Überlieferung wie Rasuren, Verbesserungen, Geheimschrift, über- oder beigeschriebenes *ſ* bei den sogenannten *ſ*-Glossen und ähnliches werden auf einer Lochkarte mit der gleichen Adresse, aber dem Nicht-Zeichen (¬) in Spalte 1, festgehalten. Diese Lochkarten bilden die sogenannte 'Verschreibungsdatei'. Abgesehen von paläographischen Doppeldeutigkeiten, die aber als solche dokumentiert werden, und dem Problem der Worteinheit – der Frage also, ob Syntagma oder Zusammensetzung vorliegt – ist in der Beleg- und Verschreibungsdatei soweit wie möglich keine Deutung des Materials enthalten.

Bisher sind der erste Band und zwei Drittel des zweiten Bandes der Glossenedition von STEINMEYER/SIEVERS abgelocht, korrigiert und auf Magnetband überspielt. Das sind rund 130.000, also knapp die Hälfte aller bezeugten Glossen. Hinzu kommen etwa 8.000 Lochkarten der Verschreibungsdatei. Anhand von Mikrofilmen, Faksimiles und teilweise durch Autopsie der Handschriften sind etwa 17.000 Glossenbelege überprüft.

II: Erstellung der 'lautlichen' Ebene

Zu jeder Belegkarte wird eine zugehörige 'Deutungskarte' in folgender Form erstellt. Spalte 1 wird nicht gelocht; das Leerzeichen ist also Kennzeichen der Deutungsdatei. Die Adresse wird unverändert übernommen. Die Spalten 11 bis 71 stehen für den Glossenbeleg zur Verfügung, der in normalisierter Form abgelocht wird, und zwar so, daß die jeweilig bezeugten Graphien der Belegkarte den entsprechenden Graphien der Deutungskarte, die hier die Lautebene repräsentieren, in eineindeutiger Weise zugeordnet sind. Diese Zuordnung ist keine Zuordnung Spalte für Spalte, sondern jeweils drei Spalten der Deutungskarte entsprechen e i n e r Spalte in der Belegkarte. Dadurch ist es u.a. möglich, Graphien aus mehreren Buchstaben e i n e m Laut und Laute, die durch mehrbuchstabige Graphien repräsentiert werden, e i n e r Graphie zuzuordnen. Das Leerzeichen in der ersten Spalte einer Dreiergruppe in der Deutungskarte ist demzufolge das Zeichen dafür, daß eine mehrbuchstabige Graphie vorliegt. Um dies auch für das Wortende zu gewährleisten, wird das Glossenende durch einen Punkt angezeigt. Bei dieser Ablochkonvention ist es nicht erforderlich, die Belegkarte nachträglich zu ändern. Zudem ist genügend Platz vorhanden, um bei Präfixbildungen und Komposita durch entsprechende Markierungen in der Deutungskarte den Hauptton- vom Nebentonvokalismus zu trennen. Dies geschieht durch Ablochen des Schrägstrichs (/) in der letzten Spalte eines unbetonten Präfixes und durch Ablochen des Nummernzeichens (#) in der Spalte unmittelbar vor Beginn eines Grundwortes bei Komposita und Bildungen mit betontem Präfix.

Spalte 72 bis 80 sind für die grammatische Bestimmung des Belegs reserviert. Die dafür gewählten Siglen sind so aufgebaut, daß mit ihrer Hilfe die Belege lemmatisiert werden können, d.h. es ist beispielsweise möglich, bei Verbformen den zugehörigen Infinitiv, bei Substantiven den Nominativ Singular automatisch zu erzeugen. Da der morphologische Teil der Glossenanalyse hier nicht zur Debatte steht, soll hier nicht näher darauf eingegangen werden.

Um die zahlreich überlieferten verschriebenen Glossen nicht von der Analyse auszuschließen, wird bei diesen zusätzlich zur Belegkarte eine sogenannte 'Konjekturkarte' abgelocht, auf der der Beleg in konjizierter Form erscheint. Kennzeichen dieser Lochkarten ist das Prozentzeichen (%) in Spalte 1. Die Adresse wird unverändert übernommen, die konjizierten Graphien in spitze Klammern eingeschlossen. Damit ist das tatsächlich Überlieferte vom bloß Konjizierten klar getrennt. Die zugehörige Deutungskarte erhält in Spalte 1 das kommerzielle 'Zu'-Zeichen (@) und bezieht sich dann nicht auf die Beleg-, sondern auf die entsprechende Konjekturkarte. Mit Hilfe dieser Konjekturdatei lassen sich auch andere Verderbnisse der Glossenüberlieferung so erfassen, daß eine maschinelle Bearbeitung möglich ist. Eingedrungene Buchstaben oder zusätzliche Buchstaben aufgrund dittographischer Fehler werden in der Konjekturkarte durch das Und-Zeichen (&) ersetzt. Bei verstellten Wortteilen wird die Glosse in der zutreffenden Buchstabenfolge auf der Belegkarte abgelocht, durch eingefügte Ziffern die überlieferte Reihenfolge aber genau angezeigt. In der zugehörigen Konjekturkarte entfallen dann die Ziffern. Dies ist im übrigen der einzige Fall, in dem die Belegkarte den Text der Glossenedition in wesentlich veränderter Form wiedergibt.

Die Konjekturkarte wird auch dann verwendet, wenn die zugrunde gelegte Eins-zu-drei-Zuordnung nicht ausreicht. Das ist bei Elisionen und Kontraktionen der Fall, die von den Verschreibungen zu trennen sind und deren Belege daher nicht mit Hilfe der spitzen Klammern auf die zugehörigen normalisierten Formen bezogen werden können. An der betreffenden Stelle wird dann in der Konjekturkarte ein Plus-Zeichen (+) eingefügt, in der Deutungskarte das zu Ergänzende in runden Klammern eingeschoben.

Die Erstellung der Deutungs- und Konjekturdatei stellt die eigentliche philologische Arbeit dar. Sie läßt sich nicht automatisieren, jedenfalls nicht bei dem hier zu bearbeitenden Textcorpus. Wieweit bei der Erfassung beispielsweise der althochdeutschen Sprachdenkmäler an die Stelle dieses inputintensiven Verfahrens ein regelintensiveres treten kann, ist eine andere Frage. Wichtig für das Gelingen des Verfahrens überhaupt ist die absolute Einheitlichkeit der zugeordneten 'Lautebene'. Für diese Bezugsebene ist aus vorwiegend praktischen Erwägungen das sogenannte 'Normalalthochdeutsche' gewählt worden, das u.a. ja auch in der althochdeutschen Grammatik von BRAUNE/EGGERS zugrunde gelegt wird. Daß hier also nur in einem eingeschränkten Sinne von einer Lautebene die Rede sein kann, versteht sich danach von selbst. Die Frage, ob die auf diese Weise feststellbaren Graphien graphische, phonetische oder phonologische Unterschiede widerspiegeln, ist damit noch nicht entschieden. Die Basis aber, auf der diese Frage - wenn überhaupt - beantwortet werden kann, läßt sich durch das hier vorgestellte Verfahren schaffen.

Hinsichtlich der Ablochkonvention ist noch folgendes zu vermerken: Die Vokallänge wird auf der Deutungskarte durch Doppelschreibung angegeben, der auf germ. *þ* zurückgehende Laut wird als *D*, germ. *k* in der Gemination als *CK* und die labiale Affrikate als *PH* abgelocht.

Um die handschriftliche Erstellung der Deutung zu erleichtern, werden die Belegkarten mit zwei Zeilen Zwischenraum und mit zwei eingeschobenen Leerzeichen hinter jedem Buchstaben des Glossenbelegs untereinander aufgelistet. Die Deutung wird dann jeweils in Rot unter den gesperrt gedruckten Beleg geschrieben. Ist eine Konjektur erforderlich, so wird diese in blauer Schrift zwischen Beleg und Deutung eingeschoben sowie unter Spalte 1 jeweils das entsprechende Dateikennzeichen - Prozentzeichen bzw. kommerzielles 'Zu'-Zeichen - eingetragen. Auf diese Weise sind bisher über 20.000 Glossenbelege bearbeitet, und zwar die sogenannte Abroganssippe, das Glossar Ib/Rd und eine geringe Anzahl von Bibelglossen.

III: Erstellung der Datenstruktur für die grammatische Analyse

Beleg- und Verschreibungsdatei einerseits und zugehörige Deutungs- und Konjekturdatei andererseits werden jeweils auf Magnetband überspielt, mittels Prüfprogrammen auf formale Ablochfehler untersucht, gegebenenfalls korrigiert und durch ein sogenanntes 'Reißverschlußverfahren' ineinandergeschoben. Zugleich wird aus der Deutung die Kurzdeutung erzeugt, indem alle Leerzeichen gestrichen werden. Aus dieser wiederum gewinnt man durch Eliminierung aller Sonderzeichen, die ja nicht unmittelbar zur Wiedergabe der Laute dienen, die alphabetische Deutung. Aus der grammatischen Sigle wird eine Ziffer als Wortkennzeichen automatisch generiert, durch die die Belege jeweils einer bestimmten Wortgruppe zugeordnet werden. Das dient dazu, vor allem die Sortierprogramme bei der Auflistung nach flexivischen Gesichtspunkten wesentlich zu vereinfachen. Mit Hilfe dieser Elemente wird ein Record von 190 Character Länge mit folgender Struktur erstellt (Abb. 1 S. 10):

Position 1–20: Beleg
21–100: Deutungskarte
- 21: Leerzeichen bzw. kommerzielles 'Zu'-Zeichen (falls eine Konjekturkarte vorliegt)
- 22–30: Adresse
- 31–91: Deutung
- 92–100: Grammatische Sigle

101–129: Kurzdeutung
130: Wortkennzeichen
131–150: Konjektur (falls vorhanden)
151–170: Verschreibung (falls vorhanden)
171–190: Alphabetische Deutung

Diese Records werden in aufsteigender Reihenfolge nach der Adresse sortiert und Glossar für Glossar auf Magnetband gespeichert. Bei Glossen, die nicht zu einem Glossar gehören, dürfte sich im allgemeinen eine Zusammenfassung nach Handschriften, mitunter nach Handschriftengruppen, empfehlen. Die so strukturierten Records bilden die Grundlage für die jeweiligen Abfragprogramme. Über 20.000 solcher Records sind zur Zeit auf Magnetband greifbar: Die Glossare Abrogans, Samanunga und Ib/Rd.

IV: Abfragprogramme und Distributionslisten

Abgesehen von den Programmen, die der morphologischen Analyse dienen, lassen sich die verbleibenden in zwei Gruppen unterteilen: in solche, die die graphische Verwirklichung der Laute darstellen, und in solche, die die Lautwerte der Graphien ermitteln. Diese wiederum fächern sich auf in Programme, die sich auf den Konsonantismus, den Wurzel-, Vorsilben- und Mittelsilbenvokalismus beziehen. Im folgenden soll stellvertretend für diese Programmgruppe das Programm erläutert werden, das der Ermittlung des Lautwertes der Konsonantengraphien dient. Es ist wie alle übrigen in PL/1 geschrieben und auf der IBM 360/50 des Rechenzentrums der Universität Münster gerechnet worden. Auf Einzelheiten dieses über 300 Statements umfassenden Programms kann hier nicht eingegangen werden. Einen Überblick über seine Struktur und seine wichtigsten Elemente soll der auf Seite 11 bis 16 wiedergegebene Verlaufsplan (Abb. 2) geben, der sich in vier Teile gliedert:

I: Ermittlung von Graphie und entsprechender Lautung
II: Kennzeichnung der Überlieferungsart
III: Feststellung der vorangehenden Lautung
IV: Feststellung der folgenden Lautung

Die mittels dieses Programms gewonnenen Daten können auf unterschiedliche Weise an- und zugeordnet, gezählt und aufgelistet werden. Es erweist sich bei den althochdeutschen Glossaren als sinnvoll, Beleg für Beleg jeweils gesondert nach den einzelnen Handschriften aufzulisten. Zu diesen Auflistungen werden jeweils Tabellen ausgedruckt, die einen Überblick vermitteln über die Anzahl der Graphien und der zugehörigen Laute, aufgeschlüsselt nach ihrer Distribution und ihrer Überlieferungsart. Zunächst soll der Aufbau einer solchen Tabelle erläutert werden (Abb. 3).

Getrennt durch einen Doppelpunkt werden die ermittelten Konsonantengraphien den zugehörigen Lauten gegenübergestellt. Die Graphien sind nach der Anzahl der Buchstaben und innerhalb dieser Gruppierung alphabetisch untereinander angeordnet. Das zweite Sortierkriterium ist die alphabetische Anordnung der Laute. Entsprechend zugeordnete Zähler vermitteln einen raschen Überblick über die Häufigkeit der jeweiligen Graphie-Laut-Entsprechungen. Die anschließende Kolumnengruppe gibt Auskunft über die Überlieferungsart, und zwar über die Anzahl

1) der konjizierten Graphien
2) der Graphien in anderweitig konjizierten Belegen
3) der Graphien in Belegen mit eingedrungener Graphie
4) der Graphien in Belegen mit umgestellten Graphien
5) der Graphien in Belegen mit Elision.

Die beiden folgenden Kolumnengruppen, die parallel aufgebaut sind, geben Auskunft über die Distribution, d.h. über die der entsprechenden Graphie vorangehende bzw. folgende Lautung. Konjizierte Graphien werden dabei nicht berücksichtigt, um das Bild nicht zu verfälschen. So wird angegeben, wie oft eine Graphie überliefert ist

1) im Wortanlaut bzw. -auslaut
2) nach bzw. vor einem Konsonanten
3) nach bzw. vor einem Kurzvokal
4) nach bzw. vor einem Langvokal oder Diphthong
5) im gedeckten Anlaut bzw. am Ende einer Vorsilbe
6) im Wortanlaut bzw. -auslaut innerhalb eines Kompositums
7) nach bzw. vor einer Elision
8) nach bzw. vor einer fraglichen Lautung
9) nach bzw. vor einer eingedrungenen Graphie
10) nach bzw. vor einer Konjektur.

In der Zeile am Fuß der Tabelle sind die entsprechenden Summen der einzelnen Kolumnen ausgedruckt. Die Beleganzahl ist hinzugefügt, um im Vergleich mit der Anzahl der bezeugten Graphien einen ungefähren Anhaltspunkt über die Häufigkeit von Belegen zu haben, in denen die gesuchten Graphien mehrmals vorkommen.

Anhand der zugehörigen Auflistung (Abb. 4 u. 5) können die zugrunde liegenden Belege und die genauere Aufschlüsselung ihrer Überlieferungsart und ihrer lautlichen Umgebung aufgefunden und überblickt werden. Die hier gewählte Anordnung der Daten ist aus der Legende am Kopf der Auflistung zu ersehen. So folgen von links nach rechts kolumnenweise aufeinander:

1) Fortlaufende Zählung der jeweiligen Laute
2) Fortlaufende Zählung der jeweiligen Graphien
3) Angabe des Lautes, der der entsprechenden Graphie unmittelbar vorausgeht
   Die dabei verwendeten Symbole entsprechen den in Teil III des Programm-Verlaufsplans festgesetzten Kennzeichen.
4) Kennzeichnung der Überlieferungsart
   Die dabei verwendeten Symbole entsprechen den in Teil II des Programm-Verlaufsplans festgesetzten Kennzeichen. Bei konjizierten Belegen ('?' oder '–') erfolgt keine weitere Angabe über die Überlieferungsart ('&', '@' oder '+').
5) Angabe der Graphie-Laut-Entsprechung
   Die Anordnung ist die gleiche wie die in der Tabelle.
6) Angabe des Lautes, der der entsprechenden Graphie unmittelbar folgt
   Die dabei verwendeten Symbole entsprechen den in Teil IV des Programm-Verlaufsplans festgesetzten Kennzeichen. Die zusätzlichen Schrägstriche und Nummernzeichen in der dritten Spalte dieser Kolumne sind überflüssig und nur aus programmökonomischen Gründen bei dieser Version nicht getilgt.
7) Markierung der Fundstelle durch Angabe der zugehörigen Belegadresse
8) Wiedergabe des 'Belegs' bzw. des Belegs in konjizierter Form
   Letzteres ist der Fall, wenn eine Konjektur vorliegt. Die handschriftlich überlieferte Form erscheint dann in der vorletzten Kolumne der Auflistung. Die betreffende Graphie ist im Beleg durch Doppeldruck hervorgehoben.
9) Grammatikalische Bestimmung
10) Positionsangabe des Graphieanfangs im Beleg
11) Länge der Graphie
   Die beiden letzten Angaben dienen dazu, die genaue Stelle der Graphie im Beleg auch dann zu finden, wenn die Markierung durch Doppeldruck nicht deutlich genug ausgefallen ist.
12) Angabe der handschriftlich überlieferten Form bei zu konjizierenden Belegen
13) Wiedergabe der 'Verschreibung', falls vorhanden

In der Vertikalen ist die Auflistung analog den Anordnungsprinzipien der zugehörigen Tabelle aufgebaut. Auf diese Weise ist ein schnelles Auffinden der Belege möglich. Einschließlich weiterer Anordnungsprinzipien ergibt sich folgende Staffelung der Sortierkriterien:

1) Graphie a) der Länge nach
   b) dem Alphabet nach
2) Zugeordneter Laut dem Alphabet nach
3) Vorangehender Laut a) in der Reihenfolge der schon genannten zehn Untergruppen vom Wortanlaut bis zur vorangehenden Konjektur
   b) dem Alphabet nach
4) Folgender Laut a) in der Reihenfolge der schon genannten zehn Untergruppen vom Wortende bis zur folgenden Konjektur
   b) dem Alphabet nach
5) Adresse der Größe nach, also Beleganordnung in der Reihenfolge der Glossenedition

Durch Änderung der Sortierkriterien und der Datenzuordnung können Auflistung und Tabelle veränderten Fragestellungen angepaßt werden. Die hier besprochene Version ist nur eine unter vielen möglichen. Die aus der Interpretation der Distributionslisten gewonnenen Erkenntnisse können durch entsprechende Datenkorrekturen im jeweiligen Record unmittelbar berücksichtigt werden. Ein dafür entwickeltes Update-Programm wurde inzwischen schon mehrfach erfolgreich angewendet. Jederzeitige Verfügbarkeit der Daten, Rekursivität und mögliche Optimierung sind bei diesem Verfahren also gewährleistet.

Die PL/1-Programme für den Konsonantismus und den Wurzelvokalismus sind erstellt und die entsprechenden Auflistungen und Tabellen der bisher bearbeiteten Glossare liegen vor. Die verbleibenden Programme für den übrigen Vokalismus und für die Ermittlung der graphischen Vertretung der einzelnen Laute sind bereits geschrieben. Sie müssen noch getestet und durch einen veränderten Formatierungsteil ergänzt werden.

V: Auswertung

Eine vollständige Übersicht über sämtliche Graphien und Graphiesysteme des Althochdeutschen ist natürlich erst zu gewinnen, wenn zumindest alle althochdeutschen Glossen in der dargelegten Weise bearbeitet sind. Dieses Ziel ist nur über die Analyse der Teilsysteme zu erreichen - bedingt durch die Überlieferungslage allgemein und die Textsorte 'Glossen' im besonderen. Gerade das wird durch das hier vorgestellte Verfahren möglich, weil mit seiner Hilfe die Fülle der Daten überschaubar wird und so dargeboten werden kann, daß im Einzelfall aufgrund nachprüfbarer Fakten entschieden werden kann. Zur Erläuterung sei ein immer wiederkehrendes Problem herausgegriffen, die Frage nämlich, ob eine vorliegende Graphie als Graphemvariante oder als Verschreibung zu interpretieren ist. Ist - um ein konkretes Beispiel zu nennen - *qh* in den Samanunga-Belegen *arqhellente* (St. I,79,34) und *uufqheman* (St. I,119,34) der Wiener Handschrift 162 als Schreibfehler zu werten oder nicht? Braune/Eggers führen in ihrer Althochdeutschen Grammatik *qh* überhaupt nicht unter den bezeugten Graphien auf. LUDWIG WÜLLNER konstatiert in seiner Samanunga-Grammatik 'Das Hrabanische Glossar und die ältesten bairischen Sprachdenkmäler' nur »2 mal steht *qh* ohne *u* ...« (Seite 19). Einfache Übernahme dieser Graphie aus dem Abrogans-Glossar ist auszuschließen, weil dort eine solche nicht bezeugt ist. Eine Verschreibung von *h* in *u* ist nicht anzunehmen, da in den Samanunga kein einziger derartiger Fall nachzuweisen ist. Für eine fälschliche Auslassung des *u* spricht die Verbesserung von *uufqhemaNti* in *uufqh*^{v}*emaNti* (ST. I,119,36) durch dieselbe Hand, die diese Glossen in den Wiener Codex eingetragen hat. Diese Interpretation könnte erhärtet oder in Frage gestellt werden, wenn sich im übrigen Glossenmaterial keine oder weitere *qh*-Graphien nachweisen ließen.

So erweisen sich die mit Hilfe der Programme erstellten Tabellen und Distributionslisten als ein nahezu unentbehrliches Hilfsmittel im Rahmen der Glossenanalyse, speziell bei der derzeitigen Arbeit am Samanunga-Kommentar. Denn nur auf diesem Weg ist meiner Ansicht nach eine fundierte Aufarbeitung zumindest eines Teils der althochdeutschen Grammatik möglich.

Daß dieses Projekt nur mit Unterstützung des Rechenzentrums der Universität Münster durchzuführen ist, versteht sich von selbst. Zu danken habe ich aber für bereitwillige und keineswegs selbstverständliche Hilfe seitens seiner Mitarbeiter, vor allem den Herren Dr. Hermann Kamp, Bernd Schwarzkopf und Karl Wilhelm Lange. Dank gebührt ebenso Fräulein Lydia Kersch, Fräulein Eva-Maria König und Herrn Johannes Köhne, die bisher die Hauptlast beim Ablochen der Daten getragen haben.

Abb. 1

```
----------------------------------------------------------------------------------------------------
1.ZEILE:

BELEG              ADRESSE DEUTUNG                                            GRAMMATISCHE BESTIMMUNG
I                  I       I                                                  I
----------------------------------------------------------------------------------------------------
           2.ZEILE:

           KURZDEUTUNG                WORTKENNZEICHEN    VERSCHREIBUNG    ALPHABETISCHE DEUTUNG
           I                          |KONJEKTUR         I                I
           I                          ||                 I                I
----------------------------------------------------------------------------------------------------


PIKINNANT          1  3 5D B  I /G  I  NN    A  N  T  .                            3PIPRST
           BI/GINNANT               4                                 BIGINNANT
SAMANUNGA          1  3 6D S  A  M  A  N  U  N  G  AA .                            NPF
           SAMANUNGAA               1                                 SAMANUNGAA
UUORTO             1  3 7D W     O  R  T  O  .                                     GPN
           WORTO                    1                                 WORTO
FONA               1  3 8D1F  O  N  A  .                                           PRD
           FONA                     6                                 FONA
DERU               1  3 8D2D  E  R  U  .                                           ARDSF
           DERU                     2                                 DERU
NIUUIUN            1  3 8D3N  IU    W  UU    N  .                                  ADDSFSWJA
           NIUWUUN                  2                                 NIUWUUN
FONA               1  3 8E1F  O  N  A  .                                           PRD
           FONA                     6                                 FONA
DERU               1  3 8E2D  E  R  U  .                                           ARDSF
           DERU                     2                                 DERU
NIVUIUN            1  3 8E3N  IU    W  UU    N  .                                  ADDSFSWJA
           NIUWUUN                  2                  NIVUIUM        NIUWUUN
ANTI               1  3 9D1I  N  T  I  .                                           KJ
           INTI                     2                                 INTI
DERU               1  3 9D2D  E  R  U  .                                           ARDSF
           DERU                     2                                 DERU
ALTUN              1  3 9D3A  L  T  UU N  .                                        ADDSFSW
           ALTUUN                   2                                 ALTUUN
DERU               1  3 9E1D  E  R  U  .                                           ARDSF
           DERU                     2                                 DERU
ALTUN              1  3 9E2A  L  T  UU N  .                                        ADDSFSW
           ALTUUN                   2                                 ALTUUN
EUU                1  310D EE W  U  .                                              DSF
           EEWU                     1                                 EEWU
EU               a 1  310E EE(W) U  .                                              DSF
           EE(W)U                   1E+U                              EEWU
SANFTMOTI          1  312D S  A  M  F  T #M  UO T  I  .                            ADNS
           SAMFT#MUOTI              2                                 SAMFTMUOTI
SANFMOTI         a 1  312E S  A  M  F(T) #M  UO T  I  .                            ADNS
           SAMF(T)#MUOTI            2SANF+MOTI                        SAMFTMUOTI
FATERLIH           1  314D1F  A  T  E  R  L  II H  .                               ADNSM
           FATERLIIH                2                                 FATERLIIH
FATER              1  314D2F  A  T  E  R  .                                        NSM
           FATER                    1                                 FATER
FATERLIIH          1  314E1F  A  T  E  R  L  II    H  .                            ADNSM
           FATERLIIH                2                                 FATERLIIH
FATER              1  314E2F  A  T  E  R  .                                        NSM
           FATER                    1                                 FATER
FARLAUGNEN       a 1  316D F  I  R /L  OU    G(A)  N  E  N  .                      INF
           FIR/LOUG(A)NEN           5FARLAUG+NEN                      FIRLOUGANEN
FARLAUGNEN       a 1  316E F  I  R /L  OU    G(A)  N  E  N  .                      INF
           FIR/LOUG(A)NEN           5FARLAUG+NEN                      FIRLOUGANEN
```

Abb. 2

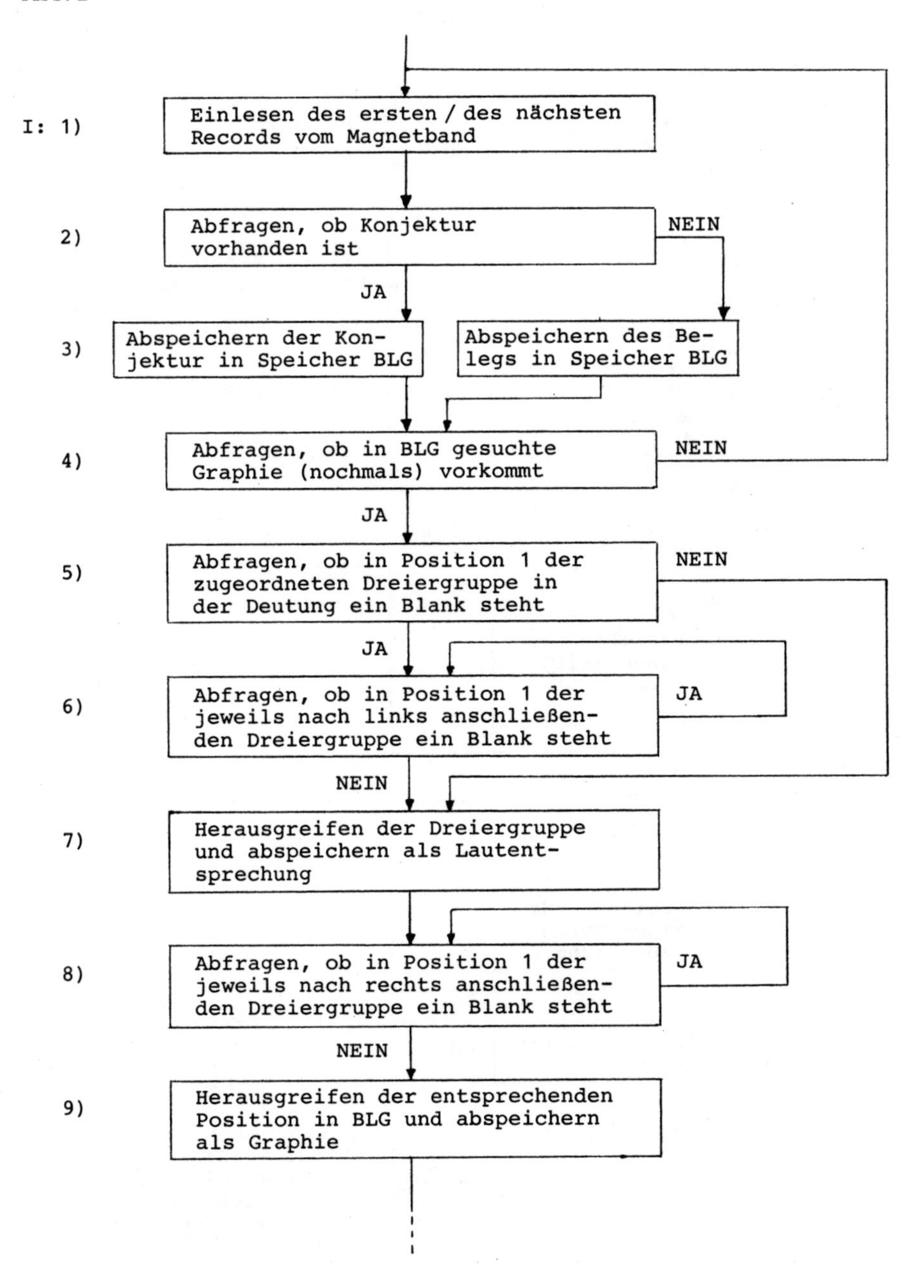
I: 1)
Einlesen des ersten / des nächsten Records vom Magnetband
2)
Abfragen, ob Konjektur vorhanden ist
NEIN
JA
3)
Abspeichern der Konjektur in Speicher BLG
Abspeichern des Belegs in Speicher BLG
4)
Abfragen, ob in BLG gesuchte Graphie (nochmals) vorkommt
NEIN
JA
5)
Abfragen, ob in Position 1 der zugeordneten Dreiergruppe in der Deutung ein Blank steht
NEIN
JA
6)
Abfragen, ob in Position 1 der jeweils nach links anschließenden Dreiergruppe ein Blank steht
JA
NEIN
7)
Herausgreifen der Dreiergruppe und abspeichern als Lautentsprechung
8)
Abfragen, ob in Position 1 der jeweils nach rechts anschließenden Dreiergruppe ein Blank steht
JA
NEIN
9)
Herausgreifen der entsprechenden Position in BLG und abspeichern als Graphie

Abb. 2 (Frts.)

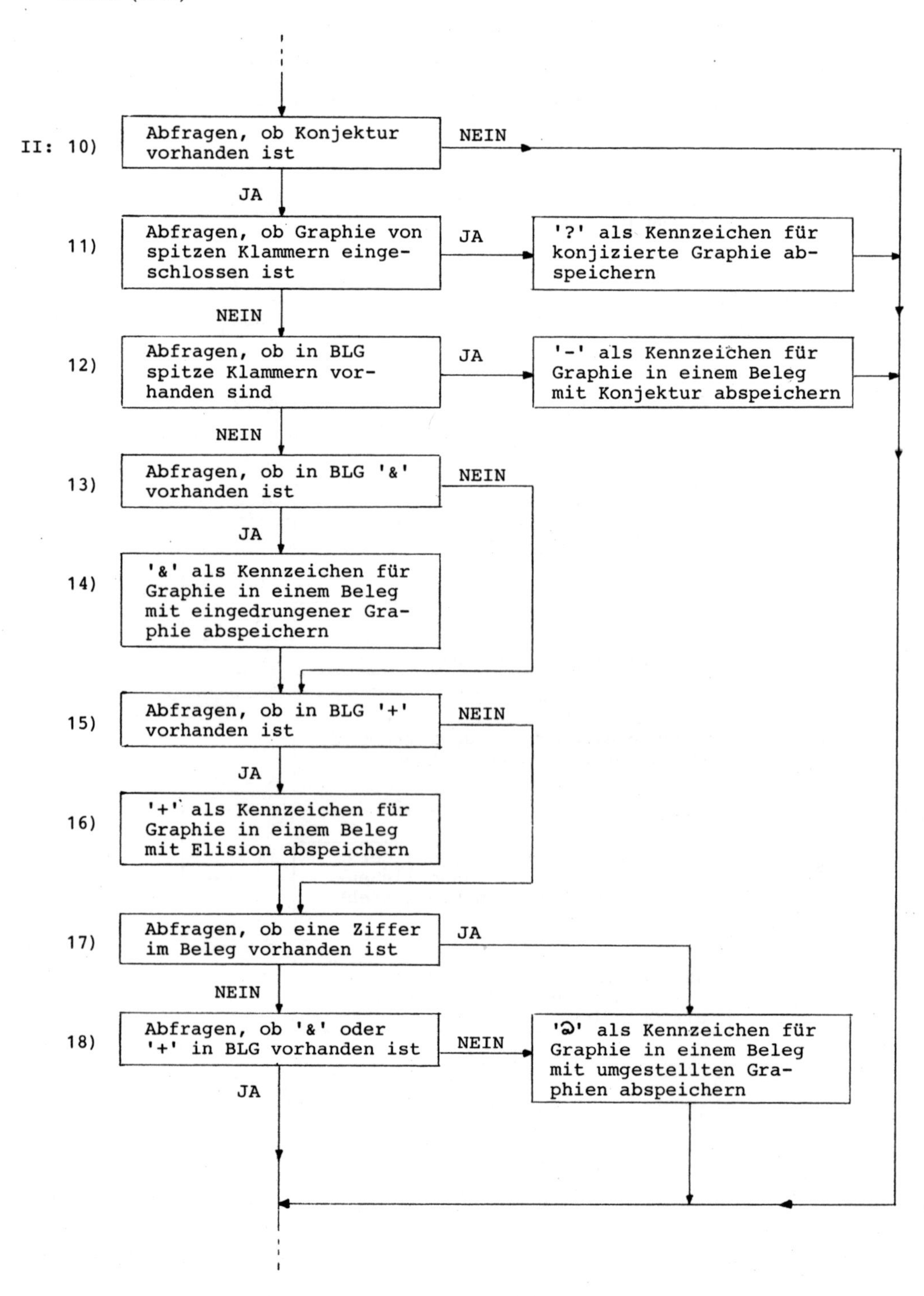
II: 10)
Abfragen, ob Konjektur vorhanden ist
NEIN
JA
11)
Abfragen, ob Graphie von spitzen Klammern eingeschlossen ist
JA
'?' als Kennzeichen für konjizierte Graphie abspeichern
NEIN
12)
Abfragen, ob in BLG spitze Klammern vorhanden sind
JA
'-' als Kennzeichen für Graphie in einem Beleg mit Konjektur abspeichern
NEIN
13)
Abfragen, ob in BLG '&' vorhanden ist
NEIN
JA
14)
'&' als Kennzeichen für Graphie in einem Beleg mit eingedrungener Graphie abspeichern
15)
Abfragen, ob in BLG '+' vorhanden ist
NEIN
JA
16)
'+' als Kennzeichen für Graphie in einem Beleg mit Elision abspeichern
17)
Abfragen, ob eine Ziffer im Beleg vorhanden ist
JA
NEIN
18)
Abfragen, ob '&' oder '+' in BLG vorhanden ist
NEIN
'∂' als Kennzeichen für Graphie in einem Beleg mit umgestellten Graphien abspeichern
JA

Abb. 2 (Frts.)

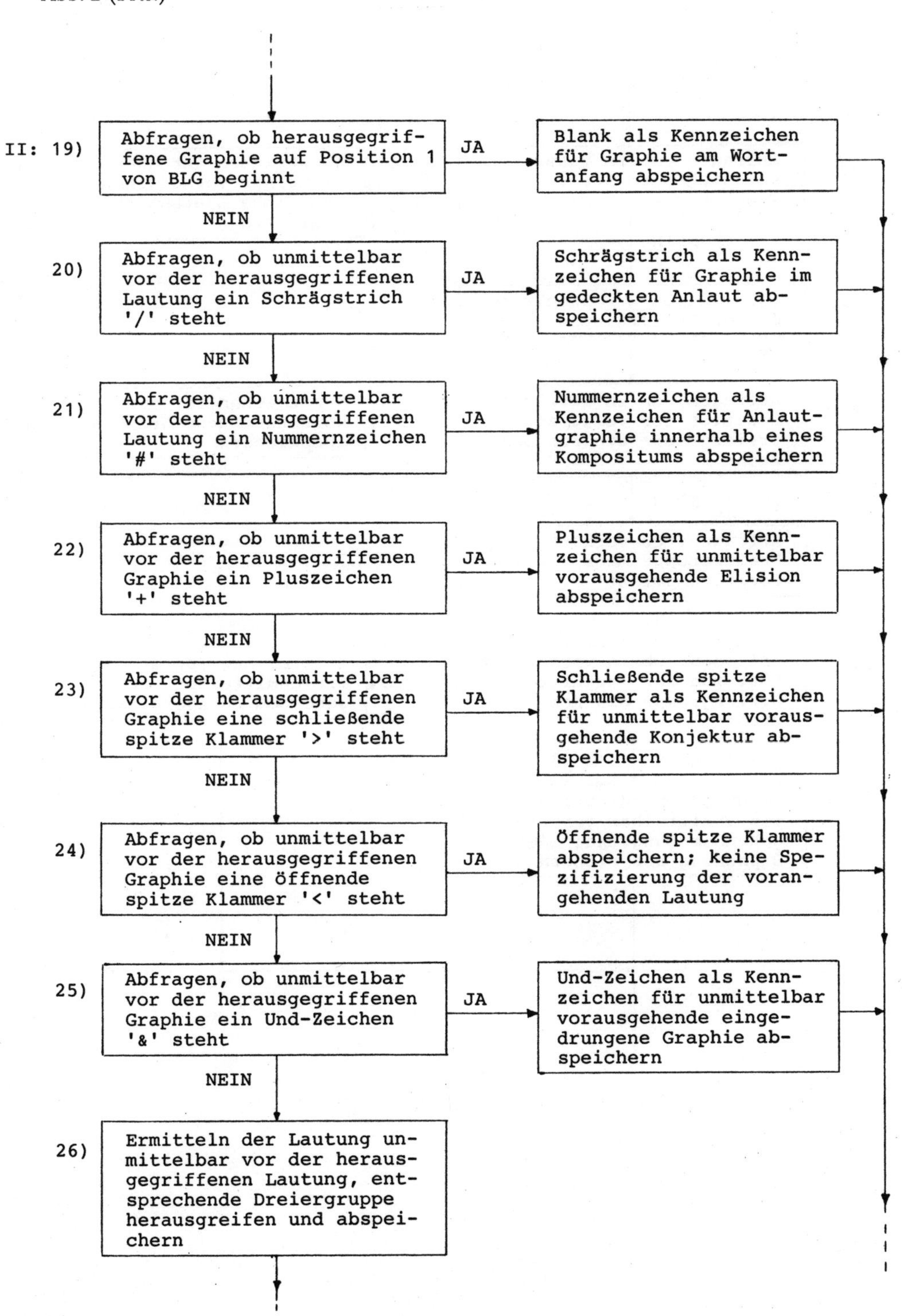
II: 19)
Abfragen, ob herausgegriffene Graphie auf Position 1 von BLG beginnt
JA
Blank als Kennzeichen für Graphie am Wortanfang abspeichern
NEIN
20)
Abfragen, ob unmittelbar vor der herausgegriffenen Lautung ein Schrägstrich '/' steht
JA
Schrägstrich als Kennzeichen für Graphie im gedeckten Anlaut abspeichern
NEIN
21)
Abfragen, ob unmittelbar vor der herausgegriffenen Lautung ein Nummernzeichen '#' steht
JA
Nummernzeichen als Kennzeichen für Anlautgraphie innerhalb eines Kompositums abspeichern
NEIN
22)
Abfragen, ob unmittelbar vor der herausgegriffenen Graphie ein Pluszeichen '+' steht
JA
Pluszeichen als Kennzeichen für unmittelbar vorausgehende Elision abspeichern
NEIN
23)
Abfragen, ob unmittelbar vor der herausgegriffenen Graphie eine schließende spitze Klammer '>' steht
JA
Schließende spitze Klammer als Kennzeichen für unmittelbar vorausgehende Konjektur abspeichern
NEIN
24)
Abfragen, ob unmittelbar vor der herausgegriffenen Graphie eine öffnende spitze Klammer '<' steht
JA
Öffnende spitze Klammer abspeichern; keine Spezifizierung der vorangehenden Lautung
NEIN
25)
Abfragen, ob unmittelbar vor der herausgegriffenen Graphie ein Und-Zeichen '&' steht
JA
Und-Zeichen als Kennzeichen für unmittelbar vorausgehende eingedrungene Graphie abspeichern
NEIN
26)
Ermitteln der Lautung unmittelbar vor der herausgegriffenen Lautung, entsprechende Dreiergruppe herausgreifen und abspeichern

Abb. 2 (Frts.)

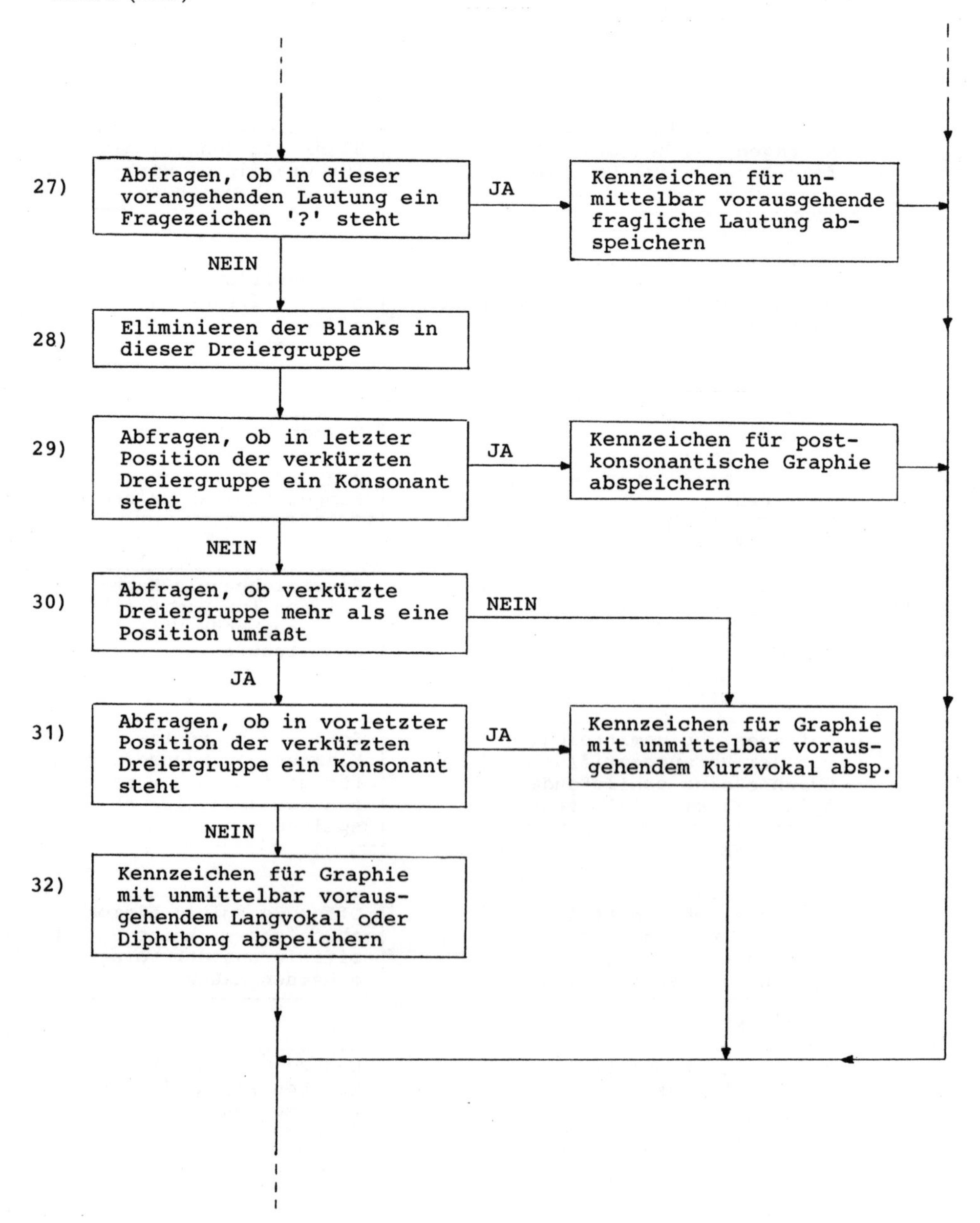
27)
Abfragen, ob in dieser vorangehenden Lautung ein Fragezeichen '?' steht
JA
Kennzeichen für unmittelbar vorausgehende fragliche Lautung abspeichern
NEIN
28)
Eliminieren der Blanks in dieser Dreiergruppe
29)
Abfragen, ob in letzter Position der verkürzten Dreiergruppe ein Konsonant steht
JA
Kennzeichen für postkonsonantische Graphie abspeichern
NEIN
30)
Abfragen, ob verkürzte Dreiergruppe mehr als eine Position umfaßt
NEIN
JA
31)
Abfragen, ob in vorletzter Position der verkürzten Dreiergruppe ein Konsonant steht
JA
Kennzeichen für Graphie mit unmittelbar vorausgehendem Kurzvokal absp.
NEIN
32)
Kennzeichen für Graphie mit unmittelbar vorausgehendem Langvokal oder Diphthong abspeichern

Abb. 2 (Frts.)

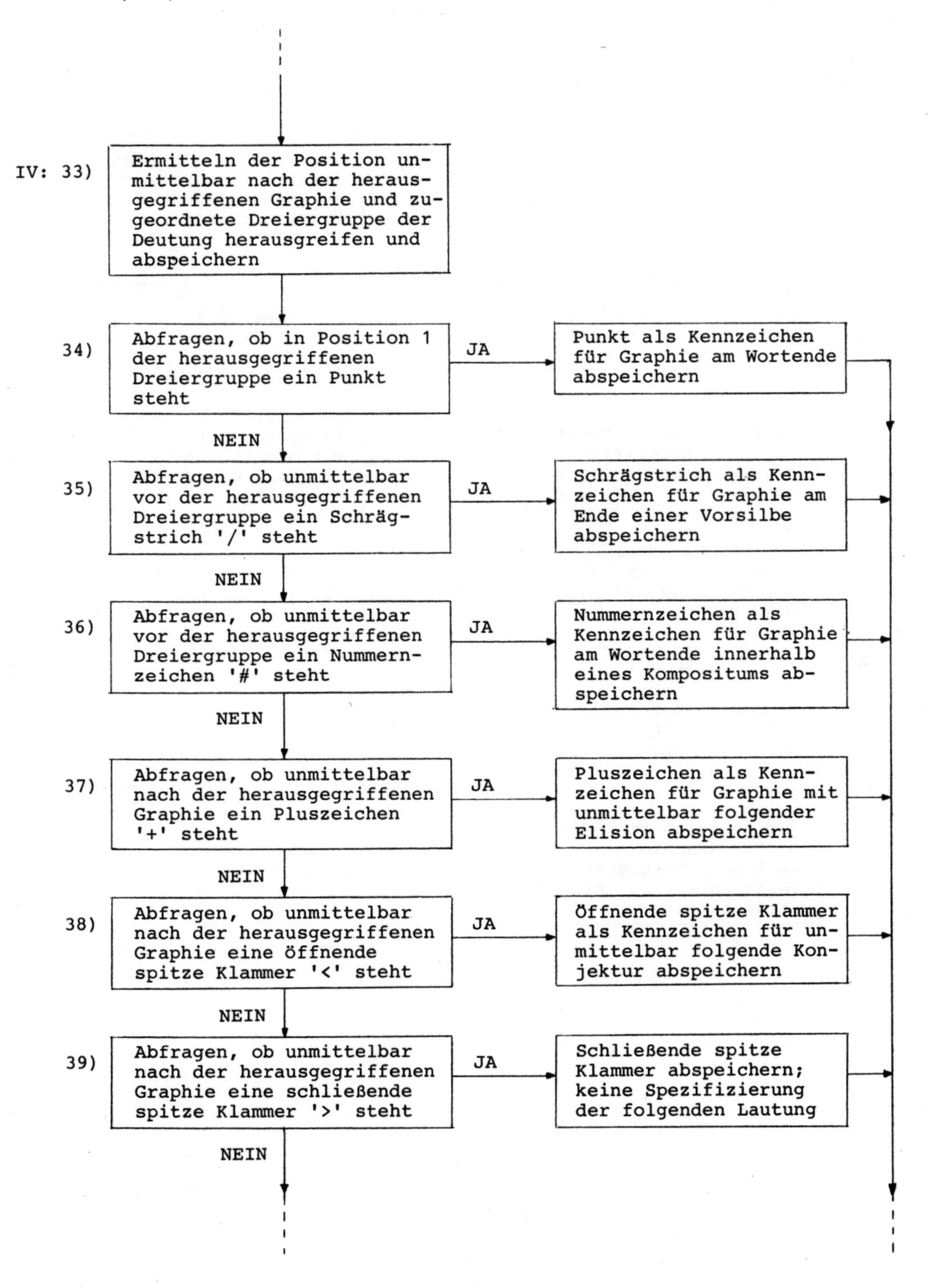
IV: 33)
Ermitteln der Position unmittelbar nach der herausgegriffenen Graphie und zugeordnete Dreiergruppe der Deutung herausgreifen und abspeichern
34)
Abfragen, ob in Position 1 der herausgegriffenen Dreiergruppe ein Punkt steht
JA
Punkt als Kennzeichen für Graphie am Wortende abspeichern
NEIN
35)
Abfragen, ob unmittelbar vor der herausgegriffenen Dreiergruppe ein Schrägstrich '/' steht
JA
Schrägstrich als Kennzeichen für Graphie am Ende einer Vorsilbe abspeichern
NEIN
36)
Abfragen, ob unmittelbar vor der herausgegriffenen Dreiergruppe ein Nummernzeichen '#' steht
JA
Nummernzeichen als Kennzeichen für Graphie am Wortende innerhalb eines Kompositums abspeichern
NEIN
37)
Abfragen, ob unmittelbar nach der herausgegriffenen Graphie ein Pluszeichen '+' steht
JA
Pluszeichen als Kennzeichen für Graphie mit unmittelbar folgender Elision abspeichern
NEIN
38)
Abfragen, ob unmittelbar nach der herausgegriffenen Graphie eine öffnende spitze Klammer '<' steht
JA
Öffnende spitze Klammer als Kennzeichen für unmittelbar folgende Konjektur abspeichern
NEIN
39)
Abfragen, ob unmittelbar nach der herausgegriffenen Graphie eine schließende spitze Klammer '>' steht
JA
Schließende spitze Klammer abspeichern; keine Spezifizierung der folgenden Lautung
NEIN

Abb. 2 (Frts.)

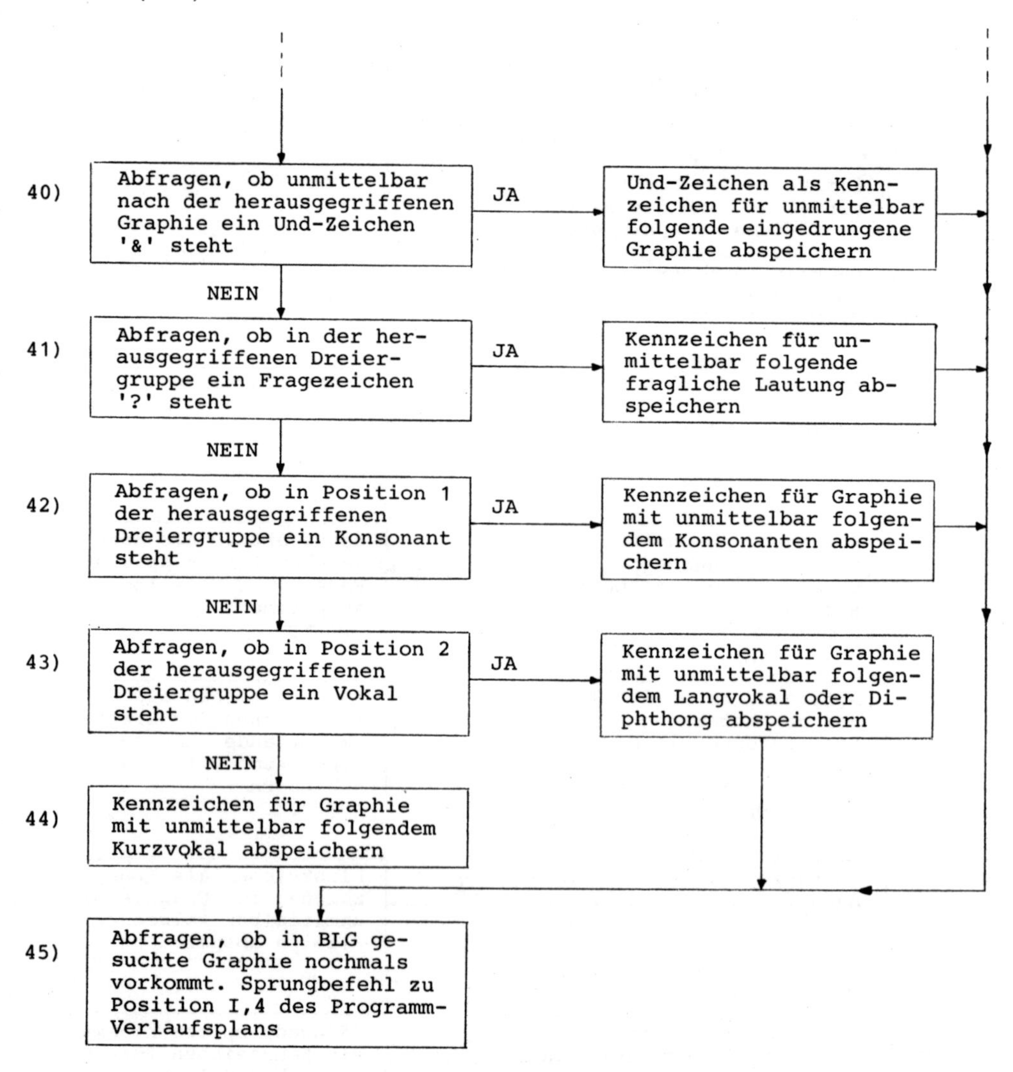
40)
Abfragen, ob unmittelbar nach der herausgegriffenen Graphie ein Und-Zeichen '&' steht
JA
Und-Zeichen als Kennzeichen für unmittelbar folgende eingedrungene Graphie abspeichern
NEIN
41)
Abfragen, ob in der herausgegriffenen Dreiergruppe ein Fragezeichen '?' steht
JA
Kennzeichen für unmittelbar folgende fragliche Lautung abspeichern
NEIN
42)
Abfragen, ob in Position 1 der herausgegriffenen Dreiergruppe ein Konsonant steht
JA
Kennzeichen für Graphie mit unmittelbar folgendem Konsonanten abspeichern
NEIN
43)
Abfragen, ob in Position 2 der herausgegriffenen Dreiergruppe ein Vokal steht
JA
Kennzeichen für Graphie mit unmittelbar folgendem Langvokal oder Diphthong abspeichern
NEIN
44)
Kennzeichen für Graphie mit unmittelbar folgendem Kurzvokal abspeichern
45)
Abfragen, ob in BLG gesuchte Graphie nochmals vorkommt. Sprungbefehl zu Position I,4 des Programm-Verlaufsplans

Abb. 3

UEBERLIEFERUNGSART
? KONJIZIERTE GRAPHIE
- KONJEKTUR IM BELEG
& BELEG MIT EINGEDRUNGENER GRAPHIE
@ BELEG MIT UMGESTELLTEN GRAPHIEN
+ BELEG MIT ELISION

VORANGEHENDE LAUTUNG
1 ANLAUT
2 KONSONANT
3 KURZVOKAL
4 LANGVOKAL ODER DIPHTHONG
5 GEDECKTER ANLAUT
6 ANLAUT IN DER KOMPOSITION
7 ELISION
8 FRAGLICHE LAUTUNG
9 EINGEDRUNGENE GRAPHIE
10 KONJIZIERTE LAUTUNG

FOLGENDE LAUTUNG
1 WORTENDE
2 KONSONANT
3 KURZVOKAL
4 LANGVOKAL ODER DIPHTHONG
5 WORTENDE DER VORSILBE
6 WORTENDE IN DER KOMPOSITION
7 ELISION
8 FRAGLICHE LAUTUNG
9 EINGEDRUNGENE GRAPHIE
10 KONJIZIERTE LAUTUNG

VORANGEHENDER UND FOLGENDER LAUT BEI KONJIZIERTER GRAPHIE UNSPEZIFIZIERT

LAUTE	GRAPHIEN		?	-	&	@	+	1	2	3	4	5	6	7	8	9	10	1	2	3	4	5	6	7	8	9	10
183 G	C		0	0	1	1	10	106	19	14	29	7	8	0	0	0	0	47	25	98	6	0	7	0	0	0	0
2 G(A	C		0	0	0	0	2	0	0	1	1	0	0	0	0	0	0	0	0	0	0	0	0	2	0	0	0
74 K	C		0	1	0	0	0	1	70	0	0	1	1	0	0	0	1	6	13	39	16	0	0	0	0	0	0
1 K(A	C		0	0	0	0	1	0	1	0	0	0	0	0	0	0	0	0	0	0	0	0	0	1	0	0	0
4 Z	C	264	0	0	0	0	0	3	1	0	0	0	0	0	0	0	0	0	0	3	1	0	0	0	0	0	0
1 GG	CC	1	0	0	0	0	0	0	0	1	0	0	0	0	0	0	0	0	0	1	0	0	0	0	0	0	0
29 CK	CH		0	1	0	0	7	0	0	29	0	0	0	0	0	0	0	0	0	19	2	0	0	8	0	0	0
7 HH	CH		0	0	0	0	0	0	0	5	2	0	0	0	0	0	0	0	0	5	2	0	0	0	0	0	0
94 K	CH	130	0	1	1	1	7	39	26	1	0	14	14	0	0	0	0	5	26	51	10	0	0	2	0	0	0
1 CK	CK		0	0	0	0	0	0	0	1	0	0	0	0	0	0	0	0	0	0	1	0	0	0	0	0	0
3 GG	CK	4	0	0	0	0	0	0	0	3	0	0	0	0	0	0	0	0	0	2	1	0	0	0	0	0	0
4 CK	CCH	4	0	0	0	0	0	0	0	4	0	0	0	0	0	0	0	0	0	2	2	0	0	0	0	0	0
SUMMEN:		403	0	3	2	2	27	149	117	59	32	22	23	0	0	0	1	58	64	220	41	0	7	13	0	0	0
BELEGANZAHL:		373																									

SAMANUNGA
HANDSCHRIFT: D

Abb. 4

SAMANUNGA

ZAEHLUNG DER LAUTE	ZAEHLUNG DER GRAPHIEN	UNMITTELBAR VORANGEHENDER LAUT	KENNZEICHEN HINSICHTLICH DER KONJEKTUR BZW. EINFUEGUNG	LAUT	GRAPHIE	UNMITTELBAR FOLGENDER LAUT	FUNDSTELLE / HANDSCHRIFTENSIGLE	BELEG	GRAMMATIKALISCHE BESTIMMUNG	GRAPHIEANFANG UND LAENGE		UEBERLIEFERTE FORM	VERSCHREIBUNG
1	1			G	: C	A	120928D	CADUM	NSN	1	1		
2	2			G	: C	A	122537D	CALGO	NSMSW	1	1		
3	3			G	: C	AA	123822D	CAHINGUN	AV	1	1		
4	4		&	G	: C	I	1157 5D	CA&MARCHUN	NPMSW	1	1	CARMARCHUN	
5	5			G	: C	I	/ 1 5 8D	CASAGET	3SIPRSW	1	1		
6	6			G	: C	I	/ 1 2112D	CAHALONTI	P1	1	1		
7	7			G	: C	I	/ 1 7519D	CALIIMENTI	P1	1	1		
8	8			G	: C	I	/ 1 8512D	CARAN	3SIPESTG	1	1		
9	9			G	: C	I	/ 1 87 7D	CASONIS	2SIPRSW	1	1		
10	10			G	: C	I	/ 1 9117D1	CASAIT	P2	1	1		
11	11			G	: C	I	/ 1 93 2D	CANAOTIT	P2	1	1		
12	12			G	: C	I	/ 1 93 3D	CAPEITIT	P2	1	1		
13	13			G	: C	I	/ 1109 8D	CANEMANT	3PIPRST	1	1		
14	14			G	: C	I	/ 110938D	CAUUANET	P2?	1	1		
15	15			G	: C	I	/ 110940D	CAMINNIROTA	1SIPESW	1	1		
16	16			G	: C	I	/ 111320D3	CAANGUSTIT	P2	1	1		
17	17			G	: C	I	/ 111321D3	CAUNFRAUUIT	P2	1	1		
18	18			G	: C	I	/ 111712D	CAUUERCH	NSN	1	1		
19	19			G	: C	I	/ 111715D	CAPAR	3SIPEST	1	1		
20	20			G	: C	I	/ 111716D	CARACHOTA	3SIPESW	1	1		
21	21			G	: C	I	/ 111719D	CAFUUHTUM	1PIPESW	1	1		
22	22			G	: C	I	/ 111721D	CAUUORAHTEMO	ADDSY	1	1		
23	23			G	: C	I	/ 112315D1	CARAHHON	INF	1	1		
24	24			G	: C	I	/ 112315D2	CARECHEN	INF	1	1		
25	25			G	: C	I	/ 1125 2D	CANESAN	INF	1	1		
26	26			G	: C	I	/ 112512D	CASCELIT	P2G	1	1		
27	27			G	: C	I	/ 113129D	CASAMANUNGA	NSF	1	1		
28	28			G	: C	I	/ 113340D	CAFIIHLOT	P2	1	1		
29	29			G	: C	I	/ 1135 5D	CAPEITIT	3SIPRSW	1	1		
30	30			G	: C	I	/ 114323D	CAPREH	NSN	1	1		
31	31			G	: C	I	/ 114326D	CAPREHHES	GSN	1	1		
32	32			G	: C	I	/ 114330D	CAPREHHUNGOM	DPF	1	1		
33	33			G	: C	I	/ 114333D1	CAPLAIDA	NPF	1	1		
34	34			G	: C	I	/ 114711D	CAZEHOT	P2	1	1		
35	35			G	: C	I	/ 114712D	CAFARO	ADNSF	1	1		
36	36			G	: C	I	/ 1149 7D1	CAHALOT	3SIPRSW	1	1		
37	37			G	: C	I	/ 114923D	CAPURIDU	DSF	1	1		
38	38			G	: C	I	/ 114924D	CASTUDIT	P2	1	1		
39	39			G	: C	I	/ 1151 3D	CAHILMIT	ADNS	1	1		
40	40			G	: C	I	/ 115118D1	CATURST	NSF	1	1		
41	41			G	: C	I	/ 115337D	CATRIUUEOTE	P2NPM	1	1		
42	42			G	: C	I	/ 1155 2D	CATRUENTI	P1	1	1		
43	43			G	: C	I	/ 115717D	CAUUERCH	NSN	1	1		
44	44		+	G	: C	I	/ 115724D	CATURS+LIHHO	AV	1	1	CATURSLIHHO	
45	45		+	G	: C	I	/ 115729D	CACAR+UIT	P2	1	1	CACARUIT	
46	46			G	: C	I	/ 1163 5D	CASUARIT	3SIPRSW?	1	1		
47	47			G	: C	I	/ 1173 1D	CASCUTISOT	3SIPRSW	1	1		
48	48			G	: C	I	/ 117310D	CATUOLUN	NPFSW	1	1		
49	49			G	: C	I	/ 117312D	CAZAMI	NSN	1	1		
50	50			G	: C	I	/ 117911D	CAFOLKENTI	P1	1	1		
51	51			G	: C	I	/ 1183 8D	CASEZIDA	NSF	1	1		
52	52			G	: C	I	/ 118310D	CASEZZIT	P2	1	1		
53	53			G	: C	I	/ 1191 2D2	CASCAFAN	P2JP	1	1		
54	54		+	G	: C	I	/ 120021D1	CAHLUT+RENT	3PIPRSW	1	1	CAHLUTRENT	
55	55			G	: C	I	/ 120439D	CAHAUPITPANTOT	ADNSM	1	1		
56	56			G	: C	I	/ 1206 6D1	CAFUUHTET	P2	1	1		

Abb. 4 (Frts.)

70	255	S		K : C	U	124014D	UUIDARSCURGIT	3SIPRSW	8	1		
71	256	S		K : C	U	124115D	UUIRDARSCURKIT	3SIPRSW	9	1		
72	257	/		K : C	N	1 6128D	KACNUPFEN	INF	3	1		
73	258	#		K : C	N	1 8724D	FRANCNEHTA	NPM	5	1		
74	259	>	-	K : C	E	1147 5D2	PI<S>CERIT	P2G	6	1	PICERIT	
1	260	L	+	K(A: C	+	12133501	UUOLC+NO	GPN	5	1	UUOLCNO	
1	261			Z : C	E	1 7929D	CEDARPAUM	NSM	1	1		
2	262			Z : C	E	1 9320D2	CELIT	3SIPRSWG	1	1		
3	263			Z : C	IE	115312D2	CEERI	NSF	1	1		
4	264	L		Z : C	I #	1117 6D4	SULCICHARE	DSN	4	1		
1	1	U		GG : CC	A	1 9325D2	MUCCA	NSFSW	3	2		
1	1	A		CK : CH	O	1 31 8D	KASMACHO	NSMSW	6	2		
2	2	E	+	CK : CH	+	111710D	SMECH+RI	NSF	4	2	SMECHRI	
3	3	E	+	CK : CH	+	113341D	KASMECH+ROT	P2	6	2	KASMECHROT	
4	4	E	+	CK : CH	+	119310D	UNGASMECH+ROT	ADNSM	8	2	UNGASMECHROT	
5	5	E	+	CK : CH	+	1193130 2	STECH+LI	DSF	4	2	STECHLI	
6	6	E	+	CK : CH	+	119314D2	STECH+LERU	ADDSF	4	2	STECHLERU	
7	7	E	-	CK : CH	+	119315D2	STECH+<L>EM	ADDPM	4	2	STECHEM	
8	8	E	+	CK : CH	+	1202 9D	SMECH+RE	ADNPM	4	2	SMECHRE	
9	9	E	+	CK : CH	+	123023D	CASMECH+ROT	P2	6	2	CASMECHROT	
10	10	E		CK : CH	A	1117 7D	SMECHAR	ADNS	4	2		
11	11	E		CK : CH	A	113526D	SMECHARLIIHHO	AV	4	2		
12	12	E		CK : CH	A	11431801	SUECHEA	NSF	4	2		
13	13	E		CK : CH	A	12641302	SMECHARLIH	ADNSM	4	2		
14	14	E		CK : CH	E	11231502	CARECHEN	INF	5	2		
15	15	E		CK : CH	E	124136D	LECHENTI	PI	3	2		
16	16	E		CK : CH	I	1 6114D	KARECHIDA	NSF	5	2		
17	17	E		CK : CH	I	1 8935D1	KARECHIDA	NSF	5	2		
18	18	E		CK : CH	I	110327D	INTDECHIT	3SIPRSW	6	2		
19	19	E		CK : CH	I	111713D	KARECHIDA	NSF	5	2		
20	20	E		CK : CH	I	117535D	ARUUECHIT	3SIPRSW	6	2		
21	21	E		CK : CH	O	120620D	FLECHOHTI	ADNSM	4	2		
22	22	E		CK : CH	O	12142601	FLECHO	NSMSW	4	2		
23	23	E		CK : CH	O	124916D	STECHO	NSMSW	4	2		
24	24	I		CK : CH	EE	1161 4D	DICHET	3SIPRSW	3	2		
25	25	I		CK : CH	I	1 4718D	KAGHUICHIT	P2	7	2		
26	26	I		CK : CH	I	1119 7D	SCRICHIT	3SIPRSW	5	2		
27	27	I		CK : CH	IU	1 7521D	DICHIU	ADNSFPRJA	3	2		
28	28	U		CK : CH	A	120013D	CHRUCHA	NSFSW	5	2		
29	29	U		CK : CH	I	1147 8D	RUCHI	NSM	3	2		
1	30	A		HH : CH	OO	1 6122D	KAMACHOT	3SIPRSW	5	2		
2	31	A		HH : CH	OO	111716D	CARACHOTA	3SIPESW	5	2		
3	32	E		HH : CH	U	111315D	ZAPRECHAMES	1PIPRST?	6	2		
4	33	I		HH : CH	A	121225D3	MUNICHA	NPM	5	2		
5	34	U		HH : CH	I	111536D	CHUCHINA	NSFSS	4	2		
6	35	AA		HH : CH	I	1127 1D	URSPRACHI	ADNSM	7	2		
7	36	II		HH : CH	O	1 7 4D	HROMLICHO	AV	7	2		
1	37			K : CH	A	1 6916D	CHAMFSKILT	NSM	1	2		CHAMFSCILT
2	38			K : CH	A	1 7136D	CHAHHAZEN	INF	1	2		
3	39			K : CH	A	115931D	CHARA	NPF	1	2		
4	40			K : CH	A	1191 7D2	CHAROMES	1PIPRSW	1	2		
5	41			K : CH	A	120516D	CHARCHELLA	NSF?	1	2		
6	42			K : CH	E	1233 9D	CHELLARI	NPMJA	1	2		
7	43		+	K : CH	I	1 7319D	CHIR+LIHER	ADNSMPR	1	2	CHIRLIHER	
8	44			K : CH	I	122837D	CHIND	NPN	1	2		
9	45			K : CH	L	1 4915D2	CHLEINI	ADNSX	1	2		
10	46			K : CH	L	1 4916D	CHLEINI	ADNSX	1	2		
11	47			K : CH	L	112525D	CHLEINI	ADNSX	1	2		
12	48			K : CH	L	1161 2D2	CHLIUUA	NSF	1	2		
13	49			K : CH	L	1191 7D1	CHLAGOMES	1PIPRSW	1	2		
14	50			K : CH	L	119323D	CHLAGOM	1SIPRSW	1	2		
15	51			K : CH	L'	125838D	CHLINGANTI	PI	1	2		
16	52			K : CH	N	115914D2	CHNEO	ASN	1	2		
17	53			K : CH	N	121435D	CHNUPHIT	3SIPRSW	1	2		
18	54			K : CH	O	110130D	CHOHMOS	NSN	1	2		
19	55			K : CH	R	1 19 9D	CHRUMPI	NPF	1	2		

Forschungsgruppe Frühneuhochdeutsch

Erfahrungen und Probleme bei der maschinenunterstützten Erarbeitung einer Flexionsmorphologie des Frühneuhochdeutschen

Der folgende Beitrag wurde erstellt von den Mitarbeitern des Forschungsvorhabens Frühneuhochdeutsch[1] am Germanistischen Seminar der Universität Bonn. Dieses Vorhaben steht unter der Leitung der Professoren Besch, Lenders und Moser (Universität Bonn) und Stopp (Universität Augsburg). Unser Referat gliedert sich in zwei Teile. Zunächst soll, nach einer kurzen Einführung in die allgemeine Zielsetzung unserer Arbeit, die zugrunde liegende linguistische Konzeption erläutert werden. Hieraus leitet sich die Beschreibung und Beurteilung des EDV-Einsatzes aus philologischer Sicht ab. Der zweite Teil behandelt die Thematik dann stärker aus dem Blickwinkel der Datenverarbeitung und geht auf technische Einzelheiten unseres Vorgehens ein.

Ausgangspunkt und primärer Gegenstand unserer Forschung ist nicht die Entwicklung bestimmter EDV-Verfahren, etwa zur automatischen Textanalyse, sondern der Versuch, auf einer gesicherten Quellenbasis unter Anwendung strukturalistischer Methoden eine Flexionsmorphologie des Verbs und Substantivs des Frühneuhochdeutschen zu erstellen. Hierzu wurde als erster Schritt seit 1972 ein Korpus von rund 1500 Texten der für die Ausbildung der neuhochdeutschen Schriftsprache entscheidenden Stufe des Deutschen angelegt. Die Quellen aus der Zeit von ca. a. 1350 bis 1700 sind nach räumlichen, zeitlichen und textsortenspezifischen Kriterien gegliedert und dienen als Ausgangsmaterial für eine intensive Auswertung gezielt ausgewählter Texte. Zur Zeit ist vorgesehen, etwa 40 Texte, die eine besonders sichere Zuordnung in Hinsicht auf Zeitraum und Landschaft erlauben, mit Computerunterstützung zu analysieren (s. Abb. 1 im Anschluß an den Beitrag). Die Unterstützung durch die elektronische Datenverarbeitung bei der Auswertung war von Anfang an vorgesehen; sie begann im März 1975. Allerdings konnten die genau-

---

[1] Über das Forschungsvorhaben wurde bisher in folgenden Veröffentlichungen berichtet: HELMUT GRASER – WALTER HOFFMANN: Das Forschungsvorhaben »Grammatik des Frühneuhochdeutschen« in Bonn. Ein Bericht. In: Jahrbuch für Internationale Germanistik 5 (1973) S. 177–187; HELMUT HENNE: Frühneuhochdeutsch als Aufgabe. Zu einem Kolloquium in Bonn, 21.–22.2.1974. In: ZGL 2 (1974) S. 87–95; HELMUT GRASER: Kolloquium »Frühneuhochdeutsch« in Bonn (Februar 1974). In: Deutsche Sprache 2 (1974) S. 353–358; HELMUT GRASER – KLAUS-PETER WEGERA: Zur Erforschung der frühneuhochdeutschen Flexionsmorphologie. In: ZfdPh 97 (1978) Heft 1; OSKAR REICHMANN: Zweites Bonner Expertenkolloquium »Frühneuhochdeutsch« 20.–21. Juni 1977. In: ZGL 6 (1978) S. 63–68.

en Anforderungen für den Einsatz des Computers erst mit fortschreitender Arbeit näher definiert werden, da anfangs noch keine ausreichenden Erfahrungen vorlagen. Vom Beginn der Textspeicherung an kam es in Auseinandersetzung mit den konkreten Fragen und Problemen zu immer präziseren Aufgabenstellungen für die EDV.

Ausgehend von edierten oder transkribierten Handschriften oder, soweit vorhanden, von Drucken, mußte zunächst ein Kodierungssystem entwickelt werden, das es erlaubt, alle wesentlichen Charakteristika des jeweiligen Textes analog auf Datenträger (Lochkarten) umzusetzen. Zusätzlich hatte bei der Speicherung eine Kennzeichnung der zu untersuchenden Wortarten, Substantiv und Verb, zu erfolgen. Von einer zusätzlichen Bezeichnung auch der übrigen flektierenden Wortarten mußte im ersten Durchgang abgesehen werden, da sich der Ablochvorgang sonst durch die Kombination von Kodierungsregeln und linguistischen Informationen in größerer Zahl zu sehr kompliziert hätte. Allerdings können Sonderzeichen für die verbleibenden flektierenden Wortarten nachträglich eingefügt werden. Erst die somit vorgenommene Wortartenkennzeichnung ermöglicht die gewünschten Auswahl- und Sortiervorgänge. Ergebnis sind zunächst alphabetisch nach der Originalschreibung maschinell sortierte Ausdrucke aller Belege einer Wortart. Bei diesen Arbeiten stellte sich heraus, daß die Verwendung vorhandener EDV-Programme aus anderen Forschungsprojekten nicht so problemlos erfolgen konnte, wie man anfangs gehofft hatte. Dies bedeutete, daß schon sehr frühzeitig damit begonnen werden mußte, Verarbeitungsprozeduren für unsere speziellen Zwecke zu entwickeln. Der Einsatz des Elektronenrechners bei der Untersuchung der frühneuhochdeutschen Texte stellte nämlich die Aufgabe, eine Methode zu finden, die einerseits den Detailanforderungen der historischen Sprachforschung voll gerecht wird, andererseits aber z.B. dem beschränkten Zeichenvorrat einer Maschine Rechnung trägt. So hatte unser Kodierungssystem zu gewährleisten, daß unsere Texte ohne unzulässige normalisierende Veränderungen gespeichert wurden. Dies bedingte die Entwicklung eigener Konventionen für die Verwendung der maschinenlesbaren Zeichen (s. Abb. 2). Zur weiteren Bearbeitung kamen dann am ehesten entsprechende eigene EDV-Programme in Frage. Die Vorstellungen über die Untersuchungsschritte, die der Formenbestimmung anhand alphabetischer Beleglisten folgen sollten - anfänglich war an eine im wesentlichen manuelle Weiterbearbeitung gedacht - änderten sich, als ein neues Stadium der Textauswertung erreicht wurde.

Bei der Erstellung von Textgrammatiken im Verbbereich, die zunächst von Hand erarbeitet worden waren, erwies es sich, daß es hierbei sehr wohl eine Reihe von Tätigkeiten gibt, die durch Einsatz des Elektronenrechners beschleunigt, vereinfacht und übersichtlicher gestaltet werden können. Zur Erstellung einer Textgrammatik, die die Beschreibung der Flexion einer Wortart innerhalb eines Einzeltextes zum Ziel hat, mußten alle im Text vorhandenen

Belege (z.B. der Verben) aus dem computererstellten Listenausdruck nach Vergleichsformen geordnet auf Karteikastenzettel übertragen werden. Dabei war neben der Vergleichsform die grammatische Bestimmung und die Segmentierung jedes Belegs festzuhalten. Das Belegkorpus (mehrere Tausend Formen je Text) wurde dann noch einmal abgeschrieben und dabei nach grammatischen Positionen und innerhalb dieser nach Flexionsendungen angeordnet. Erst danach konnte jeweils die Untersuchung des Materials auf das Vorhandensein bestimmter graphischer und morphologischer Regeln hin beginnen. Es folgte die Überprüfung der Lexeme auf ihre Zugehörigkeit zu festgestellten Paradigmen. Nach der Kombination dieser Paradigmen zu Klassen wurde schließlich eine dritte Umschichtung des Belegkorpus notwendig, um, bezogen auf Vergleichsformen, die Besetzung der grammatischen Positionen innerhalb jeder Klasse darzustellen. Vereinfacht ausgedrückt handelt es sich darum, die Belege der jeweiligen Wortart eines Textes mehrmals nach wechselnden Kriterien umzusortieren und nach jedem Zwischenschritt bestimmte Merkmale auszuzählen.

Diese Arbeitsschritte sind nicht nur unvermeidbar mit einer gewissen Fehlerhäufigkeit belastet, wenn sie von Hand ausgeführt werden, sondern sie müssen auch bei jedem zu analysierenden Text mit immer gleichbleibend hohem Zeitaufwand von neuem ausgeführt werden. Demgegenüber bietet eine maschinelle Auswertung den Vorteil, daß Verarbeitungsprogramme unverändert immer wieder auf verschiedene Texte angewendet werden können. Zudem wird so das Fehlerrisiko vermieden, das entsteht, wenn an sich mechanische Arbeitsgänge von Hand ausgeführt werden.

Vor einem erfolgversprechenden EDV-Einsatz waren allerdings noch einige Hindernisse zu überwinden. Zum einen erlaubt die Vielfalt unserer Texte es nicht, genaue Vorhersagen über das zu erwartende Belegmaterial im einzelnen zu machen; dies schließt den Entwurf eines abgeschlossenen Algorithmus zur vollständigen Bearbeitung aller zukünftigen Belege aus. Zum anderen kann der Elektronenrechner nicht das auf Kompetenz gestützte Vorgehen des wissenschaftlichen Bearbeiters nachahmen, das schon relativ früh wertende Eingriffe in das Material ermöglicht und bei dem zum Teil auch mehrere Bearbeitungsschritte gleichzeitig vollzogen werden. Jedoch führt gerade der Entscheidungsspielraum bei der manuellen Arbeit durch die erforderliche größere Zahl von Mitarbeitern leicht zu uneinheitlichen und schwer vergleichbaren Resultaten. Insbesondere der in naher Zukunft anstehende Vergleich der Ergebnisse von mehreren Einzeltexten wäre bei uneinheitlicher Handhabung der Auswertungspraxis wesentlich erschwert. Darüber hinaus ist es kaum zu erwarten, daß alle wichtigen Teilergebnisse von 40 oder mehr Einzeltexten manuell sinnvoll zu einem Gesamtvergleich zusammengeführt werden können. Dieser Schwierigkeit ist man bei einer vollständigen Speicherung aller morphologisch relevanten Daten enthoben.

In welcher Weise kann nun aber diese angestrebte Computerunterstützung konkrete Gestalt annehmen? Als erstes sollte versucht werden, möglichst viele bisherige Erkenntnisse und Erfahrungen der linguistischen Datenverarbeitung für die eigene Arbeit nutzbar zu machen. Zu denken ist hierbei etwa an teils erprobte, teils nur theoretisch konzipierte Modelle zur automatischen Textanalyse.[2] Allerdings ergibt sich in zweierlei Hinsicht eine Diskrepanz zwischen den bisherigen Ansätzen und unseren speziellen Gegebenheiten, zum einen im Hinblick auf den untersuchten grammatischen Bereich Morphologie, im Gegensatz etwa zur Lexik, zum anderen durch den Forschungsgegenstand, ein umfangreiches frühneuhochdeutsches Textkorpus, das in graphischer und grammatischer Hinsicht eine hohe Uneinheitlichkeit aufweist (s. Abb. 3). Aufgrund der Tatsache, daß kein homogenes Sprachsystem den Untersuchungen zugrunde liegt und die Flexion gerade erforscht und nicht als bekannt vorausgesetzt werden soll, kann etwa eine automatische Segmentierung auf der Basis eines vorab eingegebenen Endungsinventars, nicht erfolgen. Zum Teil erschweren die ebenfalls zum Untersuchungsfeld gehörenden Sondererscheinungen wie Apokope, Synkope und Epithese, die je nach regionalen und zeitlichen Einflüssen stärker oder schwächer in Erscheinung treten, selbst bei rein manueller Arbeit eine genaue grammatische Bestimmung vieler Belege. Solche Schwierigkeiten verhindern von vornherein einen Einsatz der EDV in der Weise, wie er für die Erforschung der Gegenwartssprache denkbar wäre. Vielmehr galt es, einen Weg zu finden, der bei einem vertretbaren Aufwand an Programmierarbeiten zu einer möglichst großen Erleichterung bei der wissenschaftlichen Bearbeitung führt, um so die Vorteile beider Verfahren zu kombinieren. Deshalb haben wir versucht, die einzelnen Arbeitsschritte so zu gliedern, daß die komplizierten Entscheidungsfragen von Hand durchgeführt werden und die stets gleichbleibenden Sortier- und Zählvorgänge maschinell erfolgen. Kurz gefaßt, ergibt sich folgender Ablauf: Nach jedem von Hand vorgenommenem Bearbeitungsschritt folgt ein maschineller, der die Daten so strukturiert, daß sie die für den nächstfolgenden Schritt benötigte Form erhalten und der Bearbeiter alle bereits zur Verfügung stehenden Informationen möglichst problemlos ablesen kann. Unser Verfahren ist also so zu erläutern, daß das vorhandene Datenmaterial stufenweise erweitert wird unter Hinzuziehung aller durch den vorausgehenden Stand der Speicherung bereitgestellten maschinellen Unterstützungsmöglichkeiten. Die für die weitere technische Analyse zugrunde liegende Informationsdichte nimmt somit laufend zu (zum Arbeitsablauf bei der Erstellung einer computerunterstützten Textgrammatik

---

[2] Vgl. dazu besonders die Beiträge zu den ersten beiden Symposien über Probleme der maschinellen Verarbeitung altdeutscher Texte (demnächst) und ferner WINFRIED LENDERS – HANS DIETER LUTZ – RUTH RÖMER: Untersuchungen zur automatischen Indizierung mittelhochdeutscher Texte. Hamburg [2]1973. (IPK-Forschungsberichte 69-1); HELMUT DROOP – WINFRIED LENDERS – MICHAEL ZELLER: Untersuchungen zur grammatischen Klassifizierung und maschinellen Bearbeitung spätmittelhochdeutscher Texte. Hamburg 1976. (IPK-Forschungsberichte 55).

im Verbbereich s. Abb. 4). Alle in irgendeinem Schritt eingegebenen Daten (einschließlich Kontext) können mit allen anderen verglichen und in jeder gewünschten Weise weiterbearbeitet werden. Dies heißt also, unser Vorgehen beschränkt sich nicht darauf, aus einer großen Datenmenge eine gewisse Anzahl Informationen herauszusuchen und weiterzubearbeiten, sondern die restlichen Daten sind zusätzlich verfügbar gehalten. Dieser Weg, für den wir uns entschieden haben, wurde aus zwei Gründen notwendig. Zum einen konnte wegen der Vielgestaltigkeit und großen Variationsbreite unseres Ausgangsmaterials nicht jede Frage vorausgesehen werden, die im Laufe unserer Untersuchungen Bedeutung gewinnen würde. Deshalb mußte Vorsorge getroffen werden, daß auch später auftauchende wesentliche Aspekte noch voll in die Auswertung mit einzubeziehen waren. Zum anderen verfolgten wir aber auch das Ziel, unser gespeichertes Datenmaterial für von unseren stark abweichende Untersuchungszwecke zur Verfügung zu stellen. Für Forschungsarbeiten im Bereich der Morphologie müßte unser Material nicht einmal zusätzlich aufbereitet werden, sondern es wären nur die den gewünschten Untersuchungen entsprechenden Verarbeitungsprozeduren zu entwickeln und anzuwenden.

In ähnlicher Weise verfahren wir schon jetzt bei dem uns interessierenden Teilbereich, der Flexionsmorphologie. Der augenblickliche Stand unserer Arbeit läßt bereits die Erstellung computerunterstützter Textgrammatiken im Bereich des Verbs und Substantivs zu. Von jedem unserer Texte wird je eine Liste der belegten Verben und Substantive mit mehrzeiligem Kontext ausgedruckt (insgesamt etwa 5000 Formen je Text), hinsichtlich grammatischer Kategorien identifiziert und mit einer in der Regel neuhochdeutschen Grundform (als Vergleichs- und Sortierform) versehen. Diese Daten der linguistischen Analyse werden gelocht und zusammen mit dem Beleg und der Textstellenangabe wieder eingelesen. Mit Hilfe eines Lexemsortierprogramms läßt sich dann eine Belegkartei erstellen, die einen guten Überblick über das vorhandene Material ermöglicht. Hierzu trägt auch eine aus denselben Daten ermittelte, prozentual aufgeschlüsselte Gesamtübersicht über die Zahl der Belege in jeder grammatischen Position bei. Mit Hilfe der so gewonnenen Informationen werden positionsbezogene Inventare der in jedem Text (pro Wortart) belegten Flexionsendungen erstellt. Zur weiteren Aufschlüsselung des Materials dienen dabei Listenausdrucke der Belege, die alphabetisch nach Grundformen sortiert sind, Zusammenstellungen nach grammatischen Positionen und nach bestimmten Kriterien ausgefilterte Teile des Belegkorpus. Der nächste wesentliche Bearbeitungsschritt besteht dann in der Segmentierung aller Belege. Hierzu werden Ausdrucke erstellt, die alle Verb- bzw. Substantivbelege eines Textes, sortiert nach Grundform und zusätzlich versehen mit der grammatischen Bestimmung, enthalten. In Schreibweise, Grundform und grammatischer Position identische Belege werden zusammengefaßt, so daß sich die Zahl der zu segmentierenden Wortkörper erheblich reduziert. Diese Informationen reichen aus, um unter Hinzuziehung der zuvor erarbeiteten Endungsinventare eine Segmentierung der Belege in alle morphologisch relevanten Einheiten (Stammvokal, Stammauslaut, Dentalsuffix, Flexionsendung etc.) zu gestatten. Zusätzlich nimmt der Bearbeiter bei den Flexionsendungen noch eine 'Bereinigung' von Schreibvarianten vor, die neben den unbereinigten Graphien und weiteren wichtigen Daten (wie Silbenzahl, Fremdwort etc.) gespeichert wird und die nachfolgende Weiterverarbeitung erleichtert. Mit Hilfe der von unseren Programmierern entwickelten EDV-Prozeduren sind wir in der Lage, die Existenz und den Geltungsbereich graphischer und morphologischer Regeln festzustellen und bei der automatischen Entwicklung von Paradigmen zu berücksichtigen. Eine umfassende Beschreibung der morphologischen Entwicklung zur neuhochdeutschen Schriftsprache kann jedoch nicht bei der Addition von Einzeltextgrammatiken stehenbleiben, da sonst die räumliche und zeitliche Dimension dieses Entwicklungsprozesses nicht genügend zur Geltung kommt. In bezug auf die Darstellung der Flexiosmorphologie ergibt sich also die Notwendigkeit, die Einzeltextgrammatiken textübergreifend zu vergleichen. Es bieten sich zwei Möglichkeiten an: Textgrammatiken einer Landschaft aber verschiedener Zeitschnitte werden zu einer Landschaftsgrammatik zusammengefaßt oder Textgrammatiken jeweils eines Zeitschnitts aber aller Landschaften werden zu Zeitschnittgrammatiken ergänzt. Unabhängig davon, welche Darstellungsart gewählt wird, trägt die Computerunterstützung zu einer wesentlichen Erleichterung des textübergreifenden Vergleichs bei. Die endgültige Entscheidung darüber, in welcher Weise die Untersuchung des Systemwandels durchgeführt werden soll, ist noch nicht gefallen. Im wesentlichen handelt es sich dabei um eine Deskription der Veränderung markanter Ausprägungen paradigmatischer Positionen und ihrer zahlenmäßigen Besetzung. Eine Darstellung des Systemwandels hat also neben einem Vergleich von Klassen besonders auch das Verhalten signifikanter und flexionsmorphologisch relevanter Klassenkonstituenten sowie das Verhalten bestimmter Lexeme, etwa solcher mit mehrfacher Klassenzugehörigkeit, zum Ziel.

Ein textübergreifender Vergleich hat besonders eine methodisch homogene Erfassung der Strukturveränderung solcher Phänomene zu leisten. Es gilt also, nicht bei einer bloßen Aufreihung interessanter landschaftlich und zeitlich bedingter Varianten stehenzubleiben, sondern eine Einordnung in den Gesamtbefund der frühneuhochdeutschen Flexionsmorphologie des Verbs und des Substantivs vorzunehmen. Varianten sagen erst dann etwas über Bedeutung und Stellenwert innerhalb des Gesamtsystems aus, wenn genaue Aussagen über ihre Frequenzen gemacht werden können. Hier werden nun die besonderen Vorzüge des Computereinsatzes deutlich. Ein Durchgang durch ein umfangreiches gespeichertes Textmaterial macht die quantitative Erfassung aller Varianten und deren prozentuale Ab- bzw. Zunahme möglich. Die umfassende maschinelle Aufbereitung unseres Datenmaterials erfolgte auch unter dem Gesichtspunkt, eine brauchbare Grundlage für weitere darauf aufbauende oder auch unabhängige Arbeiten im Bereich des Frühneuhochdeutschen zu schaffen. Hierzu wäre etwa die Erstellung eines nach Wortarten getrennten Lexikons der in den Bonner Texten aufgefundenen Lexeme mit Angabe der Klassenzugehörigkeit zu rechnen. Denkbar ist auch eine Kodierung der sonstigen flektierenden Wortarten (Adjektive und Pronomina) in den gespeicherten Texten. Dies würde neben der Erstellung einer Morphologie dieser Wortarten auch komplexere Syntaxuntersuchungen ermöglichen. Durch die von uns schon geleistete Segmentierung der Substantive und Verben in alle wesentlichen bedeutungstragenden und -unterscheidenden Einheiten wird eine vollständige textspezifische Analyse von Graphiedistributionen wesentlich erleichtert, die ihrerseits die Voraussetzung bilden kann zum maschinellen Auffinden der Belege nicht gekennzeichneter Wortarten mit Hilfe von Lexeminventaren.

Der folgende Teil des Referats berichtet vornehmlich über technische Einzelheiten des Einsatzes der elektronischen Datenverarbeitung im Forschungsvorhaben Frühneuhochdeutsch. Für diesen Einsatz steht die Rechenanlage des Regionalen Hochschulrechenzentrums der Universität Bonn vom Typ IBM 370 / Modell 168 mit dem Betriebssystem OS/MVS + TSO + HASP und der Peripherie Lochkartenleser, Schnelldrucker, Magnetband- und Magnetplattenspeicher zur Verfügung. In den Räumen der Abteilung LDV des Instituts für Kommunikationsforschung und Phonetik der Universität nutzen wir den Dialogbetrieb über Datenfernleitung an einem Schreibmaschinen- und einem gemieteten Bildschirmterminal; dort stehen auch die gemieteten Lochkartenstanzer. Die Dialogmöglichkeit brachte beachtliche Verbesserungen für die Programmentwicklung, die Dateneingabe und den Start von Programmen. Hierzu wurden Dialogprozeduren entwickelt, die auch Mitarbeitern ohne EDV-Ausbildung die Arbeit mit dem Computer ermöglichen, indem Steuerinformationen vom System erfragt oder zur Auswahl gestellt werden. Die Texte sind auf Lochkarten und in Magnetbanddateien mit fester Satzlänge von 80 Zeichen permanent gespeichert. Für die Bearbeitung können sie in temporären Dateien auf Magnetplatten um- oder zwischengespeichert werden. Die von einem Suchprogramm gefundenen Belege einer Wortart in einem Text werden mit Stellenangabe zum Auffinden des Kontextes gespeichert und für die Eintragung zusätzlicher Informationen (Grundform, grammatische Position, historische Flexionsklasse, Segmentierdaten) in dazu zweckmäßiger Formatierung ausgedruckt. Die Zusatzdaten können auf Lochkarte übertragen oder direkt am Terminal eingegeben werden. Die Belege werden dann mit angefügter zugehöriger Information in Datensätzen von 200 Zeichen und festgelegter Struktur auf Magnetbändern gespeichert und stehen für Korrekturen, Erweiterungen und nachfolgende Untersuchungen zur Verfügung.

Um die große Anzahl der Dateien für Texte und zugehörige Verb- und Substantivbelege effektiv bearbeiten zu können, wurde für jede Aufgabenstellung ein Programmgerüst in Job-Kontroll-Sprache entwickelt, das bei Anwendung auf verschiedene Texte durch Parameter modifiziert gestartet wird. Soll zum Beispiel die Belegdatei eines Textes nach Grundformen sortiert werden, so müssen Dateiname, Magnetband- und Dateinummer und als Sortierkriterium 'Grundform' eingesetzt werden. Alle Programme können interaktiv vom Terminal aus oder mit Lochkarten zur Ausführung gebracht werden. Für einfache Aufgabenstellungen wie Umspeichern, Sortieren oder Ausgeben von Kontrolldrucken werden Anwenderhilfsprogramme des Rechenzentrums benutzt. Die zur Computerunterstützung des Forschungsvorhabens Frühneuhochdeutsch entwickelten Programme und Unterprogramme sind in den Programmiersprachen PL1 und Assembler geschrieben. Sie unterscheiden sich im Ziel der Anwendung je nach Gegenstand der Untersuchung in ihren verschieden sortierten Eingangsdaten, programminternen Daten und ihren Ausgabedaten. Zum Überblick sollen als Beispiele drei Aufgabenstellungen zur Auswertung der Belege und Zusatzdaten genannt werden:

- statistische Auswertung
- Untersuchung morphologischer und graphischer Phänomene
- Gruppierung und Zusammenfassung der Einzeldaten in übersichtlichen Darstellungen.

Die statistischen Auswertungsprogramme, zum Beispiel für die Belegung der grammatischen Positionen insgesamt oder nur für eine Grundform, verarbeiten sequentiell eine sortierte Belegdatei. Während der Ausführung werden den Eigenschaften des Belegs entsprechend Zähler hochaddiert, und wenn alle Belege einer Datengruppe bearbeitet sind, als Frequenz- und/oder Prozentangabe ausgegeben.

Für die Untersuchung morphologischer und graphischer Phänomene, wie etwa Apokope, Synkope, Vokal-, Dental- und Nasalvarianz, wurde eine Auswahlvorschrift für die gemäß dem zu untersuchenden Phänomen qualifizierten Belege als Unterprogramm realisiert. In diesem Datenfilter sind problemspezifisch logisch verknüpfte Dateneigenschaften formulierbar. Ausgegeben werden Frequenzangaben und Beispielbelege, die dem philologischen Bearbeiter die Beurteilung eventuell belegter Gesetzmäßigkeiten erleichtern. Die belegten Kombinationen bestimmter Zusatzdatenfelder, in denen Werte für Merkmale der Belege stehen, werden in Matrixdarstellung ausgegeben (s. Abb. 5,1).

Es existieren Programme, die alle Werte eines bestimmten Merkmals gruppiert nach anderen Merkmalskriterien auflisten, so etwa die eventuell wechselnde Flexionsklassenzugehörigkeit einer Grundform in verschiedenen Texten oder die belegten Verbausgänge in den grammatischen Positionen (s. Abb. 5,2), wobei die konkrete Endung jedes Belegs als Wert seines Merkmalfeldes 'Endung' gespeichert ist. Erweitert man das letzte Beispiel zu einer Darstellung der unterschiedlichen Beleggraphien mit Frequenzangabe in der Matrix der bereinigten Endungen und Grundformen je grammatischer Position, so kommt man zu einer genauen und übersichtlichen Darstellung, in der sich die flexionsmorphologischen Besonderheiten des jeweiligen Textes erkennen lassen (s. Abb. 5,3 und 5,4). Als ein weiteres Beispiel sei ein Programm zur Überprüfung der historischen Flexionsklassen im Verbdatenbereich des Frühneuhochdeutschen wie folgt erläutert. Ausgegeben werden die in einer Flexionsklasse belegten Endungen, angeordnet nach grammatischen Positionen. Als Eingabe wird die nach historischen Flexionsklassen und innerhalb dieser nach Grundformen sortierte Belegformendatei eines Textes verwendet. Erstes Ziel ist die Zusammenfassung aller belegten Endungen in gleicher grammatischer Position für jede Grundform zu einem Datensatz, in dem die Grundform, die historische Flexionsklassenangabe und die belegten Endungen je grammatischer Position gespeichert werden. Dieser Vorgang des Zusammenfassens wird in bezug auf Datensätze der Grundformen gleicher Flexionsklasse entsprechend wiederholt, und man erhält die verschiedenen Endungen je grammatischer Position einer speziellen Flexionsklasse. Diese lassen sich dann übersichtlich nach grammatischer Position gruppiert als Paradigmen ausdrukken. Die Datensätze der Flexionsendungen jeder Grundform lassen als Zwischendaten die Möglichkeit offen, die klassenkonstituierenden Merkmale der Segmentierinformation des Belegs einer Grundform und nicht die Zugehörigkeit der Grundform zu einer historischen Flexionsklasse zum Aufbau der Endungsparadigmen zu verwenden.

Der derzeitige Schwerpunkt der Programmierung liegt jedoch in der textübergreifenden Auswertung, die das Aufstellen von Landschafts- und Zeitschnittgrammatiken unterstützen soll. Hierfür können Programme der bisherigen Einzeltextgrammatiken als Programmbasis weiterverwendet werden. Andererseits wird zu prüfen sein, welche bisher noch manuellen Bearbeitungsschritte teilautomatisiert werden können, etwa die Zuordnung der historischen Flexionsklasse oder die Segmentierung. Dies läßt sich mit Hilfe des bisherigen Datenmaterials als Analyselexikon und des Dialogbetriebs zur interaktiven Datenzuordnung realisieren.

Abb. 1

Teilkorpusübersicht

I

	mittelbairisch	schwäbisch	ostfränkisch	obersächsisch	ripuarisch
1350 – 1400	Edition kirchlich-theologischer Text Durandus' Rationale Wien 1384	Handschrift erbaulicher Text Buch Altväter Stuttgart Cod.theol. et phil.4° 74 schwäb. 14.Jh.	Edition erbaulicher Text Der Mönch v. Heilsbronn, Namen Nürnberg Cent.IV,38 Nürnberg Ende 14.Jh.	Edition erbaulicher Text Schönbach, Altdt. Predigten obs. A.-M.14.Jh.	Edition chronikalischer Text Quellen Köln, Neues Buch Köln Ende 14.Jh.
1450 – 1500	Edition Berichtstext Kottanerin, Denkwürdigkeiten Wien 1445-1452	Edition unterhaltender Text Neidhart Terenz, Eunuchus Ulm 1486	Edition erbaulicher Text Handschrift Pillenreuth Mystik Nürnberg 1463	Druck erbaulicher Text Tauler, Sermon Leipzig 1498	Druck chronikalischer Text Chronik Köln Koelhoff Köln 1499
1550 – 1600	Druck Berichtstext Herberstein, Moskau Wien 1557	Druck Berichtstext Rauwolf, Beschreibung Morgenländer Lauingen 1582	Druck erbaulicher Text Dietrich, Summaria Nürnberg 1578	Druck erbaulicher Text Mathesius, Passionale Leipzig 1587	Druck erbaulicher Text Gropper, Gegenwärtigkeit Köln 1556
1650 – 1700	Druck erbaulicher Text Abraham S.Clara, Mercks wol Soldat und Deo Gratias Wien 1680	Druck chronikalischer Text Schorer, Chronik Memmingen Ulm 1660	Druck chronikalischer Text Birken, Spiegel Erzhauses Oesterreich Nürnberg 1668	Druck unterhaltender Text Weise, Jugendlust Leipzig 1684	Druck kirchlich-theologischer Text Rosenthal, Wiederholung Bedenken Köln 1653

Abb. 1
(Frts.)

Teilkorpusübersicht II

	osthochalemannisch	schwäbisch(Augsburg)	elsässisch	hessisch	thüringisch
1350 — 1400	Edition Realientext Naturlehre Mainau ohchal. Ende 14.Jh.	Edition unterhaltender Text Mair, Troja Augsburg 1393	Edition erbaulicher Text Merswin, zwei Mannen Straßburg 1352	Edition kirchlich-theologischer Text Benediktinerregel Oxford Nassau 14.Jh.	Edition biblischer Text Psalter Dresden Erfurt 1378
1450 — 1500	Edition chronikalischer Text Edlibach, Chronik Zürich 1485-86	Druck unterhaltender Text Burlaeus, Vita-Buch Augsburg 1490	Druck Realientext Brunschwig, Chirurgie Straßburg 1497	Druck Realientext Cube, Hortus sanitatis Deutsch Mainz 1485	Edition chronikalischer Text Rothe, Chronik düringische thür. 2.H.15.Jh.
1550 — 1600	Druck erbaulicher Text Lavater, Gespenster Zürich 1578	Druck erbaulicher Text Andreae, Bericht Augsburg 1557	Edition unterhaltender Text Wickram, Nachbarn Straßburg 1556	Druck Berichtstext Ralegh, Amerika Frankfurt 1599	Druck chronikalischer Text Bange, Chronik thüringisch Mülhausen 1599
1650 — 1700	Druck unterhaltender Text Heidegger, Mythoscorpia Zürich 1698	Druck erbaulicher Text Eschenloher, Arzt augsburgischer Augsburg 1678	Edition unterhaltender Text Moscherosch, Gesichte Straßburg 1650	Druck chronikalischer Text Ludolf, Schaubühne Frankfurt 1699	Druck erbaulicher Text Göz, Leich-Abdankungen Jena 1664

Abb. 2

spricht er, und enwil niht daz der sundere sterbe an den sunden,
sunder ich wil daz er sich bekere und lebe. Her Jeremias der pro-
pheta sagt uns ouch ein gut mere und spricht: Si mulier dimiserit
virum, numquid iterum recipiet eam vir suus? tu autem fornicata es
5 cum amatoribus multis, tamen revertere ad me, dicit dominus. er
spricht: ob ein wip lezet iren man und underwint sich eines andern,
wenest tu daz sie ir erste man wider neme? Nein. Got spricht aber
zu der sundigen sele: du hazt mich diche gelazzen und has vil wider
mich getan, kere doch wider zu mir mit rechter růwe diner sunden,
10 ich wil dich gerne unphahen. dar umme sprach Jesus Christ zu sente
Petre: non dico tibi dimittendi sepcies sed usque septuagies sepcies.
do sente Peter (13^{e}) vregete unseren herren got wie diche er solde
vorgeben sinem brůdere, daz ist sinem ebencristen inme tage der
ime leide tete, ob er daz solde tůn siben stunt, unser herre got der
15 des mensche crankeit wol weiz, quia ipse cognovit figmentum nostrum,

```
0090028X010$SPRICHT ER, UND $ENWIL NIHT DAZ DER +SUNDERE $STERBE AN DEN +SUNDEN,
0090028X020SUNDER ICH $WIL DAZ ER SICH $BEKERE UND $LEBE. ++HER +N *JEREMIAS -N=
0090028X021 DER +PROPHETA
0090028X030$SAGT UNS OUCH EIN GUT +MERE UND $SPRICHT: *SI MULIER DIMISERIT
0090028X040VIRUM, NUMQUID ITERUM RECIPIET EAM VIR SUUS? TU AUTEM FORNICATA ES
0090028X050CUM AMATORIBUS MULTIS, TAMEN REVERTERE AD ME, DICIT DOMINUS. ER
0090028X060$SPRICHT: OB EIN +WIP $LEZET IREN +MAN UND $UNDERWINT SICH EINES AND=
0090028X061ERN,
0090028X070$WENEST TU DAZ SIE IR ERSTE +MAN WIDER $NEME? *NEIN. ++GOT $SPRICHT =
0090028X071ABER
0090028X080ZU DER SUNDIGEN +SELE: DU $HAZT MICH DICHE $GELAZZEN UND $HAS VIL WI=
0090028X081DER
0090028X090MICH $GETAN, $KERE7 DOCH WIDER ZU MIR MIT RECHTER +RU<OWE DINER +SUN=
0090028X091DEN,
0090028X100ICH $WIL DICH GERNE $UNPHAHEN. DAR UMME $SPRACH +N *JESUS *CHRIST -N=
0090028X101 ZU +N SENTE
0090028X110+N *PETRE -N : NON DICO TIBI DIMITTENDI SEPCIES SED USQUE SEPTUAGIES=
0090028X111 SEPCIES.
0090028X120DO +N SENTE *PETER -N $VREGETE UNSEREN +HERREN +GOT WIE DICHE ER $SO=
0090028X121L DE
0090028X130$VORGEBEN SINEM +BRU<ODERE, DAZ $IST SINEM +EBENCRISTEN INME +TAGE D=
0090028X131ER
0090028X140IME +LEIDE $TETE, OB ER DAZ $SOLDE $TU<ON SIBEN +STUNT, UNSER +HERRE=
0090028X141 +GOT DER
0090028X150DES +MENSCHE +CRANKEIT WOL $WEIZ, QUIA IPSE COGNOVIT FIGMENTUM NOSTR=
0090028X151UM,
```

Abb. 4

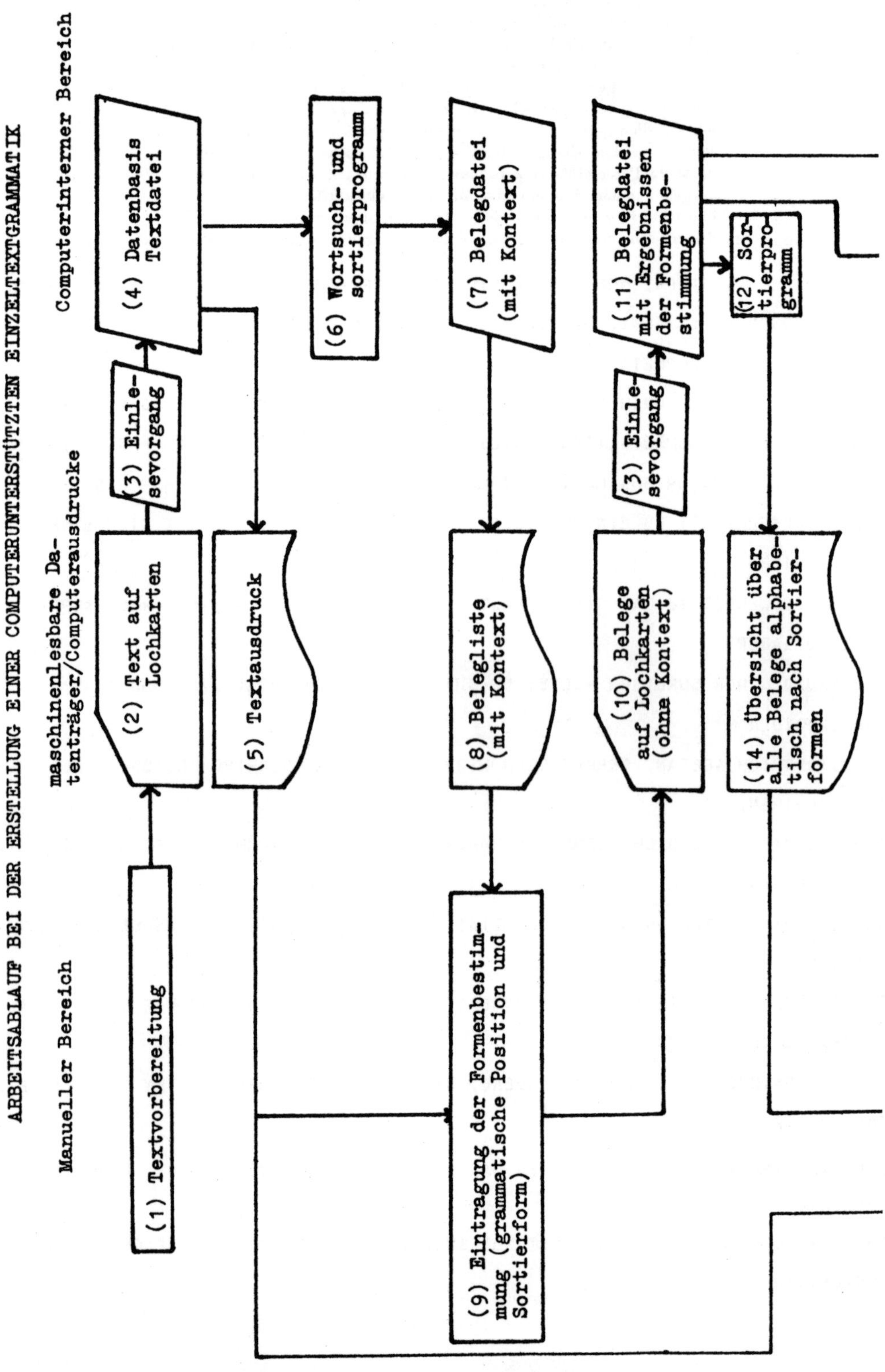

ARBEITSABLAUF BEI DER ERSTELLUNG EINER COMPUTERUNTERSTÜTZTEN EINZELTEXTGRAMMATIK

Manueller Bereich

maschinenlesbare Datenträger/Computerausdrucke

Computerinterner Bereich

(1) Textvorbereitung

(2) Text auf Lochkarten

(3) Einlesevorgang

(4) Datenbasis Textdatei

(5) Textausdruck

(6) Wortsuch- und sortierprogramm

(7) Belegdatei (mit Kontext)

(8) Belegliste (mit Kontext)

(9) Eintragung der Formenbestimmung (grammatische Position und Sortierform)

(10) Belege auf Lochkarten (ohne Kontext)

(3) Einlesevorgang

(11) Belegdatei mit Ergebnissen der Formenbestimmung

(12) Sortierprogramm

(14) Übersicht über alle Belege alphabetisch nach Sortierformen

Abb. 4 (Frts.)

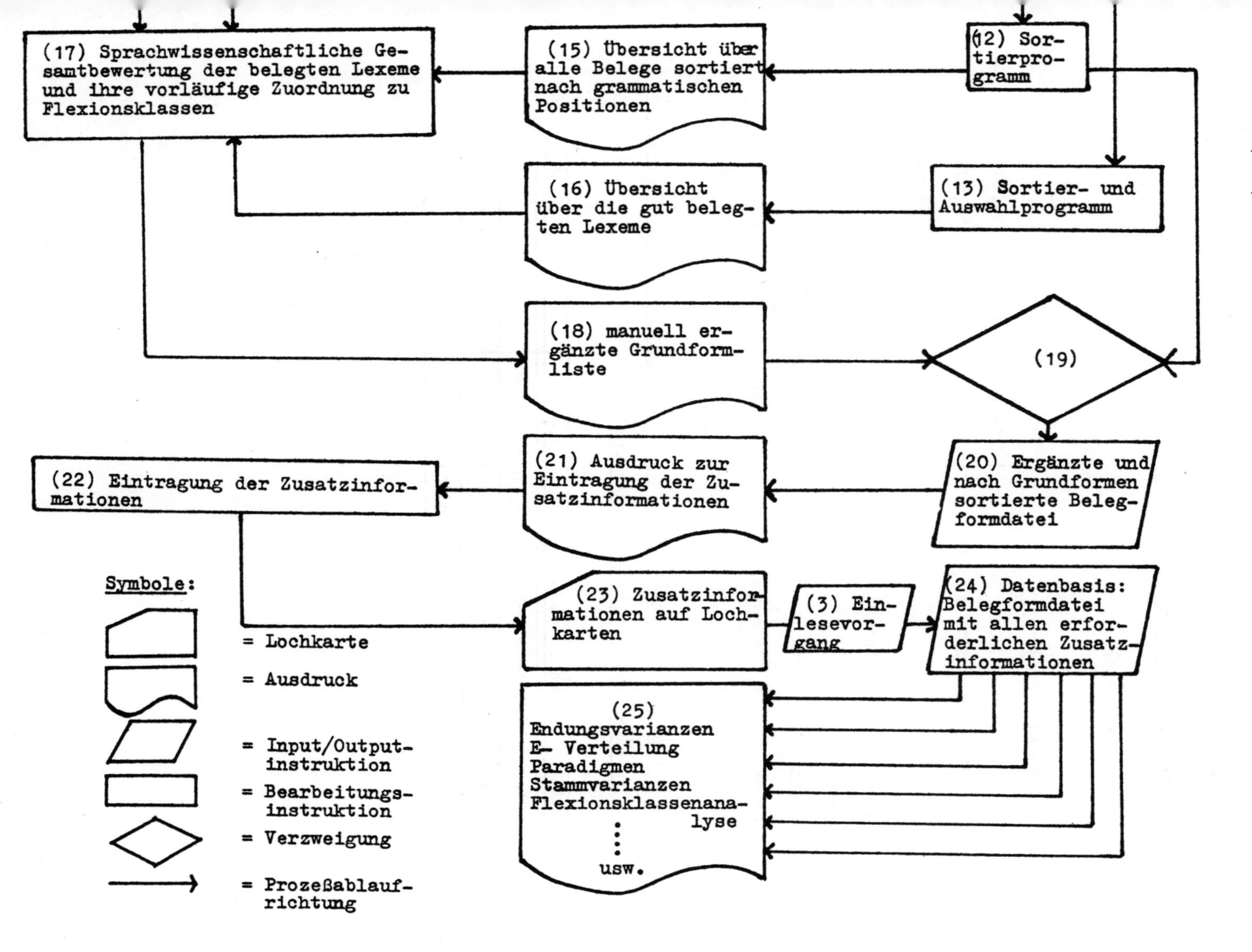
(12) Sortierprogramm
(13) Sortier- und Auswahlprogramm
(19)
(20) Ergänzte und nach Grundformen sortierte Belegformdatei
(24) Datenbasis: Belegformdatei mit allen erforderlichen Zusatzinformationen
(3) Einlesevorgang
(15) Übersicht über alle Belege sortiert nach grammatischen Positionen
(16) Übersicht über die gut belegten Lexeme
(18) manuell ergänzte Grundformliste
(21) Ausdruck zur Eintragung der Zusatzinformationen
(23) Zusatzinformationen auf Lochkarten
(25) Endungsvarianzen
E- Verteilung
Paradigmen
Stammvarianzen
Flexionsklassenanalyse
usw.
(17) Sprachwissenschaftliche Gesamtbewertung der belegten Lexeme und ihre vorläufige Zuordnung zu Flexionsklassen
(22) Eintragung der Zusatzinformationen
Symbole:
= Lochkarte
= Ausdruck
= Input/Outputinstruktion
= Bearbeitungsinstruktion
= Verzweigung
= Prozeßablaufrichtung

Abb. 3

Beispiele frühneuhochdeutscher Variation

1. Beispiel für graphische Variation (obers., 14. Jh.)

Dental im Endungsvorsatz

Bereinigt: et

Gesamtzahl: 28

Belegt : ed 1 = 3,57%

et 24 = 85,71%

Bereinigt: t

Gesamtzahl: 88

Belegt : d 27 = 30,68%

t 49 = 55,68%

tt 12 = 13,64%

Vokalische Varianten

Bereinigt: en

Gesamtzahl: 541

Belegt : en 538 = 99,45%

in 3 = 0,55%

Bereinigt: ent

Gesamtzahl: 7

Belegt : ent 6 = 85,71%

int 1 = 14,29%

2. Beispiel für grammatische Variation (Plural-Singular-Paradigmen in räumlich-zeitlicher Verteilung)

mhd	schwäb.,14.Jh.	ofr., 15.Jh.	obs., 16.Jh.
(e)n	(e)nt~(e)n~∅	(e)(n)~(e)nt~∅	(e)n
(e)t	(e)nt~(e)t	(e)t~(e)nt~∅	(e)t
(e)nt	(e)nt~n	(e)n~(e)nt	(e)n

Abb. 5,1

ÜBERSICHT ÜBER DIE LEXEME EINER FLEXIONSKLASSE UND DEREN BELEGUNG IN DEN GRAMMATISCHEN POSITIONEN

	SYNCH.	INFIN.	IMP. SG.	IMP. PL.	PARTIZ.	PRAESENS SINGULAR 1.P. I	K	2.P. I	K	3.P. I	K	PRAESENS PLURAL 1.P. I	K	2.P. I	K	3.P. I	K	PRAETERITUM SINGULAR 1.P. I	K	2.P. I	K	3.P. I	K	PRAETERITUM PLURAL 1.P. I	K	2.P. I	K	3.P. I	K	PARTIZ.

L E X E M E D E R F L E X I O N S K L A S S E : 2.1

	SYNCH.	INFIN.	IMP. SG.	IMP. PL.	PARTIZ.	PRAESENS SINGULAR 1.P. I	K	2.P. I	K	3.P. I	K	PRAESENS PLURAL 1.P. I	K	2.P. I	K	3.P. I	K	PRAETERITUM SINGULAR 1.P. I	K	2.P. I	K	3.P. I	K	PRAETERITUM PLURAL 1.P. I	K	2.P. I	K	3.P. I	K	PARTIZ.
BRENNEN										1																				
BRINGEN		1								18	3				1	1						1	1							
DENKEN		3		1							1	1																		
KENNEN																1						1							1	
NENNEN		1																												
SENDEN											1											1								

L E X E M E D E R F L E X I O N S K L A S S E : 3.0

	SYNCH.	INFIN.	IMP. SG.	IMP. PL.	PARTIZ.	PRAESENS SINGULAR 1.P. I	K	2.P. I	K	3.P. I	K	PRAESENS PLURAL 1.P. I	K	2.P. I	K	3.P. I	K	PRAETERITUM SINGULAR 1.P. I	K	2.P. I	K	3.P. I	K	PRAETERITUM PLURAL 1.P. I	K	2.P. I	K	3.P. I	K	PARTIZ.
D2URFEN										1																				
K2ONNEN										9																		1		
M2OGEN						3				11	3	1				6	1					5	2		1			2	1	
M2USSEN						2				10	1	1																1		
SOLLEN						3				20		2	1	5		3							1							
TURREN1*		1				2				1									1											
WISSEN		2	1					1		2	1	1		1	1	3							2	1						
WOLLEN						9				7		2	1	1	1	2						6	2						1	

Abb. 5,2

DIE BEREINIGTEN ENDUNGEN MIT FREQUENZANGABE IN ALLEN GRAMMATISCHEN POSITIONEN

IMPERATIV PLURAL	ENT	4	ET	1	NT	3	T	1		
IMPERATIV SINGULAR	S	2	0	23						
INFINITIV	EN	344	N	77	NEN	1				
PARTIZIP PRAESENS	END	6	ND	2						
PARTIZIP PRAETERITUM	EN	152	ET	20	N	33	T	130	0	28
1. PERSON SINGULAR PRAES.	N	26	0	65						
2. PERSON SINGULAR PRAES.	EST	18	ST	42	T	15				
3. PERSON SINGULAR PRAES.	ET	11	T	241	0	120				
1. PERSON SINGULAR PRAET.	0	32								
2. PERSON SINGULAR PRAET.	EST	21	T	4	0	1				
3. PERSON SINGULAR PRAET.	E	3	0	1068						
1. PERSON PLURAL PRAES.	EN	1	ENT	46	NT	10	0	9		
2. PERSON PLURAL PRAES.	ENT	21	ET	1	NT	10	T	19		
3. PERSON PLURAL PRAES.	ENT	45	N	2	NT	45				
1. PERSON PLURAL PRAET.	ENT	10								
2. PERSON PLURAL PRAET.	ENT	3	0	2						
3. PERSON PLURAL PRAET.	ENT	218	NT	13						

ANZAHL DER BELEGTEN GRAMMATISCHEN POSITIONEN
(OHNE BERUECKSICHTIGUNG DER MODUSDIFFERENZIERUNG) : 17

Abb. 5,3

VERBAUSGAENGE IN DER GRAM. POSITION : 2. PERSON SINGULAR PRAETERITUM

EST	T	0
BREH-T-IST-7 .1		BREH-T-0 .1
BE-DORF-T-IST-U .1		
	ENP-FIENG-D .1	
BE-GER-T-IST .1		
	HIEZ-T .1	
HE-T-IST .2		
HE-T-IST-U .1		
HE-TT-IST .1		
KUN-D-IST .1		
LIEZZ-IST .1		
MAH-T-IST .1		
MOH-T-IST .2		
MOH-T-IST-U .1		
MUS-T-IST .2		
	SWUR-D .1	
WER-IST-U .1		
SOL-T-IST .2		
GE-TORS-T-IST .1		
GE-TORS-T-IST-U .1		
WOL-T-IST .1		
	ZUG-T .1	
SUM: 21	SUM: 4	SUM: 1

Abb. 5,4

VERBAUSGAENGE DER LEXEMGRUPPE "1" IN DER GRAM. POSITION "2110"

EST	ST	T
BITT-EST .1		
GEB-IST .1		
WIDER#-GEB-IST . 1		
VER-GEZZ-IST .1		
HALT-EST .1		
		HAIS-T .2
KOM-IST .2	DAVON#-KCM-ST .1	
	EIN#-KCM-ST .1	
	HAIM#-KCM-ST .1	
GE-LAUZZ-IST .1		
VER-LIEZ-EST .1		
	NIM-ST .1	
	SPRIH-ST .2	
	USS#GE-SPRIH-ST .1	
WERD-IST .2	WIR-ST .2	
	WIR-ST-U .1	
	GE-WINN-ST .1	
SUM: 11	SUM: 11	SUM: 2

VERBAUSGAENGE DER LEXEMGRUPPE "1" IN DER GRAM. POSITION "3110"

O
BIUT-O .1
GE-BIUT-O .2
BITT-O .1
WERD-O .3
WIRT-O .15
SUM: 22

Monika Rössing-Hager

Sprachliche Mittel des Vergleichs und ihre textologische Funktion in den Flugschriften Johann Eberlins von Günzburg

0. Vorbemerkung

Der vorliegende Beitrag versteht sich als Anregung dafür, vorhandene maschinelle Bearbeitungen eines Textes im Hinblick auf weitergehende Texterschließungen auszuwerten. Er versucht an einem kleinen Beispiel auf die oft gestellte Frage zu antworten, wozu alphabetische Wortindices verwendbar sind, wozu Lemmatisierung und grammatische Bestimmung der Wortformen dienen können.

Behandelt werden einige Aspekte zur Erstellung einer Teil-Textgrammatik sowie zur Untersuchung spezifischer Textstrukturen unter einer Fragestellung, die von der textkonstitutiven Funktion der Elemente dieser Textgrammatik bestimmt ist.[1] 'Textstruktur' meint hier ein Gliederungsprinzip, das innerhalb des Textes an verschiedenen Stellen auftritt. Es ist im vorliegenden Fall 'von innen nach außen' aufgefunden, d.h. durch Überprüfung des Stellenwertes spezifischer sprachlicher Einheiten für den Text, insbesondere ihrer kohärenzschaffenden Beziehungen zu funktional identischen oder ergänzenden sprachlichen Einheiten des umgebenden Textes.[2]

1. Einleitung

1.1 Textgrammatische Fragestellung und Textauswahl

Die textgrammatische Fragestellung soll den Zugang zur thematisch-logischen Strukturiertheit einer Flugschrift der Reformationszeit vermitteln.

Wirkungsintention der reformatorischen Flugschriften war, die reformatorischen Gedanken zu verbreiten und von ihrer Richtigkeit und der Falschheit

[1] Erörterungen zum erneuten Einsatz des Rechners für einzelne Arbeitsgänge unterblieben aus praktischen Gründen, da nach der Installierung eines größeren Rechners an der Marburger Rechenanlage (TR 440 gegenüber vorher TR 4) die erforderliche Erneuerung der Programmbibliothek eine entsprechende Benutzung des Rechners im gegebenen Zeitraum noch nicht wieder ermöglichte.

[2] Vgl. die Punkte 2.1 bis 2.5 dieses Beitrags, insbesondere 2.5.

der päpstlichen Lehre zu überzeugen. Für die römischen Flugschriften gilt die entgegengesetzte Zielsetzung. D.h. die zugrunde liegende Textgattung gehört nach dem Einteilungsprinzip der Rhetorik dem genus deliberativum an mit seinen beiden Überzeugungspflichten (officia): dem Zuraten zur erstrebenswerten Sache/Handlung (suadere) und dem Abraten von der zu meidenden Sache (dissuadere).[3] Im folgenden wird der Frage nachgegangen, wie eine Überzeugungsstrategie beschaffen war, die es ermöglichte, dem (mehr oder weniger) Gebildeten und dem »gemeinen mann« die abstrakten Sachverhalte so nahezubringen, daß er zum Handeln bewegt wurde, d.h. sich der neuen Lehre zuwendete und für sie eintrat.

Als textgrammatische Fragestellung wurde die Analyse des Vergleichs gewählt, da der Vergleich integrierender Bestandteil eines persuasiven Textes ist.[4] Die Differenzierung innerhalb der Vergleichsformen, -inhalte und der kombinatorischen Verwendung läßt manches als autor-spezifisch erscheinen, das durch einen starken Niederschlag der rhetorischen Schultradition in der Schrift bedingt ist und daher mit großer Wahrscheinlichkeit in andern zeitgenössischen Flugschriften ähnlich wiederkehrt.

Analysierter Text ist der Flugschriftenzyklus 'Die Bundesgenossen' von Johann Eberlin von Günzburg, einem ehemaligen Franziskaner und erfolgreichen Volksprediger.[5] Es sind 16 thematisch zusammenhängende Schriften von insgesamt ca. 200 Seiten, 1521, die letzte 1522 abgefaßt und sowohl einzeln wie gesammelt erschienen, zum Teil noch im selben Jahr an verschiedenen Orten (u.a. Basel, Augsburg, Erfurt) und in mehreren Auflagen, was für ihre große Publikumswirksamkeit spricht.

Einige Zentralthemen der Schriften sind: Eintreten für die evangelische Lehre und damit für die reformatorischen Gedanken Luthers; Ablehnung der päpstlichen Lehre, ihres Brauchtums und ihrer Vertreter, scharfe Kritik am Klosterwesen, insbesondere an den Bettelmönchen; Hervorhebung der Bibel als einziger für den Christen relevanten religiösen Schrift. Innerhalb zweier Schriften, dem 10. und 11. Bundesgenossen, stellt der Autor in utopistischer Form »Statuten« auf für eine Neuordnung des religiösen und weltlichen Lebens.

---

[3] (LAUSBERG (1960) §§ 224–238). Da die Tradition der literarischen Rhetorik – wenngleich selten als geschlossenes System – den Autoren der behandelten Zeit geläufig war und umso genauer, je besser sie als Mönche oder Weltgeistliche in der Predigtlehre ausgebildet waren, andererseits keine nicht-rhetorische Textkompositions- und Stillehre ihnen zur Verfügung stand, bietet es sich an, die Kriterien der Textkomposition und des sprachlichen Ausdrucks, soweit erforderlich, mit Hilfe der rhetorischen Terminologie zu benennen. Dies geschieht hauptsächlich in Orientierung an QUINTILIAN und LAUSBERG.

[4] QUINTILIAN III.8.34; LAUSBERG (1960) §§ 227.3, 394, 395–397, 420; PLETT (1973) S. 55.

[5] Ca. 1470–1533. Näheres zur Biographie Eberlins bei LUCKE (1902) S. 8–22. Kurzer Überblick über den Inhalt der 'Bundesgenossen' und ihre Einordnung in die publizistische Literatur der Reformationszeit bei KÖNNEKER (1975) S. 109–116. Weiterführende Literatur ibid. S. 227f.

1.2 Anlage der Sortierungen

Der für die Untersuchung ausgewählte Text lag in maschinenlesbarer Form vor, mit Lemmatisierung und grammatischer Bestimmung zu jeder Wortform des laufenden Textes.[6] Hierdurch war es möglich, das Vorgehen zu operationalisieren durch eine Kontextüberprüfung aller Vergleichssignale.

Für die Untersuchungen wurden zwei Sortierungen mit unterschiedlicher Kriterienreihenfolge kombiniert benutzt; Ausschnitte mit Beispielen aus beiden Listen[7] finden sich auf der folgenden Seite.

Das Lemma, in der Lautform dem heutigen Hochdeutsch angepaßt und orthographisch normalisiert, bildet die Sammelstelle für die orthographischen Varianten der Wortformen, die lexematisch sowie im Hinblick auf ihre grammatische Funktion identisch sind. Zu allen grammatischen Realisationen der Lexeme flektierender Wortarten bildet es die Grundform (z.B. Infinitiv beim Verb, Nominativ Singular beim Substantiv).

Die morphologisch-syntaktische Klassifikation enthält eine Kombination von grammatischen Merkmalen, die eine Wortform bei ihrem Vorkommen im Text hat, u.a.

1) lexikalische Wortartzugehörigkeit (Bsp. 2: B = Adjektiv, C = Adverb, K = Konjunktion),
2) Unterklassen der Wortarten (z.B. beim Verb: Voll-, Hilfs-, Modalverb; beim Pronomen: Personal-, Possessivpronomen u.a.),
3) Angaben zur Graduierung von Adjektiven und Adverbien (Bsp. 2a-d: BK = Adjektiv im Komparativ),
4) Wortartfunktion im Text (Bsp. 2b: BKC = Adjektiv im Komparativ, adverbiell gebraucht; Bsp. 2c: BKN = Adjektiv im Komparativ, substantivisch gebraucht),
5) bei den flektierenden Wortarten flexionsmorphologische Angaben (z.B. beim Verb für Person + Numerus eine Ziffer, Tempus + Modus eine Ziffer; beim Substantiv, Adjektiv, Pronomen für Kasus + Numerus eine Ziffer; 1 = Nom. Sing., 2 = Gen. Sing. usw.), die zugleich Informationen über die syntaktische Verwendung der flektierenden Formen geben (Bsp. 2a: BK1 (bis 8) = Adjektiv im Komparativ, attributiv verwendet; Bsp. 2d: BKP = Adjektiv im Komparativ, prädikativ verwendet),
6) bei den nicht-flektierenden Wortarten Hinweis auf die syntaktisch-semantische Funktion ihrer Verwendung im Text (z.B. bei den Konjunktionen: Kausal-, Modalkonjunktion; Bsp. 2f: KZ = Vergleichskonjunktion).

---

[6] Das Projekt ist beschrieben bei RÖSSING-HAGER (1970) S. 145–178. Im Anschluß an die Lemmatisierung und die grammatische Analyse des Textes sind zwei weiterführende computergestützte Untersuchungen zu spezifischen syntaktischen Fragestellungen geschrieben worden: MUMM (1974) und NAUMANN (1972).

[7] Häufigkeiten sind in der Tabelle nicht registriert, da sie für die vereinzelt herausgegriffenen Beispiele keinen Aussagewert haben.

1.	Lemma	Grammat. Merkmale	Wortform	Häufigkeit	Stellenbelege
a)	*denn* als Konjunktion in Kausalsätzen				
	DENN	KC	DAN		11715
	DENN	KC	DANN		209
b)	*denn* als Konjunktion bei Vergleichen				
	DENN	KZ	DAN		7133
	DENN	KZ	DANN		213

2.	Grammat. Merkmale	Lemma	Wortform	Häufigkeit	Stellenbelege
a)	Adjektiv im Komparativ, attributiv verwendet				
	BK1	GROSS	GROESSER		1713
	BK2	GROSS	GROESSERN		17630
	BK8	HART	HERTER		9421
b)	Adjektiv im Komparativ, adverbial verwendet				
	BKC	ERNSTLICH	ERNSTLICHER		7008
	BKC	HART	HARTER		13011
c)	Adjektiv im Komparativ, substantiviert verwendet				
	BKN1	AERGERES/	ERGERS		2525
	BKN3	GROESSERES/	GROSSEREM		2535
d)	Adjektiv im Komparativ, prädikativ verwendet				
	BKP	ARG	ERGER		11822
	BKP	ARM	ARMER		16922
e)	Adverb				
	C	ALSO	ALLSO		3030
	C	ALSO	ALSO		223
	C	SO	SO		208
f)	Konjunktion bei Vergleichen				
	KZ	ALS	ALS		304
	KZ	ALS	ALSS		18238
	KZ	ALS	ALß		18936
	KZ	DENN	DAN		7133
	KZ	DENN	DANN		213
	KZ	WANN	WANN		13011
	KZ	WIE	WIE		216

2. Textgrammatische Auswertung der Sortierungen im Hinblick auf den Vergleich

2.1 Bestand der Vergleichsformen

Die Auffindung der Vergleiche im Text erfolgte von den Sortierungen aus. In mehreren Schritten wurden an Hand der Belegstellenangaben die Kontexte der Einheiten überprüft, die als Signale für Vergleiche in Frage kommen.

1. Die Vergleichskonjunktionen *als, dann, wann, wie,*
2. die in Verbindung mit den Vergleichskonjunktionen vorkommenden Adverbien *also, so, auch,*
   die substantivischen und adjektivischen Pronomina *ander-, solich-, nieman, nit, kein-,*
   die Komparative von Adjektiven und Adverbien,
3. die Superlative von Adjektiven und Adverbien,
4. Lexeme verschiedener Wortarten, die die Funktion von Vergleichssignalen übernehmen können, sie aber nur in einzelnen Fällen realisieren (Beispiele für Belegstellen in Klammern):
   die Präposition *gegen* (204.04),[8]
   die Konjunktion *aber* (154.14),
   die Adjektive *gleich* (197.25), *vngleich* (56.14),
   die Adverbien *dagegen* (85.21), *daneben* (40.14), *herwider* (144.34),
   das Pronomen *dergleichen* (2.18).

Die Liste dieser potentiellen Vergleichsindikatoren ist offen. Sie treten in Äußerungen auf, die inhaltlich die Funktion von Vergleichen haben, ohne durch die grammatisch geläufigen Vergleichssignale gekennzeichnet zu sein. Derartige Vergleiche umfassen oft über den Einzelsatz hinausgehend eine umfangreichere Texteinheit. Dies gilt insbesondere für die durch *aber* oder *dagegen* antithetisch-vergleichend[9] aufeinander bezogenen Teilaussagen – wobei statt der adversativen auch eine syndetische Bindung durch *und* oder eine asyndetische Bindung der Teilaussagen begegnen kann. Eine Auffindung mit Hilfe der Sortierungen ist im Falle von Syndese und Asyndese nur noch gegeben durch Überprüfung der Belegstellen zu den Lexemen, die geeignet sind, paarweise antonym als Bestandteil antithetischer Vergleiche aufzutreten, z.B. *got, teuffel, günstig, widrig, schaden, nutzen.* Die Auswahl der Lexeme orientiert sich an der lexikalischen Füllung der entsprechenden Vergleiche, die unter 1, 2 und 4 erfaßt sind. Die zufälligen Funde dieser Suchaktion ergänzen die Menge der morphologisch indizierten Vergleiche.

Die Überprüfung der Kontexte zu den Vergleichssignalen an Hand der Belegstellen erfolgt im Hinblick auf die geplante Auswertung unter einer mehrfachen Fragestellung:

[8] Die Stellenangaben in Klammern hinter einem Beleg sind hier und an allen späteren Stellen auf die Textausgabe bezogen: Johann Eberlin von Günzburg. Sämtliche (Bd 1 = Ausgewählte) Schriften. Hrsg. von Ludwig Enders. 3 Bde. Halle 1896–1902. Bd 1. Vor dem Punkt ist die Seitenzahl, hinter dem Punkt die Zeilenzahl angegeben.

[9] Näheres zur Antithese vgl. S. 55, Text zu den Beispielen 64 und 65, sowie Anmerkung 32.

1) Aussonderung der Fälle, in denen die Vergleichssignale nicht innerhalb eines Vergleichs bzw. in einer spezifischen Grenzform des Vergleichs verwendet werden.
2) Bestimmung der Vergleichsformen an Hand der Kombinationstypen der verwendeten Vergleichssignale.
3) Formale Varianten der Vergleichsformen für (fast-)identische Relationen.
4) Inhaltliche Funktionen der Vergleiche.
5) Kombination mehrerer Vergleiche innerhalb einer (komplexen) Aussage.
6) Textkonstitutive Funktion der Vergleiche.[10]

Im folgenden wird auf die Teilaspekte nur kursorisch eingegangen.[11] Die Ausscheidung der unter 1) erwähnten Teilgruppen erfolgte durch eine Indizierung der jeweiligen Belegstellen.[12] Für die Belege der echten Vergleiche wurden die Kontexte aus dem Text herausgelöst, und zwar so weit, daß die gesamte Vergleichsform erfaßt ist und, soweit möglich, der Sinnzusammenhang, innerhalb dessen der Vergleich verwendet ist, deutlich wird. Beim Auftreten mehrerer Vergleiche in einem Satz ist der ganze Satz wiedergegeben. Wenn in einem Satz nur ein Teil eines Vergleiches auftritt, während der andere in einem früheren Satz erscheint, ist ein entsprechender Verweis ergänzend beigefügt, womit die Anhaltspunkte für die Untersuchung der textkonstitutiven Funktion der Vergleiche gegeben sind.

Aus der Durchsicht der Kontexte ergeben sich die Kombinationstypen der Vergleichssignale für die Vergleichsformen im Positiv und Komparativ. Die Form wird als »geschlossen« bezeichnet, wenn zu beiden Teilen des Vergleichs je ein Vergleichssignal gehört, als »offen«, wenn nur ein Teil des Vergleichs ein Vergleichssignal enthält.

---

[10] Es wäre möglich, die Kriterien 1-6 in einer mehrere Positionen umfassenden Codierung den einzelnen Stellenbelegen zuzuordnen als Ausgang für eine maschinelle Weiterverarbeitung. In Verbindung mit der bereits vorliegenden maschinellen Bearbeitung des Textes könnte durch diese Codierung auch der Umfang des auszudruckenden Kontextes zu den Einzelbelegen gesteuert werden.

[11] Detailliertere Ausführungen sind geplant im Rahmen einer Untersuchung zur Hörer-bezogenen Textkomposition der Flugschriften Johann Eberlins.

[12] Als unechte Vergleiche wurden die Belege gekennzeichnet, in denen der Komparativ *meer* in einer der folgenden Verwendungen vorkommt: als Einleitung des zweiten Teils einer correctio: *nit fraß, sunder meer bürgerliche bywonnung* 19.10; als Signal für eine kopulative Steigerung, positiv oder negativ: *das man sol lassen abgon sollich pfrunden als Vnnutz, ya mer schadtlich ... allen menschen* 187.29; als Hervorhebung der Intensität/Progression inchoativer Verben: *So sy aber ye meer und meer verhörten* ('verhärten') 87.20; zur realen oder hyperbolischen Vergrößerung einer Quantitätsangabe: *meer dann ein mal* 47.21; als Angabe, daß eine Handlung bzw. ein Vorgang über den im Text implizit terminierten Zeitraum hinaus nicht fortsetzbar ist: *man gebrucht nit mer sollich Caplon* 187.21.

Kombinationstypen der Vergleichssignale

Positiv

Geschlossene Formen

so	- *als*	(14)		*so*	- *wie*	(7)
als	- *als*	(10)				
also	- *als*	(2)		*also*	- *wie*	(1)
solich-	- *als*	(1)		*solich-*	- *wie*	(1)
auch	- *als*	(1)		*auch*	- *wie*	(1)
		30				10
				so	- *so*	(1)

Offene Formen

so	- ∅	(114)
also	- ∅	(72)
auch	- ∅	(30)
∅	- *als*	(109)[13]
∅	- *wie*	(62)[14]

Beispiele

1) die (= keine nation) dar nach *so* ernstlich verharret *wie* sy (= die teutschen) dar vff. 80.28
2) das jetlichem *so vyl* barmhårtzigkeit nach seim todt bewisen wirt von got, *wie vyl* er jetz . . . den todten in sim gebåt behilfflich ist. 70.31
3) das man mag einer *so vyl hår vß* geben, *als vil* sie *hinein* hat bracht, 31.20
4) *als günstig* dir *got* ist, *so widerig* ist dir der *teüfel*, 5.11
5) nieman soll in die båttel ŏrden kummen, *als wenig als* in ein hůr huß, 139.09
6) Dann nicht weret der tüfel *so vast als* rechten verstand der helgen geschrifft, 29.36
7) das es (= mein kind) *nit als* ein ellende ee hab *als* ich. 27.20
8) der (= ein achtzigiåriger) *so* ein grosser Scotist was, *als ob* er der ander Scotus wåre, 57.30
9) wo einer vor einem menschen *also* redet *als* sie (= solich thoren) vor got reden, 42.16
10) *welcher* spylman oder driackers kråmer ist *so* schimpfflich zů såhen *als* die båttel münch? 56.11
11) *so Christus* leret bruderliche liebe, *so* leret der *teuffel*, man soll wider die vngleubigen kriegen, 193.20
12) Dann man das gantz jar *nit solich* vnsinnigkeit erzeigte, *als* vor fastnacht, so man doch jm jar sunst me fůg darzů hette. 20.26
13) las sie geniessen, das sie *auch* menschenn sendt *wie* du, lass sie geniessen, das sie *auch* creatur gottes sendt, *als* du. 196.03
14) sitzt er (= der verstendige) vnder in *als* Daniel vnder den lŏwen 5.38
15) do mit . . . nit . . . vnglück dar vß entspring, *wie* me beschehen. 115.02

---

[13] Unter den Belegen mit *als* als Vergleichssignal in offenen Vergleichen sind 20 Fälle enthalten mit irrealem Vergleich, durch *als ob* eingeleitet - auf diesen Vergleichstyp wird im folgenden nicht eingegangen - sowie 44 Belege für Vergleichsverweis (vgl. S. 52f.).

[14] Unter den Belegen mit *wie* als Vergleichssignal in offenen Vergleichen sind 22 Vergleichsverweise.

16) mit den pfaffen ist es *auch also.* 10.21

17) Auch ist gemeincklich orden wider orden, ... vnd sind auch die predig vnglich, ... also das man ... selten ... eins ist ... *Auch allso* wirt zwitracht in gewissen. 50.01

18) wo aber ein kloster *so* arm ist, 31.20

Komparativ

Unter dem Terminus »Komparativ« sind, als Teilmengen gesondert gekennzeichnet, auch die Verbindungen: Negation – *dann* (Ausschließlichkeitsangaben) und die Verbindungen: *ander-* (als Pronomen und als Adverb) – *dann* mit erfaßt.

Geschlossene Formen			Offene Formen		
Komparativ	– *dann*	(163)	Komparativ	– Ø	(87)
Komparativ	– *wann*	(3)	*ander-*	– Ø	(?)
ander-	– *dann*	(23)			
Negation (*nit, nieman, kein-*)	– *dann*	(39)			
je, so viel + Komparativ	– *je, so viel, wie viel* + Komparativ	(12)			
		240			

Beispiele

19) einer vß vnß, der ... *wiser* ist *dann* ich. 33.07

20) allen die *anders* predigen *dann* ich gesagt hab, 52.33

21) sind *nicht* nutz vff erden *dann* allein arm leüt zů schaben 101.28

22) sie (= die tochter) ist an *keim* ort *baß* behůt ... *dann* in ires vatters hauß, 30.07

23) *nit meer dann* zwey mol soll man im tag essen, 109.12

24) Wår ..., der erlőßt sein seel aus sündigem låben, *nit minder dann* der ein gemeine måtzen zů der ee nimpt 102.35

25) *Was* ist *eerlicher ... dann* die sach ... ? 144.25

26) dann der mensch soll *nit harter* straffen *wann* got. 130.10

27) *je thorechter* es (= dein kind) von natur ist, *je meer* es vff sich selbs genaigt ist, 25.37

28) *je mee* vnd lenger einer vmb münch vnd nunnen wonet, *je minder* in gelust ein kloster låben an zů nemen, 93.16

29) *je krümmer vnd vngeschaffner* eins ist, *so vyl meer* begeren sie geliebt sein. 26.01

30) Das man doch ouch wenig tag abbruch thåte *nit* vom win, ... *sunder mee* von langen zåchen oder vrtin, 18.37

31) das der rőmisch hoff *nit* sy die christenlich kirch, *meer* die synygoga Sathane. 85.20

32) vnd wirt ir *so vyl schwerer, wie vyl* der fürwitz vnerfarens lusts *meer* anficht die wypliche gemůt, 25.16

33) *ye geistlicher* schein *ye flaischlicher* sin. 63.07

34) *welcher mer* guts gehabt hat von dem zehenden, ist ains *groͤssern* gwalts gsyn. 176.29

35) *was* ist *grosser*? aim wunschen die frantzosen ... oder aim ain wunden schlagen? 199.24

36) Du thuͦst dein kind von eren wegen in ain kloster, *groͤssere* eer were du gebest im ein frommen gesellen zuͦ der ee. 25.08

37) biß das die christen *baß* im glauben vnderwysen ... werden. 189.34

Die Übersicht zeigt, daß Eberlin über eine große Variationsbreite der Vegleichsformen verfügt, wobei einige wenige Kombinationstypen dominieren. Im Positiv überwiegt bei den geschlossenen Formen *so* - *als* gegenüber *als* - *als* und *so* - *wie*, alle übrigen Formen sind vereinzelt. Insgesamt sind die Belege trotz der Länge des Textes nicht ausreichend, um die genaue Distribution der in den geschlossenen Formen verwendeten Vergleichssignale zu bestimmen. *als* als erster Bestandteil ist für Eberlins Sprachgebrauch mit großer Wahrscheinlichkeit[15] veraltet, *als* als zweiter Bestandteil ist gegenüber *wie* noch in der Überzahl, doch fehlt es völlig bei den Proportionalvergleichen im Komparativ (*so viel* + Komparativ - *wie viel* + Komparativ (4mal) bzw. *so viel* + Komparativ - *so viel* + Komparativ (1mal).

Die volle Ausschöpfung aller möglichen Signale in allen möglichen Kombinationen ist zweifellos bestimmt durch die rhetorische Intention, der Ermüdung durch Variation im Ausdruck vorzubauen.[16] So verwendet Eberlin dreimal im Komparativ die veraltete Konjunktion *wann*[17] (Bsp. 26), während er sonst ausschließlich *dann* gebraucht. In allen drei Fällen geht der Vergleichsform ein kausales *dann* voraus, so daß durch *wann* der Gleichlaut vermieden wird. Auch der Wechsel zwischen *als* und *wie* in einem Satz (Bspp. 13, 58) dient diesem Zweck.

Die Ziffern in den Klammern geben die Häufigkeiten der einzelnen Vergleichsformen an. Die Häufigkeitswerte für die offenen Vergleiche sind nur angenähert, weil hier öfter die Ermessensfrage besteht, ob eine Aussage noch als Vergleich zu werten ist oder nicht, insbesondere dann, wenn das Bezugsglied nicht eindeutig zu ermitteln ist.

---

[15] Genauere Angaben über die zeitliche und räumliche Verbreitung von *als* als erstem Vergleichssignal in geschlossenen Vergleichen sind aus den historischen oder das Historische mit berücksichtigenden deutschen Grammatiken nicht zu entnehmen. BEHAGHEL (1923-32) Bd 3. S. 273 weist auf die Konkurrenz zwischen *so* und seltenerem *also*, verkürzt *als*, hin. Sein spätester Beleg für *als* in Erstposition ist Iw. 4698. Damit ist jedoch noch nicht gesagt, wann *so als(o)* endgültig verdrängte. FRANKE (1913-1922) und ERBEN (1954) behandeln es zwar nicht explizit, doch ist zumindest bei ERBEN unter den Beispielen für *als* als zweites Vergleichssignal ein Beleg aus Luthers Adelsschrift, der es auch als erstes Vergleichssignal enthält, S. 115.

[16] Vgl. S. 50f. mit Anmerkung 25.

[17] Über die Ablösung von *wann/wenn* durch *dann/denn* bei Ausnahme-Angaben und nach negiertem Komparativ vgl. PAUL (1916-1920) Bd 4. § 434.

Beim Positiv überwiegen die offenen Formen um ein Vielfaches, beim Komparativ die geschlossenen. Die geschlossenen Vergleichsformen haben den Vorzug, daß die Teile des Vergleichs eindeutig festgelegt sind. Selbst wenn die referentielle Identität eines der Elemente des Vergleichs ermittelt werden muß durch Rückführung eines Substituens (meist ein Pronomen) auf das primäre Substituendum (meist ein Substantiv),[18] ergibt sich kaum je eine Ambiguität.

Bei den offenen Vergleichen bestehen große Unterschiede im Hinblick auf die eindeutige Zuordnungsmöglichkeit des indizierten Vergleichsteils zu dem nicht-indizierten. Ist im Positiv der zweite Vergleichsteil durch eine Vergleichskonjunktion indiziert und der erste nicht-indizierte geht unmittelbar voraus, so ist der Direktbezug in der Regel eindeutig (Bsp. 14). Oft jedoch wirkt dieser nicht-indizierte erste Vergleichsteil wie eine Behauptung, die nicht notwendig eines Vergleichsglieds bedarf. Der angefügte Vergleichsteil kann dann Nachtragscharakter annehmen (Bsp. 15).

Tritt umgekehrt in einem Syntagma ein Modaladverb auf, das als Vergleichssignal im ersten Teil eines Vergleichs verwendet werden kann (z.B. *so, also*), so scheint ein Vergleich vorzuliegen, auch wenn der zu erwartende zweite Vergleichsteil nicht folgt (Bspp. 16 und 18). Der Bezug vom ersten Vergleichsteil auf den üblicherweise folgenden zweiten Vergleichsteil geht dann im Text zurück bis auf ein Syntagma, das dieselbe Bezugsgliedfunktion hat wie sonst der zweite Teil eines Vergleichs. Die Eindeutigkeit des vergleichenden Rückbezugs hängt ab von kohärenzschaffenden lexikalischen Einheiten (Bsp. 17: *wider, vnglich, selten eins . . . - zwitracht*). Doch sehr oft enthält der erste Vergleichsteil in globalem Wiederaufgriff eine zusammenfassende Aussage (meist Beurteilung), bei der unklar bleibt, ob und in welchem Umfang sie auf den vorausgehenden Text bezogen oder ob sie situationell begründet ist (Bsp. 18). Auch für den Komparativ von Adjektiven und Adverbien, der keinen expliziten zweiten Vergleichsteil, eingeleitet durch *dann/wann* hat (Bspp. 36 und 37), ist die Möglichkeit des Rückbezugs von kohärenzschaffenden Stützen im vorausgehenden Text abhängig (Bsp. 36: *eren - eer*). Die Eindeutigkeit kann bei gezieltem Rückgriff selbst über mehrere Sätze gewahrt sein. Dann kommt der offenen Vergleichsform eine kompositorische Funktion zu.

Es kann aber auch ein nicht-gerichteter thematisch zusammenfassender Rückbezug erfolgen, dessen Funktion es ist, eine, eventuell durch mehrfache Teilausführungen geschaffene, Gesamtvorstellung als gesichert anzusetzen und zu ihr eine Aussage wertend in Beziehung zu setzen (Bsp. 37).

Da beim Superlativ geschlossene Formen gar nicht möglich sind, hängt es hier nur vom Kontext ab, ob ein Vergleich vorliegt oder eine Graduierungsangabe ohne vergleichenden Bezug.[19]

---

[18] Bei den Beispielen ist das Substantiv hinter dem Pronomen in Klammern ergänzend beigefügt.

[19] Die kompositorische Funktion eines Superlativsatzes durch vergleichenden Bezug auf eine Aussage, über mehrere Sätze zurück, belegt Bsp. 70.

2.2 Formale Varianten der Vergleichsformen für (fast-)identische Relationen

Wie Eberlin die Möglichkeiten ausnutzt, die Vergleichssignale und ihre Kombinationen innerhalb eines Typs der Vergleichsformen zu variieren, so nutzt er die Möglichkeiten voll aus, mit verschiedenen Vergleichsformen gleiche[20] Relationen auszudrücken, und zwar durch Negation einzelner Vergleichsglieder und dadurch, daß er generalisierende Einheiten innerhalb von Vergleichen anwendet. Das sehr flexibel gehaltene Variationsprinzip sei an wenigen Beispielen verdeutlicht, ausgehend von einigen Grundentsprechungen zwischen Form und Relation:

Der nicht-negierte Vergleich im Positiv entspricht einer Gleichsetzung,
der nicht-negierte Vergleich im Komparativ entspricht einer Ungleichsetzung,
der nicht-negierte Vergleich im Superlativ entspricht einer Angabe des Nicht-Überbietbaren.

Nimmt man diese drei Relationen, ergänzt durch die Ausschließlichkeitsangaben, als Ausgangspunkt und fragt, durch welche Vergleichsformen sie ausgedrückt werden können, so ergibt sich vereinfacht[21] folgende Zuordnung:

Gleichsetzung:	nicht-negierter Vergleich im Positiv	
	negierter Vergleich im Komparativ	
Ungleichsetzung:	nicht-negierter Vergleich im Komparativ	
	negierter Vergleich im Positiv[22]	
Angabe des Nicht-Überbietbaren:	nicht-negierter Vergleich im Superlativ	
	nicht-negierter Vergleich im Komparativ mit generalisierendem zweitem Vergleichsteil	
	negierter Vergleich im Komparativ	
	negierter Vergleich im Positiv	
	Negation + *meer*	- *dann*
Ausschließlichkeitsangabe (»nur«):	Negation	- *dann*
	Negation + *meer*	- *dann*
	Negation + *ander-*	- *dann*
	- *vnd* Negation + *meer*	

---

[20] QUINTILIAN X.1.14 gibt eine Einschränkung im Hinblick auf möglichen Synonymentausch im Bereich der Lexik, der analog auf die grammatische Synonymie zu übertragen ist. Die folgenden Ausführungen sind unter dieser vorausgesetzten Einschränkung zu sehen.

[21] Z.B. wird hier nicht auf die Bedeutungsverschiebungen in den Relationen eingegangen, die sich aus der Verbindung unterschiedlicher Elemente des Vergleichs mit der Negation ergeben. Da in der vorliegenden Untersuchung die Semantik der in den Vergleichen benutzten Adjektive/Adverbien nicht erörtert wird, entfallen auch die semantisch bedingten Differenzierungen im Hinblick auf das Verhältnis zwischen Positiv und Komparativ einzelner Adjektiv(adverb)gruppen, wie sie von WIERZBICKA (1971), bes. S. 42f., und von BOGUSLAWSKI (1975), bes. S. 139, andiskutiert sind.

[22] Auf diese Entsprechung zwischen Komparativ und negiertem Positiv verweist auch BEHAGHEL (1923–1932) Bd 3. S. 276.

Beispiele:

Gleichsetzung

38) alle vnser gerechtigkeit sy vor got *wie* ein vnrein tůch. 166.24

39) Wår..., der erlőßt sein seel aus sündigem låben *nit minder dann* der ein gemeine måtzen zů der ee nimpt ('genau so, wenn nicht mehr'). 102.35

Ungleichsetzung

40) ir gots dienst sy *verdienstlicher dann* andere frommer layen gebåt 41.26

41) das es *nit als ein ellende ee hab als* ich ('eine bessere Ehe als ich'). 27.20

Angabe des Nicht-Überbietbaren

42) vnd wo *am meisten* gůts ist do geben ir *am meisten* hin. 37.29

43) du werdest dir christum... *lieber* lassen sein, *dann alle wålt* ('am liebsten'). 12.02

44) das *niemandt minder* thůt für sy, *dann* die am meisten do von haben ('diejenigen tun das mindeste für sie, die...'). 73.15

45) *Im gantzen jar ist nit grősser* arbeit im fåld *dann* in der fasten ('In der Fastenzeit ist auf dem Feld die größte Arbeit'). 17.13

46) Dann man *das gantz jar nit solich* vnsinnigkeit erzeigte, *als* vor fastnacht ('Vor Fastnacht erzeigte man die größte Unsinnigkeit'). 20.26

47) das der warheit *niemand mer* widerstand thůt *dann* båttelmünch ('Die Bettelmönche tun der Wahrheit den größten Widerstand'). 96.26

Ausschließlichkeitsangabe

48) das seine brůder solten... *nicht* nemen *dann* blosse lybs narung ('nur'). 97.34

49) so *nit meer dann* ein teil vnd nit das gantz... ist zu hilff den todten ('nur'). 71.23

50) die *nit anderst* dőrffen sagen, *dann* wie die münch wőllen ('nur so'). 86.17

51) Ein Pfarr soll zwen pfaffen haben *vnd nit meer* ('nur'). 110.26

Hinzukommen die Möglichkeiten, die sich aus der Vertauschung der verglichenen Elemente zwischen erstem und zweitem Vergleichsteil ergeben (Typus 'a ist größer als b', 'b ist kleiner als a'):[23]

52) nie *in keim orden* meer zwitracht ist gesin dann vnder den *barfůssern.* 97.11

53) Die *reformierten* sind... vnder einander meer zweitråchtig dann *heiden vnd türcken.* 97.13

54) dann *kein türck* hőrter bindet dann die *münch.* 103.37

55) das wir vntrewer... sind dann *hayden vnd türcken.* 147.27

---

[23] Über mögliche Varianten in den Relationen, die sich bei der Umkehrung ergeben, je nachdem, ob die antonymen Vergleichsadjektive eine relationale oder absolute lexikalische Bedeutung haben, vgl. WUNDERLICH (1973) Ss. 640–644. Für die Beurteilung des Sprachgebrauchs im untersuchten Text kommt dieser Differenzierung nur geringfügige Bedeutung zu.

Erasmus hat im ersten Teil seines rhetorischen Kompendiums 'De Duplici Copia Verborum ac Rerum'[24] von 1512 dem Variationsprinzip im Bereich des Vergleichs große Aufmerksamkeit geschenkt und alle inhaltlichen wie formalen Abwandlungsmöglichkeiten durchgespielt,[25] einschließlich der Umkehrung der Vergleichsteile, der Austauschbarkeit der Steigerungsstufen untereinander, der morphologischen Variation der lexikalischen Füllung sowie der stofflichen Systematisierung der Bereiche, aus denen die zum Vergleich herbeigeholten Vorstellungen genommen werden. Er hat dabei die Variationen jeweils an inhaltsgleichen Sätzen durchgeführt. Da die 'Bundesgenossen' ein Gebrauchstext und keine Stilübung sind, ist bei Eberlin die Abwandlung nur selten an inhaltlich vergleichbaren Aussagen zu verfolgen.[26] Doch läßt Eberlins sprachliche Beweglichkeit in der Formulierung der Vergleiche (und für die übrigen Teile des sprachlichen Ausdrucks gilt dies genauso) darauf schließen, daß er das Werk des Erasmus gekannt hat bzw. entsprechende Anregungen von Erasmus persönlich oder durch andere Humanisten vermittelt erhalten hat.[27]

Der Variationsreichtum im Ausdruck der Vergleiche ermöglicht nicht nur die erstrebte Abwechslung, sondern auch eine Nuancierung im Bestimmtheitsgrad der Aussage, z.B. im Hinblick auf litotischen oder ironischen Nebensinn.

2.3 Inhaltliche Funktionen der Vergleiche

Die Vergleiche dienen relationalen Angaben, die auf Sachverhalte aus den verschiedensten Lebensbereichen verstreut sind und sich daher nur unzureichend systematisieren lassen. Im Hinblick auf die realisierten inhaltlichen Funktionen werden daher im folgenden nur einige Aspekte herausgegriffen,

[24] Erasmus (1961) Bd 1. Ss. 3–110.

[25] Bes. in den Kapiteln XXV, XXXIV, XXXV, XXXVII-XLVII.

[26] Z.B. die Bspp. 69a Anfang und 69c; 72 I und 72 III; 73a, b, c und 73d, f.

[27] Es ist nicht erwiesen, ob Eberlin persönliche Beziehungen zu Erasmus hatte. Beide hielten sich vor 1521 über Jahre in Basel auf, aber vermutlich nicht zur selben Zeit. Die Vermittlung der Gedanken könnte über den Baseler Humanistenkreis erfolgt sein. Auf jeden Fall hatte Erasmus bei Eberlin großes Ansehen: Im ersten und achten 'Bundesgenossen' hebt Eberlin Erasmus neben Luther und Hutten als Wegbereiter der neuen Lehre hervor, in den sechsten und vierzehnten 'Bundesgenossen' integrierte er Teile aus dem 'Encomion morias' (über die Predigtweise der Bettelmönche und über Unsinnigkeiten in der Heiligenverehrung) in Übersetzung mit geringfügiger Bearbeitung. Eine zusätzliche rhetorisch-stilistische Einflußnahme des Erasmus auf Eberlin ist daher naheliegend. Eberlin weist in einer späteren Schrift auf die Bedeutung der Rhetorik und der Schriften einzelner klassischer und humanistischer Rhetoriklehrer; leider nennt er nur die Namen der Autoren, nicht die ihrer Schriften, so daß die Stelle zwar aufschlußreich ist für Eberlins positive Einstellung zur Rhetorik und zu ihren Regeln, im Hinblick auf seine mögliche Orientierung an Erasmus jedoch nichts Konkretes bietet: *Die Rhetores vnd kůnstredner haben etliche ding geschrieben, wilchs euch nůtz seyn mag, zu fůglichem, fǒrmlichem fůrhalten ewer lere, wilche regeln vnd weysen die Rhetorica zeyget, ... Derhalben vnterlasset nicht zu lesen, was hyrynnen Cicero, Quintilianus, Erasmus, Philip Melanchthon vnd andere mehr schreyben odder geschrieben haben.* ('Wie sich eyn diener Gottes wortts ynn seynem thun halten soll' 1525. Eberlin Bd 3. S. 204.)

die für die Wirkungsintention sowie die logisch-thematische Struktur des Textes relevant sind.

Zwei Typen von thematischem Textbezug sind zu unterscheiden:

1. Der eine Teil des Vergleichs ist thematisch im Text verankert, der andere Teil wird von außen in die Texteinheit hereingeholt.
2. Beide Teile des Vergleichs sind thematisch im Text verankert. Hier läßt sich, wenngleich nicht immer scharf, noch danach trennen, ob beide direkt auf die Texteinheit bezogen sind, in der der Vergleich vorkommt, oder ob ein Teil Bezug zu einer (oder mehreren) Texteinheit(en) auf Abstand hat, so daß durch den Vergleich eine thematische Querverbindung erfolgt.

Der Übergang zwischen beiden Typen ist fließend.

Zu Typ 1:

Der von außen herangeholte Vergleichsteil dient in der Regel zur Verdeutlichung der Aussage, die mit dem thema-internen Vergleichsteil gegeben ist. Die Verdeutlichung kann die Funktion der Erklärung haben oder der Intensivierung einer Vorstellung.

Zur Erklärung dienen Vergleiche mit verweisender Funktion. Durch *wie* oder *als* eingeleitet, sind sie syntaktisch dem weiterführenden Relativsatz verwandt und wie dieser als nachgetragene Parenthese zu interpretieren. Sie fügen in lockerer syntaktischer Verknüpfung zum Vorhergehenden auch gedanklich locker eine sachlich nicht notwendige Ausführung, als (zufällig bzw. spontan wirkenden) Hinweis auf Sachverhalte, die allgemein bekannt sind, leicht oder zumindest grundsätzlich überprüfbar sind und die in einem generalisierenden, spezifizierenden oder analogen Verhältnis zur vorausgehenden Aussage stehen. Besonders häufig sind Hinweise auf historische Ereignisse (Bspp. 56, 15), auf authentische Literatur (vor allem die Bibel), ihre Gestalten und Autoren (Gott, Christus, Johannes, Paulus; Bspp. 57, 73 Z. 29), zeitgenössische Autoren, die als Vorkämpfer der neuen Lehre gelten (Luther, Hutten, Erasmus u.a.), auf Gegenstände der realen Welt, die als Indizien für das Zutreffende von Behauptungen dienen können (Bsp. 58).

Beispiele:

56) man solt in aller wålt vff ein stund außtilcken den barfůsser orden, *wie vor* auß getilckt was der tempel orden. 87.31

57) dann wir sind verderbt biß vff das marck hin in, *als got sagt,* von kindtheit vff ist menschlich gedanck vnd sinn gåh zum vbel. 167.03

58) biß sie (= die Bettelmönche) . . . in vnser land ingewurtzlet haben, aber gar einfeltiglich, *als man noch sicht* wie die barfůsser zu Strasburg als so ein klein capellin . . . gehabt haben, *wie du såhen magst* in irem kleinen krůtzgang. 83.24

Den Vergleichsverweisen ist gemeinsam, daß durch sie der Leser zum gedanklichen Nachvollzug gebracht wird. Sie helfen Aussagen im Hinblick auf ihren Wahrheitswert und ihre Gültigkeit zu überprüfen, so daß die Aussagen ihren festen Stellenwert innerhalb einer umfassenderen Ordnung erhalten, die häufig identisch ist mit dem kulturellen, religiösen oder sozialen Gefüge, das als allgemein bekannt vorausgesetzt wird. An diesen Vergleichsverweisen (insgesamt 66) und anderen Gleichsetzungen mit entsprechender inhaltlicher Funktion (vgl. auch die Beispiele 13, 16) wird die belehrende Intention[28] des Autors gegenüber seinem Leserpublikum deutlich.

Zur Intensivierung einer Vorstellung dienen einmal die Vergleiche, in denen Eberlin menschliches Handeln, sich-Befinden oder (so-)Sein durch Vergleich mit einem Vertreter aus der Tierwelt, dem die entsprechende Eigenschaft zugeschrieben ist, anschaulich charakterisiert.

Beispiele

59) Aber von solchem exempel waist du minder dan ain *ganß*, du blappest hin als ein *mugk* in ain habermuß. 198.14

60) dann mit den båttel münchen ist es (= ein Dorf) versorgt als ein stuck spåck mit *katzen*. 136.36 (Vgl. auch Bsp. 14)

Eberlin hat nur wenige Belege für anschauliche Vergleiche. Die Bildhaftigkeit tritt eher in der Metaphorik und in sprichwörtlichen Wendungen auf.[29]

Zur Vorstellungsintensivierung dienen vor allem Vergleiche, in denen eine Eigenschaft, Verhaltensweise u.a. eines Menschen bzw. dessen Standes dadurch charakterisiert wird, daß sie gemessen wird an einer andern Person bzw. deren Stand, Beruf u.a., die als von dieser Eigenschaft besonders geprägt bekannt ist, im behandelten Fall jedoch von der in Frage stehenden Person übertroffen oder zumindest erreicht wird.

Beispiele

61) vil wåger wer ein *tüfel* kem eim zů huß dann dise båtteler (= Bettelmönche). 100.19

62) Welcher gon will vff trew, glouben, tugend ist meer veracht dann ein *frumme iunckfraw* im gemeinen hauß. 93.10 (Vgl. auch die Bspp. 53, 54, 55 und, im Positiv, 5, 10).

Diese Überbietungen stehen häufig im Komparativ. Eberlin verwendet sie bevorzugt, um die Vorstellung negativer Eigenschaften und Sachverhalte zu in-

---

[28] Die didaktische Komponente ist fester Bestandteil vieler Flugschriftentexte, doch manifestiert sie sich sehr unterschiedlich. Hinweise, u.a. zu Eberlin, bei KOLODZIEJ (1956) Ss. 133ff.

[29] Zu diesem Ergebnis kommt auch STÖCKL (1952) S. 24. KOLODZIEJ (1956) greift einige sehr treffende »anschauliche Beispiele«, die jedoch auch nur zum Teil als Vergleiche anzusprechen sind, aus den 'Bundesgenossen' sowie aus anderen reformatorischen Flugschriften heraus, Ss. 173–182.

tensivieren, insbesondere zur Diffamierung der päpstlichen Lehre und ihrer Hauptvertreter, der Bettelmönche.

Die Vergleiche, die der Vorstellungsintensivierung dienen, stehen in enger Beziehung zu den Vergleichen, die Nicht-Überbietbares ausdrücken (vgl. Bspp. 42–46), d.h. zugleich zu der Vielzahl der Superlative.[30] Sie stehen im Dienst des Affekts.[31] Sie sind in ihrer Gesamtheit viel seltener, als die Vergleiche, die im Dienst der Sachinformation stehen.

Zu Typ 2:

Ein großer Teil der Vergleiche enthält Angaben über vorhandene oder erforderliche Übereinstimmung der Rechte, Pflichten, Lebensformen und Ausstattung(smodalitäten) einer Person(engruppe) mit denen einer anderen Person(engruppe).

Beispiel

63) Klosterleüt sǒllen tragen gemeine kleidung *wie ander erber leüt* vsserhalb deß closters. 112.13

Diese Vergleiche treten gehäuft in Textstellen mit Anordnungscharakter auf, insbesondere in den beiden als »Statuten« (des Landes Wolfaria) bezeichneten 'Bundesgenossen' X und XI. Funktion dieser Vergleiche ist es, den positiven wie negativen Ausnahmezustand von Personengruppen aufzuheben, sie als normalen Bestandteil einer größeren Menge zu erfassen im Rahmen eines erklärten Anpassungs- bzw. Nivellierungsprozesses (z.B. Abschaffung der Orden, allgemeines Priestertum der Laien u.a.).

Eine Anzahl von Vergleichen enthält Aussagen über gesetzhafte Beziehungen zwischen Sachverhalten oder Prozessen, wobei die Gesetzhaftigkeit am Naturgesetz orientiert sein kann (Bspp. 27, 29, 32), an der Logik (Bspp. 13, 17), oder es werden Kausalzusammenhänge hergestellt, die als sach- oder gewohnheitsbedingte Handlungs- bzw. Geschehensabläufe gefaßt werden (Bspp.

[30] Erasmus ordnet diesen Gesamtkomplex, einschließlich der Differenzierung der Bereiche, aus denen der Stoff für die von außen herangeholten Vergleiche genommen wird, den Möglichkeiten zum »Variieren des Superlativs« zu (Cap. XLVI, bes. S. 35).

[31] Viele Vergleiche im Dienst der Vorstellungsintensivierung und des Nicht-Überbietbaren gehören in den Bereich der Hyperbel. Zwei Gründe, mit denen QUINTILIAN die Verwendung der Hyperbel rechtfertigt (VIII.6.75f.), haben wahrscheinlich auch Eberlin beim Einsatz des hyperbolischen Vergleichs geleitet: »Sie ist aber allgemein verbreitet auch unter Ungebildeten und bei Bauern – verständlich genug; denn von Natur liegt in allen Menschen das Verlangen, die Dinge zu vergrößern oder zu verkleinern, und niemand gibt sich mit dem zufrieden, wie es wirklich ist (75) ... Eine Stiltugend ist die Hyperbel dann, wenn der Gegenstand selbst, über den man sprechen muß, das natürliche Ausmaß überschritten hat. Denn es ist statthaft, übertreibend zu reden, weil man ja das eigentliche Ausmaß nicht angeben kann und die Rede besser zu weit geht, als hinter dem Wahren zurückzubleiben (76).« Die sachliche Rechtfertigung für »bedeutliche« Anprangerung der Fehler bei den Mönchen (Eberlin 86.30–87.05) läßt vermuten, daß der zweite Grund für Eberlin sogar der wichtigere war.

3, 28, 33, 34, 42, 44), wobei die Realitätserfahrung auch als Folie für religiöse Sachverhalte benutzt wird (Bsp. 2). In die Gruppe dieser Vergleiche gehören u.a. die meisten der Proportionalangaben (*je* + Komparativ - *je* + Komparativ u.ä.; Bspp. 27, 28, 29, 32, 33, 34 und öfter).

Die Vergegenwärtigung der zwangsläufigen Abfolge von Geschehnissen oder des notwendigen Zusammenhangs zweier Sachverhalte dient der Vermittlung eines Erkenntnisprozesses: als generalisierende Zusammenfassung vorausgehender Ausführungen (Bsp. 42); als generalisierende Behauptung mit nachgetragener Begründung (Bsp. 28) bzw. als Folgerung aus vorausgehenden Behauptungen (Bspp. 3, 44); als Begründung für eine vorausgehende Behauptung (Bspp. 13, 17, 32, 33, 34) bzw. für eine anzuschließende Folgerung, die gelegentlich dem Leser überlassen bleibt, d.h. dessen persönliche Entscheidung und potentielle Handlung implizit beeinflussen soll (etwa zu den Bspp. 27 und 29: 'Wenn du also eine Tochter hast, die von der Natur benachteiligt ist, gib sie erst recht nicht ins Kloster').

Die Vergleiche mit antithetischen Aussagen[32] kontrastieren Personen(gruppen), deren Eigenschaften und Handlungen, Begriffe und Sachverhalte.

Beispiele

64) Die *gleißner* (= Bettelmönche) zaigen an ire hailigen o͏̊rden vnd lerer, ... *Dargegen* sagen die *waren lerer*, ... 85.28

65) Allein der *lyb* ist anderst angetōn dann wåltlich leüt, ..., *aber* das *gmůt* gar nicht. 94.29 (Vgl. auch Bspp. 4, 11)

Die Antithetik ist nicht notwendig auf die formale Stütze durch Vergleichssignale angewiesen. Oft liegt nur syndetische (durch *vnd*) oder asyndetische Bindung vor. Die Antithetik manifestiert sich in paarweise auftretenden Lexemen, meist Substantiven (z.B. *got/christus - teuffel*; *klosterleut/münch/pfaffen - laien*), die den Kern konträrer Aussagen bilden. Anhand dieser Lexempaare und ihrer Synonyme ziehen sich die Gegensatzvorstellungen durch den gesamten Text, teils in subthematischer Reduktionsstufe innerhalb eines Satzes, teils zu ganzen Abschnitten expandiert (z.B. 7.12–7.35, 84.14–84.33, 188.07–188.20).[33] Sie dienen einer fortwährenden negativen Einordnung der abgelehnten Sache (päpstliche Lehre und ihre Vertreter) und positiven Einordnung der befürworteten Sache (die neue evangelische Lehre und ihre Vertreter) und bilden daher die Basis für Folgerungen, die entscheidungs- und handlungsbeeinflussend sind im Hinblick auf das zu Meidende und zu Erstrebende.

Eine weitere Gruppe bilden Vergleiche, die zwei Sachverhalte als ethisch graduell unterschieden beurteilen (Bspp. 25 und 36). Hierher gehören die Ver-

---

[32] Über die funktionale Zuordnung der Antithese zum Vergleich: QUINTILIAN VIII.5.18f. und IX.2.100f.; LAUSBERG (1960) § 799 und öfter; § 443 im Dienst einer zweigliedrigen Text-Disposition.

[33] Vgl. auch Bsp. 73, Zz. 14–20.

gleiche (besonders häufig in offener Form) mit einem Adjektiv(adverb) im Komparativ, das im Kontext die Bedeutung einer ethischen Qualitätsangabe hat. Sie kommen in Texteinheiten mit explizit ausgeführten Folgerungen[34] vor und dienen wie die beiden vorausgehenden Gruppen von Vergleichen, Proportionalitätsvergleich und Antithese, der Entscheidungs- und Handlungsvorbereitung. Alle drei Gruppen sind fester Bestandteil der persuasiven Strategie. Auf ihre textkonstitutive Funktion wird in Kapitel 2.5 noch einmal eingegangen.

2.4 Kombinierte Verwendung mehrerer Vergleiche

Die Verwendung des einzelnen Vergleichs hat für die Textstruktur zunächst wenig Relevanz. Erst in der Kombination verschiedener Vergleichsformen oder im gehäuften Auftreten derselben Form bzw. desselben Typs treten spezifische Textstrukturen (mit unterschiedlicher kommunikativer Funktion) hervor.

Die beiden folgenden Beispiele stehen für das kombinierte Auftreten mehrerer Vergleiche in einem Satzverband:

66) ... wann man *halbs so vil* flyß legt vff mundtliche lere, *als* man vff biecher schrieben legt, erwachset *tusent mal mer* nutz dar uß, sonderlich im newen testament thut es selten gut, so man wil mit biecher vmb gon, *mer yrsal dan nutz* erwachßen dar vß, man laß sich beniegen an der biblia. 202.17–202.22

67) die sich *besser* erzaigen *dann* sie sind, deren *gröste* zal gar vnwissend ist, vnd ob vnder tausent ayner by yn verstendig oder gelert ist, sitzt er vnder in *als* Daniel vnder den löwen. 5.35–5.38

In Bsp. 66 dienen die beiden ersten Vergleiche (ein Positiv und ein Komparativ) als quantitativ hyperbolische Wertangaben, mit deren Hilfe zwei theologische Lehrformen extrem konträr bewertet werden: die Predigt positiv, das Abfassen von Kommentaren negativ. Der dritte Vergleich, wieder ein Komparativ, stellt Relationen innerhalb der möglichen Wirkungen einer Tätigkeit (Beschäftigung mit den Bibelkommentaren) dar: die negativen überwiegen die positiven.

In Bsp. 67 sind Positiv, Komparativ und Superlativ kombiniert verwendet. Der Komparativ stellt eine Relation her zwischen dem vorgegebenen und tatsächlichen Sein der besprochenen Personengruppe, der Bettelmönche. Der Superlativ stellt eine Relation zwischen den Mitgliedern der Personengruppe dar: Er hebt die überwiegende Vielzahl der Unwissenden von den anderen ab. Der Positiv veranschaulicht die verlorene Lage des einzelnen Verständigen/Gelehrten gegenüber den anderen durch einen anschaulichen Vergleich mit einer Person aus dem Alten Testament: Daniel unter den Löwen. Es liegt in diesem

[34] Vgl. Bspp. 71 III c; 73 Z. 25f. und Z. 34. Bsp. 70 II verwendet den Superlativ in derselben Funktion.

Satz, ähnlich wie in Bsp. 66, eine Aussage vor, innerhalb derer alle Teilaussagen nur auf der Basis von Relationen mit (möglichen) anderen Gegebenheiten dargestellt werden. Es wird eine allgemeine affektisch untermauerte Vorstellung geschaffen.

Der Vergleich kann auch - wie im folgenden - am Ende einer Äußerung stehen, die mit einer vagen, allgemeinen Aussage beginnt und diese fortschreitend präzisiert:

> 68) aber innerthalb vier hundert iaren sind ingewurtzlet new vngegründet leren durch ... båttel muͤnch ..., welche leren *zu großem schaden gedienet haben* (a1) *christlichem wåsen* (b1) vnd *gemeinem nutz* (c1), also das wir *an sitten* (b2) vnd *an guͦt* (c2) *abnemen* (a2), vnd schier *erger dann heiden sind worden* (a3′ + b3), vnd *armer dann båtler* (a3′′ + c3). 169.17

Die Präzisierung erfolgt dreistufig von (a1, b1, c1) bis (a3, b3, c3). Ausmaß und Folge der Abirrung in der religiösen Lehre und im religiösen Brauch sind durch den Überbietungsvergleich verdeutlicht (a3′ + b3) und (a3′′ + c3). Ursache und Gegenstand der Abirrung bleiben allgemein angedeutet. Zu ihrer Spezifikation muß der vorausgehende Text in nicht limitierbarem Umfang herangezogen werden.

Häufig führt das kombinierte Auftreten von Vergleichen zur Paraphrasierung einer Grund-Aussage; wie im folgenden die Kombination aus Positiv- und Komparativvergleichen:

> 69) a Du bist auch *nit besser dan* sie (= die pfaffen), dweyl du so freuel vnd muͦtwillig bist wider gottes gesatz, wider das exempel Christi vnd seyner iunger, du handlest mit gotzlesterung wider ire gotzlesterung.
> b Es was ain hußvatter, in aygner mainung vast gotzforchtig, ain knecht sagt zcu dem andern, das dich die triesen ankommen, der maister entzyrnet vber yn, vnd sprach, das dir got die bylen gebe, soltu also fluchen. Der maister flucht darumb, das der knecht flucht, was *glych an glych* boͤß.
> c *Also* thust du *auch*. 197.17-197.26

Im ersten Teil (a) wird durch einen negierten Komparativ der Angesprochene mit der Personengruppe gleichgesetzt, deren Verhalten (Gotteslästerung) er ahnden zu müssen glaubt. Diese Gleichheit im vermeintlich unterschiedlichen Verhalten wird allgemein gültig formuliert: *du handlest mit gotzlesterung wider ire gotzlesterung.* Ein Exempel[35] (b) - der Hausvater flucht seinem fluchenden Knecht - verdeutlicht noch einmal an einem Spezialfall das verurteilenswerte Verhalten. Wieder ist die Gleichheit im vermeintlich unterschiedlichen Verhalten allgemeingültig formuliert, und beide Verhaltensformen wer-

[35] 'Exempel' ist hier im weiteren Sinn von similitudo und exemplum gemeint. Similitudo ist die Darstellung eines Sachverhalts/Geschehens aus den »Bereiche(n) der Natur und des allgemeinen (nicht historisch fixierten) Menschenlebens«, d.h. aus den Bereichen, »die der allgemeinen natürlichen Erfahrung jedes Publikums entsprechen«, während das exemplum im engeren Sinn nur aus geschichtlichen oder literarischen Quellen stammt. LAUSBERG (1960) § 422. Definition bei QUINTILIAN V.11.1-3. Es ist u.a. wesentlicher Bestandteil von Induktionsschlüssen, QUINTILIAN V.11.2-6; LAUSBERG (1960) §§ 420f.

den als ('gleichermaßen') böse verurteilt. Dem Exempelgeschehen mit seiner moralischen Ausdeutung wird das schon unter a verurteilte Verhalten des Apostrophierten gleichgesetzt (c). Der Positiv nimmt zyklisch den negierten Komparativ vom Anfang wieder auf.

Der ganze Abschnitt ist von dem Exempel an eine Paraphrase zu einem Sachverhalt, der bereits unter a thematisch abschließend behandelt ist. Der exemplifizierend-erläuternde Ausbau eines Gedankens ist eine charakteristische Form der amplificatio[36] und nimmt, was die Text(-teil-)struktur betrifft, leicht zyklischen Charakter an, wie im vorliegenden Beispiel (vgl. auch Bspp. 71, 72).

2.5 Der Vergleich als konstitutives Element in einer thematischen Texteinheit

In dem zuletzt behandelten Beispiel wurde bereits deutlich, daß Vergleiche durch ihr kombiniertes Auftreten zu Kompositionselementen einer Texteinheit werden können, indem sie den Rahmen schaffen, innerhalb dessen eine Thematik abgehandelt wird. Darüberhinaus können sie konstitutiv für die Komposition einer thematischen Texteinheit sein, indem sie satzübergreifend die Teilaussagen verbinden und innerhalb eines Gedankenablaufs einen oder mehrere Schwerpunkte setzen. Der durch den (die) Vergleich(e) erfolgende gliedernde Eingriff gibt einer Texteinheit kompositorische Spannung und hebt sie aus dem umgebenden Textkontinuum heraus.

Im folgenden Beispiel hält ein Vergleich im Superlativ eine Texteinheit thematisch zusammen, die mögliche Verhaltensweisen, ein Laster (das Schelten) zu ahnden, in dreifacher Steigerung gegeneinander abgrenzt:

70) (Über das Schelten)
I Ain huß vatter mocht seine gsindt wol *durch klaine straflin abschrecken* von sollichen lastern,
a als man sagt, Frantz von Sickingen, der lyde kain knecht an synem hoff, welcher sollicher laster ains begat.
b Ain ort ist zu Vuittenberg, welcher tischgnoß ain schwur, fluch oder schelten begat, muß ain pfennig geben, do durch entwonen alle tischgnossen diser laster, vnd sagen darumb grossen dank.
II Aber gottes forcht were der *beste zuchtmaister*, got gebe vnns, das wir yhn forchten. 201.18–201.27

Zunächst wird generell eine kleine Strafe empfohlen, die innerhalb der Hierarchie einer Hausgemeinschaft anwendbar ist (I). Es folgen zwei Exempel. Das erste (a) - gebunden an Franz von Sickingen - folgt zwar inhaltlich dem Prinzip der Empfehlung, ist aber in der Ausführung radikaler. Das zweite (b) - durch Nennung von Wittenberg an Martin Luther gebunden - entspricht dem Geist der Empfehlung ziemlich genau. Zuletzt (II) wird - ohne Exempel - mit einem wertenden Adjektiv im Superlativ *(beste)* das optimum gegenüber

[36] LAUSBERG (1960) §§ 400–409, bes. 404 und 406.

den beiden anderen Verhaltensweisen ausgedrückt. Sanktionsausübender ist hier weder eine zeitgenössische populäre Gestalt noch eine historische Persönlichkeit, sondern ein Abstraktum: die Gottesfurcht. Daß sich der Superlativ genau so weit und nicht weiter als bis zu Beginn des zitierten Textstückes (I) zurückbezieht, wird durch Textelemente, die eine semantische Kohärenz schaffen, belegt: *were... zuchtmaister* nimmt den Inhalt von *durch klaine straflin abschrecken* wieder auf.

Die folgende Textstelle verdeutlicht, wie Eberlin den Vergleich gezielt einsetzt im Rahmen einer einprägsamen Überzeugungsstrategie, hier für den Rat an den Leser, die Bibel selbst zu lesen oder sich lesen zu lassen. Jeder Leser/Hörer, der die wertende Behandlung der Teilfragen in den drei Vergleichskomplexen akzeptierend nachvollzogen hat, muß sich für befähigt halten, ein eigenes Bibelstudium vorzunehmen und kein Hindernis für unüberwindbar zu halten:

71) Das erst mittel ist,
T1 das jetlich mensch selbs låse oder im lasse låsen die vier ewangelisten ...
I So doch in der helgen Biblien verstand,
a *meer* hilfft andechtig gebåt *dann* scharpffe lectio,
b *meer* diemůtiger gloub, *dann* hoch disputatz,
c *meer* ein frůntlich hårtz *dann* ein langes geschwåtz.
II (nach dem überleitenden Satz, der gütige Gott wolle, daß seine Lehre jedem vertraut sei:)
a Es haben leyen, rych vnd arm, fraw vnd man, *auch* scharpffen verstand,
b sie sind *auch* got lieb,
c gott hat inen *auch* nicht ('nichts') versagt, vnd *vyl minder dann* den geytigen münchen vnd pfaffen, den hoffertigen hohen schůler ...
III (nach einigen Überleitungssätzen, die das Erfordernis betonen, in diesen gefahrvollen Zeiten gegen den Teufel mit der Bibel gewappnet zu sein:) Nieman mag sich entschuldigen mit der armůt,
a kanstu brot kouffen zu spyß deß lybs, so bist du *kein* christ, *wann* du *nit meer* acht hast vff das brot der seel, das ist das wort gots.
b Kanstu nit selbs låsen, bestel ein armen schůler, der lißt dir vmb ein stück brot *als vyl* du ein tag bedarfft.
c Hastu kein bůch, bist zů arm, båttel ein buch, es ist dir *eerlicher* ein ewangeli båtlen *dann* ein stuck brot.
T2 Bit andre vmb gotswillen das sie dir im ewangeli låsen. 164.27–165.34

Innerhalb des zyklisch komponierten Rates (T1 ... T2) beruhen die wesentlichen Gedankenschritte auf drei wertenden Gegenüberstellungen, von denen jede selbst eine interne Dreigliederung hat.

(I) Wertende Gegenüberstellung zweier Interpretationsinstrumentarien: Nachdem schon zuvor behauptet wurde (165.01), beim Lesen der Bibel werde *auch der ainfåltig lay ein grossen thail verston* und zuunrecht sei die Bibel *pfaffen, munchen und hohen schuler* vorbehalten gewesen, ist das positiv bewertete Instrumentarium implizit dem Laien zugeordnet.

(II) Wertende Gegenüberstellung zweier Interpretengruppen: Der Personengruppe, die bisher das Bibelverständnis als ihr ausschließliches Privileg betrachtet hat (*münche...*) wird die Gruppe der Laien - ohne Rücksicht auf Besitz und Geschlecht - gleichgestellt im Hinblick auf ihre natürliche Begabung (a) und im Hinblick auf ihre Gott-Wohlgefälligkeit (b und c). Die Unerhörtheit dieser Gleichstellung wird anschließend überboten durch den Zusatz, daß die Laien vor Gott sogar bevorzugt seien gegenüber der anderen Personengruppe.

Die vergleichende Gegenüberstellung erfolgt hier durch ein dreimaliges *auch* in offener Vergleichsform und durch einen komparativischen Nachsatz in geschlossener Form. Daß für die offenen Vergleiche ein eindeutiger Vergleichsbezug gegeben ist zwischen den Laien und den Mönchen (...), ist im Text durch Rückbezug (auf 165.05) ebenso gesichert wie durch den komparativischen Nachsatz (165.15).

(III) Wertende Gegenüberstellung zweier Wertbereiche: Die ethische Forderung, Christsein heißt, das Streben nach dem Wort Gottes über den materiellen Hunger nach Brot zu stellen, wird in a durch Negierung der Gesamtaussage ins Bedrohliche verabsolutiert: *so bistu kein christ,* ... Der Komparativ steht hier in einer offenen Vergleichsform. Der Rückbezug ist jedoch eindeutig gesichert: *brot* bzw. *spyß deß lybs.* Der nächste Satz (b) enthält als Scheinvergleich eine relative Mengenangabe. Der letzte Satz (c) bedeutet eine unerhörte Steigerung: Aus anderen Stellen des Textes ist geläufig, daß Eberlin das Betteln (u.a. um Nahrungsmittel, Lebensunterhalt) ablehnt (z.B. 125.24ff.). Das Betteln um eine Bibel aber stellt er hier als ethische Forderung auf und nennt es *eerlicher* ('ehrenwerter') als das Betteln um Brot.

Der abschließende Satz (T2) ist so zu verstehen, daß dem, der weder lesen kann noch über materiellen Besitz verfügt, empfohlen wird, das Vorlesen ohne materiellen Entgelt, nur *vmb gottes willen* zu erbitten. Dieser letzte Komplex räumt daher explizit die letzten Hindernisse aus: Weder Armut noch Unfähigkeit selbst zu lesen noch Armut verbunden mit der Unfähigkeit selbst zu lesen hindern den Aufnahmebereiten, sich das Wort Gottes anzueignen. Intensiver und zugleich realistischer kann die Aufforderung an den Laien, selbst Bibelinterpret zu werden, nicht ergehen.

Im folgenden Beispiel tritt deutlich das persuasive Schema: Behauptung (propositio) - Begründung (rationes) - Folgerung (conclusio) zutage:[37]

72) (Vorausgeschickte definitio:)
T1 Fluchen ist, wan du aim etwas wunschst, ...
I (propositio:) kain morder sundet *so vil* wider das gebot, *als* ainer, der gwonlich flucht, ain tag thut er tusent mordt, ...
(Amplifikation der propositio:)
a *was ist grosser?* aim wunschen die frantzosen, pestilentz, oder aim ain wunden

---

[37] Es ist das Schema des Syllogismus (LAUSBERG (1963) §§ 370-372; LAUSBERG (1960) § 371; QUINTILIAN V.14.24f.), hier in expandierter und affektisch amplifizierter Ausprägung.

schlagen?
b *Was ist grosser,* ermorden den lyb oder aim fluchen den gahen todt, das du erstochen . . . werdest . . .
II (rationes: Interpretation einzelner Fluchformeln)
III (conclusio:) Wan ain *teuffel* in aim huß wonet, wolt ich mir *minder* forchten, *dan* by aim flucher.
(Zusammenfassung:)
T2 Fluchen ist ain grosse sundt . . . 199.18–200.10

Hier liegt eine zweifache zyklische Markierung vor: In der vorausgeschickten definitio (T1) und in der abschließenden Zusammenfassung (T2) wird affektfrei und sachlich der Kerngedanke der Texteinheit thematisiert: daß das Fluchen eine Sünde ist. In der propositio (I, Anfang) und in der conclusio (III) wird je durch einen Überbietungsvergleich das Ausmaß der Sünde gekennzeichnet. Die Abschreckung gegenüber dem Fluchen erfolgt, indem zwei Personen, deren Eigenschaften als extrem negativ geläufig sind (in I *morder* als Gattungsbezeichnung, in III *teuffel*), gegenüber dem Fluchenden für harmlos erklärt werden. Der Positiv im ersten Vergleich und der Komparativ im letzten haben dabei semantisch die gleiche Funktion, den Fluchenden als unübertroffenen Sünder zu brandmarken.

Die propositio ist erweitert durch zwei anaphorische Alternativfragen im Komparativ (a und b). Auch sie haben die Funktion von Überbietungsvergleichen und drücken jeweils die unübertroffene Verwerflichkeit des Fluchens aus (etwa: 'Jemandem fluchen ist noch schlimmer als ihn zu verwunden bzw. zu ermorden'). Im Begründungsteil (II) wird mit wörtlicher Interpretation einzelner Fluchformeln nachgewiesen, wie stark sie gegen den Geist des Evangeliums gerichtet sind. Ein bekräftigendes Psalmenzitat leitet zur conclusio über. *teuffel* im letzten Überbietungsvergleich (III) stellt noch eine Steigerung gegenüber *morder* im ersten (I) dar. Die Stelle ist ein charakteristisches Beispiel für den gezielten Einsatz des rhetorischen Affekts in der Expansion (I–III) eines Grundgedankens (T).

Am stärksten tritt die textkonstitutive Funktion des Vergleichs im folgenden Beispiel hervor.

73) a Eüch allen sampt vnd sunder ist wissent, das trew vnd glouben in eerlichen sachen, soll auch mit dem lyblichen låben nit vertilcket werden, sunder allen zytlichen schaden sőllen wir *ee* vnderlassen gon, *dann* bråchen, das wir verhaissen haben . . .
5 Solicher redlicheit ein sichtbar exempel ist kundtlich by allen denen, die
b schwitzer genant werden, das sy *ee* blůt schwitzen, *ee dann* sy abtrinnig werden von trew vnd ayd ires houptmans, auch in gefårlicheit lybliches låbens.
Was ist dann *eerlicher, wann* der ayd, den wir christen vnserem gőttlichen
10 houptman christo im touff geschworen haben, . . .
Was ist eerlicher vnd nőtiger dann die sach, vmb der wir geschworen haben, das ist trew willfarung vnserem got, zů beschützen vnd behalten sein ewangelisch gesatz, vnd abgesagt find sein des teüfels vnd aller siner gespånsten.

Ir wissen, das wir von got erschaffen sind, erlo̊st sind,... Ir wissen auch,
15 das *got* neüt ernstlicher sůcht dann vnser hail. Herwider wissend ir, wie der
teüfel in all wåg vnderstadt vnser hayl ze hindern,... Wie not ist es dann,
das wir vnß halten zů vnserem got vnd abkeren von dem *teüfel*,... *Got*
günnet vnß gůts, der *teüfel* args. *Got* liebt vnß, der *teüfel* hasset vnß. *Got*
sůchet vnser selen heil, der *teüfel* sůcht vnsers lybs vnd seel verdammunge,
20 solchs zů erinneren hat got vff gsatzt ein sacrament des tauffes,... So wir
dann alle getoufft sind vnd ein eerlichen eyd geschworen haben got vnd der
c christenheit, ist nachfolgig, das wir so̊llen lassen lyb, låben, eer vnd gůt, *ee
dann* wir abflüchtig vnd mainaidig werden.
Dann *ist das so loblich* by eüch menschen, das ir verbündtnüß vnd eyd
25 halten, auch mit verlust zytlichs låbens vnd alles zytlichen gůts. *Wie vyl*
d *loblicher ist es* by got vnd allen englen vnd vor allen frummen christen, so
man hoch achtet den gemelten ayd got gethon halten mit verlust alles deß,
das ein mensch hat vnd ist, so doch solicher verlust ein grosser gewin ist.
Wie auch christus sagt, welcher sein låben verlürt von minet wegen, der wirt
30 es ewiglichen finden.
Ist es by eüch so eerloß, so einer flüchtig wurd auch yn gefårlicheit deß
låbens, von sinem geschwornen eyd, also das ir selbs ein solichen abtrinni-
gen nit liessen låben, ja huß vnd hoff vnd alle sein hab hat er by eüch
e verloren, *wie vyl eerloser* ist es by got vnd allen helgen, so ein christ abtrin-
35 nig wirt von geschwornem eid, von dem ich oben gesagt hab. Wie gro̊ßlich
wirt got erzürnet vber ein solichen bo̊sen christen, vnd von seinet wegen
vber ein gantz land, die solichs an im nit straffen. 144.09–145.33

Die Textstelle, in der Eberlin die Schweizer (und mit ihnen alle Christen) zum Einsatz für die evangelische Lehre aufruft, ist thematisch zusammengehalten durch die leitmotivische Iteration eines Satzes, der - ausgedrückt durch einen Vergleich im Komparativ - eine ethische Forderung enthält, die kontextbedingt Modifikationen in der Spezifikation des Grundgedankens erfährt (a, b, c, d, e), sowie formale Varianten: dreimal 'eher - als', zweimal offene Vergleichsform.

Die gewählte Überzeugungsstrategie ist gleichermaßen auf das Zu- und Abraten gerichtet und bedient sich als Grundlage einer breit ausgebauten Antithetik. Am Anfang steht ein generell formulierter ethischer Grundsatz, der als allgemein bekannt vorausgesetzt wird: Ein Versprechen muß auf jeden Fall gehalten werden, auch unter Einsatz des Lebens (a).

Mit Bezug auf die primär angesprochene Lesergruppe, die Schweizer, folgt ein aktualisierendes Beispiel, in dem Eberlin an den Schweizern hervorhebt, daß sie im Kampf ihrem Hauptmann unter Einsatz des Lebens Gefolgschaft leisten (b).

Anschließend wird die Vorstellung des Hauptmanns auf Christus übertragen und das Verhalten der Schweizer auf die Christen (ab Z. 9), womit zum eigentlichen Thema des Abschnittes hingelenkt ist, das sich mit dem Tauf-Versprechen befaßt. Zweimal hintereinander wird hier durch Vergleichssätze im Komparativ in der Form rhetorischer Fragen (Ausdrücke der Nicht-Überbietbarkeit) die alles überragende Position der in Frage stehenden ethischen Begriffe hervorgehoben (Z. 9 und 11): *eerlicher* und *nötiger* benennt die zu erstrebenden Qualitäten des genus deliberativum: das Ehrenhafte der empfohlenen Verhaltensweise (honestum)[38] und das unabdingbar Notwendige der empfohlenen Verhaltensweise (necessarium).[39]

Es folgt die breit angelegte Antithese (Zz. 14–20), die in ständigem Wechsel der betrachteten Personen die positiven Eigenschaften Gottes und die negativen des Teufels vergleichend gegenüberstellt. Außer durch ein adversatives Adverb (Z. 15) sind die Antithesen ohne Vergleichssignale asyndetisch gebunden, was ihrem gehäuften Auftreten Stoßkraft verleiht. Die Stelle ist eine Expansion des antithetischen Grundgedankens, der an anderer Stelle im Text in der Form des einfachen Vergleichssatzes erscheint: *als gůnstig dir got ist, so widerig ist dir der teüfel.* 5.11 (Bsp. 4). Eingeleitet ist die Antithetik durch einen Vergleichssatz im Komparativ, der eine Absolutheitsaussage im Hinblick auf das Verhältnis Gottes zu den Menschen enthält (Z. 14f.). Am Ende der Antithetik wird in einem Komparativsatz folgernd eine Forderung formuliert im Hinblick auf das Verhältnis der Menschen zu Gott (Z. 22f.).

Diese Forderung, Leben, Ehre und Besitz für die Einhaltung des Taufschwures einzusetzen, wird anschließend in einem Abschnitt zuratend (suasio),[40] im nächsten abratend (dissuasio)[41] im Hinblick auf das honestum ausgebaut. Im Zentrum dieser gegenläufigen Begründung wird zweimal mit dem Komparativ gearbeitet: Einmal wird vom Kleineren zum Größeren gefolgert, d.h. mit dem locus a minore ad maius:[42] *loblich* Z. 24 – *loblicher* Z. 26), um das zu erstrebende honestum herauszustellen (d), zum anderen vom Größeren zum Kleineren, d.h. mit dem locus a maiore ad minus:[43] *eerloß* Z. 31 – *eerloser* Z. 34), um das zu vermeidende Schändliche (turpe)[44] herauszustellen (e). In beiden Fällen geht Eberlin von einer Grundannahme aus, die beim Leser/Hörer ethisch eindeutig eingeschätzt wird – im ersten Fall positiv, im zweiten negativ. Und in beiden Fällen führt er seine Argumentation dahin, daß die am Ende benannte Sache (Eid halten – Eid nicht halten) in gesteigerter Weise dieselbe ethische Einschätzung fordert, im ersten Fall positiv, im zweiten negativ.

Am Ende der positiven Steigerung wird das honestum zugleich als ein utile[45] deklariert: der Verlust des irdischen Lebens als Gewinn im Hinblick auf das

---

[38] Lausberg (1960) §§ 234f.
[39] Lausberg (1960) § 235.
[40] Vgl. S. 40 Text zu Anm. 3.
[41] Ibidem.
[42] Lausberg (1960) §§ 257, 396f. – Quintilian V.10.88ff. weist explizit darauf hin, daß die Benennung sehr generell ist und beliebig weiter differenziert werden könnte, was jedoch nicht üblich sei. Als mögliche Spezifikationen nennt er u.a. solche, wie sie hier in Bsp. 73 gegeben sind: 'Notwendigeres', 'Anständigeres', 'Nützlicheres' (V.10.91).
[43] Vgl. Anm. 42.
[44] Lausberg (1960) §§ 234, 240.
[45] Lausberg (1960) §§ 234f.

ewige (Z. 28–30). Als Leitaffekt wird das Erwecken einer Hoffnung (spes)[46] benutzt.

Der Abschluß des Abratens im nächsten Abschnitt, das das Nicht-Ehrenhafte zum Gegenstand hat, ist im Hinblick auf den Leitaffekt weniger scharf formuliert: Das Abschreckende (metus)[47] ist in allgemeinen Andeutungen gehalten: Es wird nur von Gottes Zorn gegenüber den Christen gesprochen, die einen abtrünnigen Christen nicht strafen (Z. 35–37). Über die Art der Strafe wird nichts gesagt. Dem angelegten Steigerungsprinzip nach (es wird darauf hingewiesen, daß bereits gegen die, die in weltlichen Fragen eidbrüchig werden, mit Strafe an Gütern und Leben vorgegangen wird, Z. 31–34; beim Eidbruch gegenüber Gott müßte die Strafe dann wohl noch schärfer sein) könnte eine explizite Folgerung die wahren Christen zum Kampf gegen die verirrten aufrufen. Damit wäre die Grundfeste der christlichen Lehre erschüttert und ein Krieg aus dem Motiv der Selbstgerechtigkeit entfacht. Die Stelle zeigt deutlich, wohin einen Sprecher die Handhabung logischer Stukturen führen könnte - zur Demagogie. Sie zeigt zugleich, wie er eine solche formal gegebene Gefahr inhaltlich flexibel umgehen kann. Offen bleibt die Frage, ob der Leser/Hörer nicht in die Gefahr kommt, implizit dennoch das vom Autor nicht Intendierte herauszuhören. Die Kenntnis des gesamten Textes der 'Bundesgenossen' bewahrt allerdings davor, da Eberlin an anderen Stellen ausführlich gegen jede Art von Glaubenskriegen Stellung nimmt.[48]

3. Schlußbemerkung

Die behandelten Schriften Eberlins folgen im Hinblick auf ihren Gesamtaufbau keinem strengen Prinzip, keinesfalls z.B. dem rhetorischen Schema des Redeaufbaus.[49] Und auch die Verwendung der rhetorischen Figuren im Dienst der Amplifikation (steigernd oder verbreiternd) ist relativ zurückhaltend gehandhabt. Lockere Fügung, häufig additiv, dominiert.

Am Beispiel der Distribution der Vergleichsformen im Text wird jedoch deutlich, daß innerhalb des Textes – fast im Baukastenprinzip – thematische Einheiten auftreten, die streng komponiert sind, sowohl im Hinblick auf die Gedankenabfolge, als auch im Hinblick auf die dabei verwendeten sprachlichen Mittel. Besonders häufig ist die Abfolge: Grundgedanke – erläuternde/exemplifizierende/argumentierende Ausführungen – Reprise des Grund-

---

[46] Zum deliberativen Leitaffekt LAUSBERG (1960) §§ 229, 258 u.ö.

[47] Ibidem.

[48] Z.B. 193.20–194.33.

[49] Aus späteren Schriften Eberlins geht allerdings hervor, daß er ihn durchaus beherrschte: 'Wider die falschscheynende gaystlichen' (Eberlin Bd 3. Ss. 41–88) und 'Wie sich eyn diener Gottes wortts ynn all seynem thun halten soll' (Eberlin Bd 3. Ss. 185–232). WEIDHASE (1967) verweist auf den Aufbau dieser Schriften und spricht von Eberlins »Neigung zum conclusivischen Stil« (S. 193). Er führt dies Gliederungsprinzip auf die Handhabung scholastischer Dispositionslehren zurück (S. 267).

gedankens bzw. Expansion des Schemas Behauptung - Begründung - Schluß(folgerung). Hier kommt dem Vergleich eine zentrale Funktion zu, insbesondere für die Verbindung der Teilaussagen miteinander, selbstverständlich im Verband mit anderen sprachlichen Komponenten, die aber hier nicht in Frage stehen.

Die Übergänge von einer kompositorischen Rohform (z.B. zyklischer Zusammenhalt durch ähnlichen Anfangs- und Schlußsatz; Steigerungsformen ohne festen Bezugsrahmen u.a.) bis zur artifiziell komponierten Texteinheit (wie Bsp. 73) sind fließend. Die Heraushebung der kunstvollen Form ist in unserem Zusammenhang nicht aus ästhetischen Erwägungen wichtig, sondern weil sie das eindeutige Indiz ist, in welchem Ausmaß ein Autor publizistischer Gebrauchsliteratur wie Eberlin über die mit Hilfe der Rhetorik angelernte Fähigkeit verfügt, sprachliche Mittel im Dienst der Wirkungsintention gezielt einzusetzen.

Literaturverzeichnis

BEHAGHEL, OTTO 1923-32:
Deutsche Syntax. 4 Bde. Heidelberg.

BOGUSLAWSKI, ANDRZEJ 1975:
In Defence of the Diversity of Comparatives and Positives. In: Beiträge zur Grammatik und Pragmatik. Hrsg. von VERONIKA EHRICH und PETER FINKE. Kronberg/Ts. S. 141-153.

Eberlin von Günzburg, Johann:
Sämtliche (Bd 1: Ausgewählte) Schriften. 3 Bde. Hrsg. von LUDWIG ENDERS. Halle a.S. 1896-1902.

ERASMUS VON ROTTERDAM: Desiderii Erasmi Roterodami opera omnia. Hrsg. von JOHANNES CLERICUS. 10 Bde. Leiden 1703-1706. Neudruck Hildesheim 1961f.

ERBEN, JOHANNES 1954:
Grundzüge einer Syntax der Sprache Luthers. Berlin.

FRANKE, CARL 1913-1922:
Grundzüge der Schriftsprache Luthers. 3 Bde. Zweite, wesentlich veränderte und vermehrte Auflage. Halle.

KOLODZIEJ, INGEBORG 1956:
Die Flugschriften aus den ersten Jahren der Reformation. (1517-1525). Diss. Masch. Berlin FU.

KÖNNEKER, BARBARA 1975:
Die deutsche Literatur der Reformationszeit. München.

LAUSBERG, HEINRICH 1967:
Elemente der literarischen Rhetorik. 3., durchgesehene Auflage. München.

LAUSBERG, HEINRICH 1960:
Handbuch der literarischen Rhetorik. 2 Bde. München.

LUCKE, WILHELM 1902:
»Die 15 Bundesgenossen« des Johann Eberlin von Günzburg. Leipzig.

MUMM, SUSANNE 1974:
Die Konstituenten des Adverbs. Computer-orientierte Untersuchung auf der Grundlage eines frühneuhochdeutschen Textes. In: Germanistische Linguistik 3-4/74. S. 1-213.

NAUMANN, CARL LUDWIG 1972:
Syntaktische Topologie. Vorschläge zur Erforschung der Linearstruktur deutscher Sätze. In: Germanistische Linguistik 3/72. S. 295-437.

PAUL, HERMANN 1916-1920:
Deutsche Grammatik. 5 Bde. Halle a.S.

PLETT, HEINRICH F. 1973:
einführung in die rhetorische textanalyse. 2., durchgesehene auflage. Hamburg.

QUINTILIAN: M. Fabii Quintiliani Institutionis oratoriae libri XII (Ausbildung des Redners. Zwölf Bücher). Hrsg. und übers. von HELMUT RAHN. Erster Teil (Buch I-VI) 1972. Zweiter Teil (Buch VII-XII) 1975. Darmstadt.

RÖSSING-HAGER, MONIKA 1970:
Zur Herstellung von Wortregistern und Merkmal-Koordinationsregistern. In: Germanistische Linguistik 2/70. S. 117-178.

STÖCKL, KURT 1952:
Untersuchungen zu Johann Eberlin von Günzburg. Diss. Masch. München.

WEIDHASE, HELMUT 1967:
Kunst und Sprache im Spiegel der reformatorischen Schriften Johann Eberlins von Günzburg. Diss. Tübingen.

WIERZBICKA, ANNA 1971:
The Deep or Semantic Structure of the Comparative. In: Linguistische Berichte 16. S. 39-45.

WUNDERLICH, DIETER 1973:
Vergleichssätze. In: Generative Grammar in Europe. Hrsg. von FERENC KIEFER und NICOLAS RUWET. Dordrecht. S. 629-672.

Kurt Gärtner

Zwischen Konkordanz und Wörterbuch

Zum gegenwärtigen Stand der computerunterstützten Lexikographie des Mittelhochdeutschen[1]

Viele Mediävisten, die sich auch mit der mittelhochdeutschen Lexikographie beschäftigen, glauben heute, daß die mit Hilfe des Computers relativ schnell herstellbare Konkordanz nur etwas Vorläufiges sein könnte; das eigentliche Ziel sei doch ein Wörterbuch, das sowohl Wortformen als auch Bedeutungen klassifiziert. Als ein erster Schritt auf dieses Ziel hin wird deshalb allgemein die Ablösung der mechanischen Konkordanzen durch lemmatisierte gefordert, die unter einem gemeinsamen Lemma die unterschiedlichen Formen eines Wortes vereinigen. Der nächste Schritt zum Wörterbuch bestände dann darin, den Wortgebrauch und die Wortverbindungen zu berücksichtigen und zum Prinzip der Anordnung zu machen. Diese stufenweise Verbesserung und Annäherung ans Wörterbuch ist zugleich der Gradmesser für die Brauchbarkeit dieser lexikalischen Hilfsmittel. Indices, die rein mechanisch angeordnet sind, rangieren hinsichtlich ihrer Brauchbarkeit noch wesentlich unter den mechanischen Konkordanzen, sind sie dagegen klassifiziert und lemmatisiert, dann stehen sie über jenen und bieten zum Teil schon das, was zu einem Wörterbuch gehört.

Blickt man zurück auf die lexikographischen Bemühungen um das Mittelhochdeutsche in den 70er Jahren, so bietet sich ein relativ uneinheitliches Bild. Die in der letzten Zeit publizierten Indices und Konkordanzen differieren in vielerlei Hinsicht ganz beträchtlich. Vor allem die qualitativen Unterschiede sind enorm; man könnte gelegentlich beinahe sagen, der Computer habe der lexikographischen Arbeit am Mittelhochdeutschen eher geschadet als genützt, wenn nicht durch einige herausragende Leistungen schließlich doch der Durchbruch zu neuen und überzeugenden Maßstäben gelungen wäre.

Der Hauptgrund für einige Fehlentwicklungen war wohl die Faszination, die von der Schnelligkeit des Computers ausging, der riesige Belegmassen in kürzester Frist sortieren konnte. Die heroischen Anstrengungen der vorelek-

[1] In diesem Beitrag werden nur bereits publizierte Arbeiten berücksichtigt, auf laufende Projekte wird absichtlich nicht eingegangen. Eine anders akzentuierte Darstellung des aktuellen Forschungsstandes mit ausführlicheren Literaturangaben habe ich in meinem Oxforder Referat 'Concordances and indices to Middle High German' gegeben, das ich während des 4. Internationalen Colloquiums 'The use of the computer in linguistic and literary research', Oxford 5.-9. April 1976, gehalten habe und das demnächst veröffentlicht werden wird.

tronischen Indexmacher, die nur mit moralischer Unterstützung ihrer Familien die enormen Strapazen und zeitlichen Belastungen bei der Herstellung ihres Index durchstanden, waren auf einmal nicht mehr nötig. Noch 1958 schreibt VALK in seinem immer wieder zitierten Vorwort zum 'Word-Index to Gottfried's Tristan' (p. VIII): »I should be ungrateful, if I did not mention the stimulating effect of my daughter Ruth's ever-cheerful smile and encouragement, as well as the understanding patience and cooperation of my whole family during the nearly 20 years of labor on this project.« Das Lächeln von Ruth war nach 20 Jahren vielleicht nicht mehr das gleiche, aber es bedurfte schon ihrer Ermunterung, um den ungeheuren Aufwand an niederer Arbeit, den ein rein mechanischer Index erforderte, zu bewältigen.

Die von der University of Wisconsin Press zwischen 1938 und 1958 publizierten Indices, die zum Teil auch voll klassifiziert waren, waren eine zeitraubende Angelegenheit und verlangten von ihren Bearbeitern ein beachtliches Maß an Selbstlosigkeit. Doch in dem Bewußtsein, daß der 'Tristan', die Werke Wolframs, Walthers Gedichte und 'Minnesangs Frühling' dieser Mühe wert waren, füllten sie - wenn auch nur provisorisch - die wichtigsten Lücken, die die großen Lexikographen des 19. Jahrhunderts gelassen hatten.

Verglichen mit der 20jährigen Fron VALKS im Dienste des 'Tristan' klingt das im Vorwort zu einem nur 15 Jahre später erschienenen elektronischen Index über den dafür nötigen Zeitaufwand Gesagte wie ein Wunder: »Meine Dissertandin ... schrieb den vereinbarten mittelhochdeutschen Text der Wilhelmschen Prosasammlung« - gemeint sind FRIEDRICH WILHELMS 'Denkmäler deutscher Prosa des 11. und 12. Jahrhunderts', eine immerhin recht umfangreiche Sammlung - »in achtzehn meist vierstündigen Sitzungen während der Zeit vom 31. Mai bis 7. Juli 1972 auf einer IBM Schreibmaschine, die an eine Datenstation angeschlossen war« (GELLINEK/ROCKWOOD, 1973, S. V). Es waren dann nur noch wenige Korrekturprozeduren nötig, und nach gut sechs Wochen konnte man das haben, worüber man früher alt und grau wurde. Zeit spielte keine Rolle mehr, offenbar auch der Text nicht, denn die Maschine fraß ja alles, auch die ödesten und disparatesten Texte. Mehr noch, das Schwergewicht lexikographischen Tuns schien sich für den mit dem Computer arbeitenden Youngster verlagert zu haben, nämlich vom eigentlichen Kompilieren des Indexes, das ja Doktoranden und die Maschine erledigten, hin zum Schreiben anspruchsvoller und prätentiöser Vorwörter, die als Schlüssel zum Index dienen sollten, aber in einigen Fällen doch auch ungewollt die sachliche Inkompetenz und fachliche Ignoranz ihrer Verfasser aufschlüsselten. Doch soviel nur zur Illustration einiger Erscheinungen, die immer noch charakteristisch für die augenblickliche Situation sind; von den Fehlentwicklungen wird noch die Rede sein.

Die um die vorelektronischen Indices bemühten Forscher wußten genau, daß ihr Hilfsmittel ein Desiderat war. Dies galt auch für die ersten elektronisch hergestellten Indices und Konkordanzen, wie sie SCHOLLER (1966) für die 'Nibelungenklage' und WISBEY für eine ganze Reihe von frühmittelhochdeutschen Denkmälern vorlegte. Insbesondere WISBEYS Konkordanzen zur 'Wiener Genesis' (1967), zum 'Vorauer' und 'Straßburger Alexander' (1968) oder zum 'Rolandslied' (1969) schlossen zusammen mit TULASIEWICZ's (1972) vollständig klassifiziertem Kaiserchronik-Index, der allerdings auf ganz traditionelle Weise von Hand hergestellt war, eine lexikographische Lücke und boten einen vorläufigen Ersatz für das geplante frühmittelhochdeutsche Wörterbuch, dessen Ansätze und Anfänge in Hamburg ruhen. Zu erwähnen wäre schließlich noch WALDTRAUT-INGEBORG SAUER-GEPPERTS (1972) auf traditionelle Weise hergestelltes Wörterbuch zum frühmittelhochdeutschen St. Trudperter Hohen Lied, bei dem es sich wohl um ein vollwertiges, aber nicht vollständiges Spezialwörterbuch handelt; denn die Form- und Funktionswörter (Konjunktionen, Präpositionen, Pronomina) sind leider nicht erfaßt, und für die Syntax ist daher aus diesem Wörterbuch noch weniger zu lernen als aus einer automatischen Wortformenkonkordanz.

WISBEY verbesserte ständig seine Konkordanzen und machte sie immer brauchbarer. Seine Rolandslied-Konkordanz enthielt schließlich neben anderen nützlichen Anhängen wie dem rückläufigen Formenverzeichnis und dem Reimindex auch eine Verb finding list, die das sichere Aufsuchen von allen Formen eines bestimmten Verbs ermöglichte. Die Verb finding list, die manuell kompiliert worden war auf der Grundlage der Konkordanz, glich den größten Nachteil einer nicht-lemmatisierten Konkordanz aus und ermöglicht auch dem mit den unregelmäßigen Schreibformen des Frühmittelhochdeutschen nicht vertrauten Benutzer eine bessere Handhabe. Wie die übrigen Konkordanzen WISBEYS, so basierte auch die Rolandslied-Konkordanz auf dem nicht-normalisierten Text nach der Haupt-Handschrift und macht die Abweichungen von dieser kenntlich; ferner sind zu allen Fragmenten von CLIFTON HALL vorbereitete Indices beigegeben; auf diese Weise ist die gesamte Überlieferung, wie sie in den Handschriften vorliegt, für den Forscher lexikographisch aufbereitet worden.

In den letzten von WISBEY herausgegebenen Konkordanzen, die er zusammen mit DAVID WELLS und BRIAN MURDOCH zur frühmittelhochdeutschen Bibelepik erstellte und veröffentlichte (1976), sind die bewährten Prinzipien der Rolandslied-Konkordanz beibehalten. Freilich weisen diese Konkordanzen eine Novität auf, da sie im Unterschied zu den früheren als Mikrofiche publiziert wurden. Dies reduziert die Kosten für die Veröffentlichung beträchtlich und spart auch Platz auf den Bücherregalen. Bedenkt man das begrenzte Interesse an diesen Werken des Frühmittelhochdeutschen und die Vorläufigkeit solcher Konkordanzen im Hinblick auf ein künftiges frühmittelhochdeutsches Wörterbuch, so wird diese billige Form der Veröffentlichung zweifellos gerechtfertigt erscheinen. Etwas anderes ist es jedoch bei Konkordanzen zu bedeutenden Dichtungen, bei denen die Buchform konkurrenzlos ist.

Charakteristisch für die von WISBEY geschaffenen Hilfsmittel war, daß die Texte in geeigneter Weise voreditiert wurden, damit die Nähe zur Überlieferung gewahrt blieb, und daß die eigentliche Konkordanz ganz automatisch und ohne Dazwischentreten des menschlichen Bearbeiters hergestellt wurde. Die Nachteile dieses mechanischen Prinzips wurden durch die verschiedenen Anhänge, vor allem durch die Verb finding list, wieder wettgemacht.

Auf eine ganz andere Weise versuchten JONES, MÜCK, MÜLLER und SPECHTLER (1973, 1975) mit den Nachteilen einer rein mechanisch angeordneten Konkordanz fertig zu werden und dabei noch einen Schritt über WISBEY hinauszugelangen, indem sie durch die Hinzufügung von Querverweisen nicht nur für die Verben, sondern für alle Wortarten ein Aufsuchen aller zu einem Wort gehörenden Formen ermöglichten. Sie trennten auch alle Homographen und klassifizierten die Wortarten. Der Hauptunterschied zu WISBEYS Konkordanzen besteht nun darin, daß der Maschinenausdruck, der die Druckvorlage bildete, extensiv nachediert wurde, um das Verweis- und Klassifikationssystem zu integrieren. Wie WISBEY haben auch sie darauf geachtet, daß die Textgrundlage möglichst handschriftennah war (vgl. SPECHTLER, 1976).

Einen neuen Typ von Konkordanz und zugleich die erste zu einer klassischen mittelhochdeutschen Dichtung, dem Nibelungenlied nämlich, brachten FRANZ BÄUML und EVA-MARIA FALLONE (1976) in WISBEYS Compendia-Serie heraus. Als Textgrundlage diente die normalisierte kritische Ausgabe von BARTSCH in der von DE BOOR revidierten Fassung. Der Text wurde in einer Weise voreditiert, wie das bei den schon erwähnten Konkordanzen nicht der Fall war. Für jedes Wort wurde eine Indexziffer eingelesen, die es nach den traditionellen Kategorien der zehn Wortarten klassifizierte: bestimmter und unbestimmter Artikel erhielten den Index 01, Präpositionen und Adverbialpräpositionen erhielten – ohne Rücksicht auf ihre unterschiedliche syntaktische Funktion – die Indexziffer 03, alle Verbformen, finite, infinite wie partizipiale, erhielten die Indexziffer 90, usw. Dabei geht es nicht ohne gravierende Inkonsequenzen ab, weil die Herausgeber die Rolle des elementaren Unterschieds zwischen Wortart und syntaktischer Funktion wohl zu weitgehend ignoriert haben. Diese extensive Voredierung sollte die Identifizierung von 'syntactic patterns' im Sinne der Theorien von PARRY und LORD ermöglichen; denn diese Konkordanz soll vor allem die Forschung zum formelhaften Stil des Nibelungenliedes befruchten. Formelhafte Verbindungen und spezifische syntaktische Wendungen hatte aber auch schon BARTSCH (1880) bei der Ausarbeitung seines Wörterbuchs zum Nibelungenlied im Auge, ja gerade in diesem Punkt wich er bewußt von BENECKES (1901) Wörterbuch zum 'Iwein' ab, das er sich sonst zum Vorbild genommen hatte. Gewiß bietet nun die neue Konkordanz wie eben jede Konkordanz gegenüber einem Wörterbuch auch Vorteile, insbesondere durch ihren 'structural pattern index', der alle Halbzeilen mit der gleichen, nach der schon beschriebenen Wortanalyse bestimmten Strukturen zusammenordnet. Die Hauptkonkordanz, die alphabetisch nach Wortformen angeordnet ist, gliedert die Belege mit dem Kontext einer Halbzeile nicht nach der Reihenfolge ihres Vorkommens im Text, sondern nach 'syntactic patterns', die freilich - wie schon gesagt - keineswegs syntaktische Strukturen repräsentieren.

Etwas mehr Überlegung und Nachdenken hätten diesem Projekt sicherlich gut getan. Das gilt auch für die Alphabetisierung, wo elementare Fehler unterlaufen sind, da man Buchstaben mit Längenzeichen und Umlautpunkten nicht als Unterbuchstaben des Hauptbuchstabens behandelte, sondern ihnen eine eigene Position im Sortieralphabet zuwies. Sogar der Apostroph erscheint als eigener Buchstabe im Alphabet nach Z. So interessant der Versuch dieser Konkordanz auch sein mag, philologische Sorgfalt und lexikographische Überlegung vermißt man daran doch zu sehr.

Alle bisher besprochenen Konkordanzen waren nicht lemmatisiert, doch hatte man durch Verbfindelisten oder Querverweise versucht, einen prinzipiellen Nachteil der mechanischen Anordnung auszugleichen. Eine lemmatisierte Konkordanz zu einem mittelhochdeutschen Text steht noch aus. Dagegen sind in den vergangenen Jahren mehrere Indices erschienen, von denen ein Teil auch lemmatisiert ist. Wie eingangs erwähnt, ist die Lemmatisierung für die Brauchbarkeit eines Index viel entscheidender als für die einer Konkordanz. Nun hat gerade auf dem Gebiet der Indexherstellung die Arbeit der letzten Jahre entscheidende Fortschritte neben deprimierenden wissenschaftlichen Blamagen zu verzeichnen.

Den wissenschaftlichen Tiefpunkt stellen die Häufigkeitswörterbücher GELLINEKS (1971, 1973) dar, die eigentlich keines Hinweises wert wären, ständen sie nicht in allen Bibliotheken, wo sie in die Hände von ahnungslosen Benutzern fallen können (vgl. GÄRTNER, 1975).

Nicht ganz so sinnlos, aber doch auch nicht übermäßig nützlich ist der voluminöse 'Index verborum zum Ackermann aus Böhmen', den R.R. ANDERSON und J.C. THOMAS (1973/74) publizierten. Dieser rein mechanisch angeordnete Index basiert nicht nur auf einer Edition, sondern erfaßt gleich alle zehn modernen kritischen Ausgaben. Er soll wohl für den Textkritiker bestimmt sein, als ob dieser seinen kritischen Text auf die Lesungen anderer Textkritiker gründen wollte anstatt auf die Handschriften selbst. Dieser Index geht an den wissenschaftlichen Bedürfnissen vorbei; außer den Indexmachern würde wohl kaum jemand es ernsthaft beklagen, wenn er nicht erschienen wäre.

Wie wenig man bei der Konzeption solcher Indices an den potentiellen Benutzer denkt, zeigt sich auch an ANDERSONS (1975) 'Wortindex und Reimregister zum Moriz von Craûn'. Als Textgrundlage dient die 3. und längst vergriffene Auflage von PRETZELS normalisierter Ausgabe, die nicht viel Ähnlichkeit mit der Überlieferung in der Ambraser Handschrift hat. Kaum zu brauchen ist der beigefügte Reimindex, weil die Reimwörter von links nach rechts anstatt von rechts nach links alphabetisiert sind. Doch wird sich dieser Index in absehbarer Zeit selbst unbenutzbar gemacht haben; denn seine Indexziffern beziehen sich nicht auf die Verszahlen der Ausgabe, sondern auf die Seitenzahlen der dritten Auflage. Die Besitzer der ersten Auflage können wegen der abweichenden Seitenzahlen den Index nicht benutzen; die Seitenzahlen werden sich bei jeder größeren Revision in Zukunft gewiß wieder ändern.

Den angeblich ersten lemmatisierten Index zum Mittelhochdeutschen legte 1974 ULRICH GOEBEL vor. Sein 'Wortindex zum 1. Band des Corpus der altdeutschen Originalurkunden' beruht wohl auf einer außerordentlich überlieferungsnahen Textbasis; doch boten gerade die vom Oberdeutschen bis ins Niederländische reichenden Urkundentexte mit ihrer extremen Variationsbreite, was Dialekt und Orthographie angeht, der maschinellen Verarbeitung größte Schwierigkeiten, denen GOEBEL in keiner Weise gewachsen war. Seine Lemmatisierung wimmelt von Fehlern; auch sind die Homographen nicht getrennt, sondern in einem schlecht kompilierten Anhang, bei dem auch noch der Schluß verloren ging, aufgelistet; mit dessen Hilfe soll sich der Benutzer selbst zurechtfinden. URSULA SCHULZE hat in einem temperamentvollen Aufsatz in den 'Beiträgen' (1976) alle Schwächen und Mängel dieses Index schonungslos aufgedeckt, das Resümee ihrer Kritik lautet (S. 52f.): »Nach den vorangehenden Ausführungen kann ich nur konstatieren: kein nützliches Hilfsmittel zur Auswertung der Urkunden und zur Beschäftigung mit der mhd. Sprache. Bedingt durch die Beschaffenheit des Urkundenmaterials sowie durch die mangelhaften sprachgeschichtlichen und grammatischen Kenntnisse des Herstellers fällt die Verwertbarkeit dieses Index unendlich weit hinter die der Indices und Konkordanzen zu einzelnen Werken der mhd. Literatur zurück. Goebels vorgebliche Verbesserungen gegenüber anderen Indices haben sich als Täuschung herausgestellt: Die Lemmatisierung hat sich geradezu als 'Dilemmatisierung' erwiesen, und der Anhang bringt keine Auflösung der Schwierigkeiten. Offensichtlich ist der Hersteller gar nicht imstande, die Anmaßung, Unordnung und Unsinnigkeit zu ermessen, die in diesem Index vorliegen. Der Verlag war schlecht beraten, als er Goebels Index in der vorliegenden Form in sein Programm aufgenommen hat. Ob das bei den entscheidenden Personen auf unverantwortliche Nachlässigkeit oder Hilflosigkeit gegenüber dem EDV-Verfahren zurückzuführen ist, kann ich nicht beurteilen. Zwar erscheinen ständig umstrittene Bücher, aber bei einem Hilfsmittel zu einer bedeutenden Quellensammlung, das Handbuchcharakter beanspruchen möchte, geht es nicht um Einschätzung von Argumenten und unterschiedliche methodische Standpunkte, sondern um Zuverlässigkeit, Übersichtlichkeit, Nützlichkeit.«

URSULA SCHULZE macht im Anschluß an ihre Kritik noch einige »kritische Bemerkungen über die grundsätzlichen Möglichkeiten eines Wortindex zum

Corpus« (S. 53). Wohl seien auch die Texte, die WISBEY konkordierte, nicht normalisiert, sie wiesen jedoch einen geringen Formenspielraum für Schreib- und Formvarianten auf, beim Corpus dagegen gehe die Zahl der Varianten ins Uferlose. Auch eine Konkordanz, die Homographen und Varianten aufgrund des beigegebenen Kontextes identifizieren hilft, führte ihrer Ansicht nach hier nicht weiter, ebenso nicht ein rückläufiger Index. Zudem sei eine sinnvolle Kontextabgrenzung im Urkundenmaterial kaum möglich. So bliebe schließlich »für eine automatische Bearbeitung des Corpus nur die Möglichkeit eines nackten Index mit alphabetischer Auflistung von Erscheinungsformen und Stellenangaben« (S. 55). Mit dem aber wäre nicht viel gewonnen. Aufgrund der Materialbedingungen erscheint ihr »die Absurdität eines Corpus-Index« (S. 57), der für den Benutzer »zu einem Labyrinth werden« (S. 61) muß, erwiesen. Sie erwägt schließlich auch noch kurz die Möglichkeit des klassifizierenden Index, wie er zu spätmittelhochdeutschen Texten von LENDERS (1973, 1976) und anderen in Bonn projektiert wurde und der mit Hilfe einer Kombination von manueller und maschineller Verfahrensweise erstellt werden soll (S. 62). Doch beschränkt sie sich nur auf einen Hinweis, und sie sieht schon allein in den Bemühungen um die Lemmatisierung eine prinzipielle Bestätigung ihrer »Verneinung des Nutzens eines rein automatischen Index für bestimmte Textmaterialien« (S. 62).

Auch wer die Schwächen und Tücken automatischer Indices kennt, wird trotzdem einen Corpus-Index nicht gleich für absurd halten oder prinzipiell ablehnen; zur Edition der niederländischen Urkunden vor 1301 wird ein solcher jedenfalls von erfahrenen und kompetenten Forschern vorbereitet (DE TOLLENAERE und PIJNENBURG, 1974a, S. 21, und 1974b, S. 11). Die Bedeutung des Computers für den Lexikographen ist aber kaum gesehen, wenn man so tut, als ob alle eigentlich lexikographische Arbeit, wozu gerade die Verbesserung der mechanischen Indices und Konkordanzen in Richtung auf ein Wörterbuch gehört, vom Computer selbst nichts profitieren könnte. Die Möglichkeit einer kompetenten Lemmatisierung durch einen menschlichen Bearbeiter, der in seiner Wirksamkeit durch den Computer entscheidend unterstützt werden könnte, wird gar nicht erst thematisiert. Die Reserve gegen die maschinell unterstützte Lexikographie geht hier doch wohl zu weit, wenn die Bedeutsamkeit halbautomatischer Prozesse nicht eingesehen oder verstanden wird. Charakteristisch ist auch, daß URSULA SCHULZE nicht auf WISBEYS Verbfindelisten eingeht, die ja gerade eine Vorstufe der Lemmatisierung darstellen. »Goebels Machwerk« (S. 53) hat sie wohl dazu geführt, das Kind mit dem Bade auszuschütten.

GOEBEL produzierte auch einen lemmatisierten Index zum 'Lucidarius' (1975), der wohl brauchbarer ist als der zum Corpus. Aber zu zahlreich sind auch hier die Inkonsequenzen und Lemmatisierungsfehler, von denen viele hätten vermieden werden können, wenn GOEBEL das Glossar zu HEIDLAUFS

Ausgabe zu Rate gezogen hätte. Der 'Lucidarius'-Index eröffnet zusammen mit dem von ANDERSON zum 'Moriz von Craûn' eine vorzüglich ausgestattete und aufwendig gedruckte Reihe von 'Indices verborum zum altdeutschen Schrifttum'. Die lakonischen Vorworte zu den ersten beiden Bänden lassen alles Wesentliche und Nötige über Herstellungsmethode und Programmierung vermissen, das man bei Hilfsmitteln dieser Art verlangen muß. Es scheint überhaupt, daß diese Indexmacher ihre lexikographische Kompetenz überschätzt und in blindem Eifer ein Unternehmen gestartet haben, über dessen Sinn sie sich nicht im klaren waren.

URSULA SCHULZES Skepsis gegenüber dem Computer wäre wohl relativiert worden, wenn ihr ein lemmatisierter und klassifizierter Index bekannt geworden wäre, der all das bot, was sie bei GOEBEL vermißte, der alle bisher vorgestellten Konkordanzen und Indices weit übertrifft und schließlich einen bedeutenden Schritt hin zum Spezialwörterbuch darstellt. Dies sind PAUL SAPPLERS (1974) Indices zu seiner Edition von Heinrich Kaufringers Werken. Ob gerade Kaufringer eine intensive lexikalische Erschließung verdiente, wird man vielleicht in Frage stellen, und das könnte die exemplarische Wirkung der Indices auch etwas beeinträchtigen; aber hier wurde doch zum ersten Mal beispielhaft gezeigt, was die Philologie mit Hilfe der Computertechnik erreichen kann. Edition wie Indices wurden unter Verwendung der Tübinger Lichtsatzprogramme WILHELM OTTS hergestellt. Durch das vollcomputerierte Druckverfahren, das die langwierigen Fahnen- und Umbruchkorrekturen wegfallen läßt, wurde eine konkurrenzlose typographische Qualität und Genauigkeit erreicht. SAPPLERS Index ist lemmatisiert und klassifiziert, darüberhinaus sind charakteristische Wendungen und lexikalisch oder syntaktisch eng zusammengehörige Verbindungen weitgehend berücksichtigt und zusammengruppiert wie in einem Wörterbuch. Was sich der Benutzer einer Konkordanz oder eines 'structural pattern index' nur mit Mühe selbst zusammenstellen kann, findet er hier gleich beieinander. Nur einige wenige, sehr häufig vorkommende Wörter sind nicht geparsed und wenige Homographen aus verständlichen Gründen nicht getrennt. Konjekturen und Besserungen des handschriftennahen Basistextes sind klar gekennzeichnet, auch sind alle bedeutsamen Varianten des textkritischen Apparats in den Index aufgenommen. Alphabetisierungsprobleme sind überzeugend gelöst; die Wahl der geeigneten Lemmata erfolgte in Übereinstimmung mit der Sprache des Textes und ohne Rückgriff auf Lexers normalisierte mittelhochdeutsche Lemmata. Die verschiedenen Indexteile, darunter auch ein nach Reimtypen geordnetes Reimwörterbuch, sichern lückenlose Information und sind einfach zu handhaben. Die Erstellung des eigentlichen Wortindex, dem zum echten Wörterbuch nur die semantische Komponente fehlt (vgl. SCHRÖDER, 1975, S. 128), erfolgte über eine den Index begleitende, stufenweise verbesserte Wortformenkonkordanz. Dabei führte das »rationelle Ineinandergreifen von menschlicher und Maschinentätigkeit« (S. XXIV) zu einer Überwindung der üblichen Schwächen automatisch hergestellter Konkordanzen und Indices, die sich nur auf das im Schriftbild Ablesbare beschränken und dies schematisch verarbeiten. Der souveräne Gebrauch des Computers durch einen kompetenten Philologen ermöglichte es, den entscheidenden »Schritt hin zum Wörterbuch zu tun unter Vermeidung des ungeheuren Aufwandes an niederer Arbeit, den die Vorbereitung eines solchen gewöhnlich kostet« (ebenda).

SAPPLER hat für die computerunterstützte Lexikographie zum Mittelhochdeutschen neue Maßstäbe gesetzt, die die Skeptiker von der Brauchbarkeit des Computers überzeugen müßten; an seinem Kaufringer-Index werden künftig aber auch alle mit Hilfe des Computers hergestellten lexikalischen Hilfsmittel gemessen werden müssen. Der entscheidende letzte Schritt zum Wörterbuch bleibt freilich immer noch zu tun, er kann aber nun früher und unter Vermeidung des ehemals nötigen Aufwandes erfolgen. Das eigentliche Ziel auch der computerunterstützten Lexikographie sollte sich nicht prinzipiell von dem der traditionellen unterscheiden; dieses Ziel wird vorerst das für ein bestimmtes Werk oder einen Autor meist im Zusammenhang mit einer Edition erstellte Spezialwörterbuch sein, wie es im Wörterbuch zu Veldekes 'Eneide' (SCHIEB, 1970) geschaffen wurde, dem bedeutendsten modernen Beitrag zur vernachlässigten mittelhochdeutschen Lexikographie.

Literaturverzeichnis

ANDERSON, ROBERT R. - JAMES C. THOMAS (1973/74)
Index verborum zum 'Ackermann aus Böhmen', Bd 1 und 2. Amsterdam. (Amsterdamer Publikationen zur Sprache u. Literatur 8/9).

ANDERSON, ROBERT R. (1975)
Wortindex und Reimregister zum 'Moriz von Craûn'. Amsterdam. (Indices verborum zum altdeutschen Schrifttum 2).

BARTSCH, KARL (1880)
Der Nibelunge Nôt. II. Theil, 2. Hälfte: Wörterbuch. Leipzig.

BÄUML, FRANZ H. - EVA-MARIA FALLONE (1976)
A Concordance to the Nibelungenlied. Leeds. (Compendia 7).

BENECKE, GEORG FRIEDRICH (1901)
Wörterbuch zu Hartmanns Iwein. 3. Ausgabe, bes. v. CONRAD BORCHLING. Leipzig 1901 ([1]1833).

DROOP, HELMUT - WINFRIED LENDERS - MICHAEL ZELLER (1976)
Untersuchungen zur grammatischen Klassifizierung und maschinellen Bearbeitung spätmittelhochdeutscher Texte. Hamburg. (IPK-Forschungsberichte 55).

FALLONE, EVA-MARIA siehe BÄUML/FALLONE (1976).

GÄRTNER, KURT (1975)
Rezension von GELLINEK/ROCKWOOD (1973) in: Cahiers de Civilisation Médiévale 18. S. 67–69.

GELLINEK, CHRISTIAN (1971)
Häufigkeitswörterbuch zum Minnesang des 13. Jahrhunderts. Nach der Auswahl von HUGO KUHN. Tübingen.
GELLINEK, CHRISTIAN - HEIDI ROCKWOOD (1973)
Häufigkeitswörterbuch zur deutschen Prosa des 11. und 12. Jahrhunderts. Nach der Ausgabe von FRIEDRICH WILHELM. Tübingen.
GOEBEL, ULRICH (1974)
Wortindex zum 1. Band des Corpus der altdeutschen Originalurkunden. Hildesheim.
GOEBEL, ULRICH (1975)
Wortindex zur Heidlaufschen Ausgabe des 'Lucidarius'. Amsterdam. (Indices verborum zum altdeutschen Schrifttum 1).
HALL, CLIFTON siehe WISBEY/HALL (1969).
JONES, GEORGE FENWICK - HANS-DIETER MÜCK - ULRICH MÜLLER (1973)
Verskonkordanz zu den Liedern Oswalds von Wolkenstein (Handschriften B und A). 2 Bde. Göppingen. (GAG 40/41).
JONES, GEORGE FENWICK - FRANZ VIKTOR SPECHTLER - ULRICH MÜLLER unter Mitwirkung von HANS-DIETER MÜCK (1975)
Verskonkordanz zu den geistlichen Liedern des Mönchs von Salzburg. Göppingen. (GAG 173).
KRAMER, GÜNTER siehe SCHIEB/KRAMER/MAGER (1970).
LENDERS, WINFRIED - HANS-DIETER LUTZ - RUTH RÖMER (1973)
Untersuchungen zur automatischen Indizierung mittelhochdeutscher Texte. 2., erw. Aufl. Hamburg. (IPK-Forschungsberichte 16).
LENDERS, WINFRIED (1976) siehe DROOP/LENDERS/ZELLER (1976).
LUTZ, HANS-DIETER siehe LENDERS/LUTZ/RÖMER (1973).
MAGER, ELISABETH siehe SCHIEB/KRAMER/MAGER (1970).
MÜLLER, ULRICH siehe JONES/MÜCK/MÜLLER (1973) und JONES/SPECHTLER/MÜLLER (1975).
MÜCK, HANS-DIETER siehe JONES/MÜCK/MÜLLER (1973) und JONES/SPECHTLER/MÜLLER (1975).
MURDOCH, BRIAN siehe WELLS/WISBEY/MURDOCH (1976).
PIJNENBURG, W. siehe TOLLENAERE/PIJNENBURG (1974a) und (1974b).
ROCKWOOD, HEIDI siehe GELLINEK/ROCKWOOD (1973).
RÖLL, WALTER (1975)
Rezension von JONES/MÜCK/MÜLLER (1973) und SAPPLER (1974) in: Studi Medievali, 3ª Serie 16. S. 734-36.
RÖMER, RUTH siehe LENDERS/LUTZ/RÖMER (1973).
SAPPLER, PAUL (1974)
Heinrich Kaufringer. Werke. Bd 2. Indices. Tübingen.
SAUER-GEPPERT, WALDTRAUT-INGEBORG (1972)
Wörterbuch zum St. Trudperter Hohen Lied. Berlin und New York. (Quellen und Forschungen 50).
SCHIEB, GABRIELE mit GÜNTER KRAMER und ELISABETH MAGER (1970)
Henric van Veldeken. Eneide. Bd 3. Wörterbuch. Berlin. (DTM 62).
SCHOLLER, HARALD (1966)
A Word Index to the 'Nibelungenklage'. Ann Arbor.
SCHRÖDER, WERNER (1975)
Rezension von SAPPLER (1974) in: AfdA 86. S. 126-31.
SCHULZE, URSULA (1976)
Zur Herstellung eines Wortindex zum Corpus der altdeutschen Originalurkunden

durch elektronische Datenverarbeitung. Rezension und grundsätzliche kritische Bemerkungen. In: Beitr. (Tübingen) 98. S. 32–63.
SPECHTLER, FRANZ VIKTOR (1976)
Textedition - Textcorpus - EDV. Zum Problem der philologischen Grundlagen für die linguistische Datenverarbeitung. In: ALLC-Bulletin 4. S. 95f.
SPECHTLER, FRANZ VIKTOR siehe JONES/SPECHTLER/MÜLLER (1975).
THOMAS, JAMES C. siehe ANDERSON/THOMAS (1973/74).
TOLLENAERE, FÉLICIEN DE - W. PIJNENBURG (1974a)
Processing a Corpus of Early Middle Dutch texts. In: ALLC-Bulletin 2. Nr. 1, S. 16–23.
TOLLENAERE, FÉLICIEN DE - W. PIJNENBURG (1974b)
Verwerking van Vroegmiddelnederlandse texten met de computer. Leiden. (Bijdragen tot de Nederlandse Taal- en Letterkunde 4).
TULASIEWICZ, W.F. (1972)
Index verborum zur deutschen Kaiserchronik. Berlin. (DTM 68).
VALK, MELVIN E. (1958)
Word-Index to Gottfried's 'Tristan'. Madison.
WELLS, DAVID - ROY WISBEY - BRIAN MURDOCH (1976)
Concordances to Early Middle High German Biblical Epic. Cambridge.
WISBEY, ROY A. (1967)
Vollständige Verskonkordanz zur 'Wiener Genesis'. Berlin.
WISBEY, ROY A. (1968)
A Complete Concordance to the Vorau and Straßburg 'Alexander'. Leeds. (Compendia 1).
WISBEY, ROY A. - CLIFTON HALL (1969)
A Complete Concordance to the 'Rolandslied' (Heidelberg Manuscript). With word indexes to the fragmentary manuscripts. Leeds. (Compendia 3).
WISBEY, ROY siehe WELLS/WISBEY/MURDOCH (1976).
ZELLER, MICHAEL siehe DROOP/LENDERS/ZELLER (1976).

Ulrich Müller

Zum derzeitigen Stand des Projektes »Verskonkordanzen zu Lyrikhandschriften«

Beim zweiten Symposion über Probleme der maschinellen Verarbeitung altdeutscher Texte, das im Juni 1973 in Mannheim stattfand, hatte ich die Gelegenheit erhalten, einen Plan über die EDV-Verarbeitung mittelhochdeutscher Lyrikhandschriften (anstelle von kritischen Editionen) zu Indices und/oder Konkordanzen vorzutragen. Sowohl durch die damals sich anschließende Diskussion als auch durch die Reaktionen auf eine leicht gekürzte Veröffentlichung dieses Vortrages im ALLC-Bulletin 2 (1974) habe ich dann viele zusätzliche Anregungen erhalten, und im Laufe der folgenden Jahre begann sich aus dem Plan allmählich ein Projekt zu entwickeln, aus dem in Kürze ein erstes Ergebnis vorliegen wird. Getragen wird dieses Projekt von George F. Jones (University of Maryland), Franz V. Spechtler (Universität Salzburg) und mir; wertvolle Arbeitshilfe boten Heike Mück, Ingrid Saal, Petra Witte und Hans-Dieter Mück (Universität Stuttgart); in außerordentlich großzügiger Weise wurden wir finanziell unterstützt vom Förderungsfond der Universität Salzburg - eine Tatsache, für die man angesichts der derzeitigen weitverbreiteten universitären Schwierigkeiten ganz besonders dankbar sein muß und von der wir hoffen, daß sie auch in Zukunft bestehen wird. Ich möchte im folgenden kurz den damaligen Plan zusammenfassend wiederholen und dann ausführen, welche Erfahrungen wir bei der bisherigen Realisierung gemacht haben.

I

Grundsätzlich vorauszuschicken ist folgendes: Plan und Projekt sind ganz und gar aus der Sicht von Philologen entworfen und völlig auf die Bedürfnisse und Kenntnisse von Philologen zugeschnitten. Unser Ehrgeiz war nicht auf technische Raffinesse, auf Weiterentwicklung von bestehenden Verfahren gerichtet, es ging uns also - und das sage ich ohne Polemik - nicht um technische Eleganz und technischen Fortschritt; wir wollten und wollen vielmehr eine vielleicht primitiv erscheinende philologische Grundlagen-Arbeit leisten, von der aber nicht nur wir annehmen, daß sie für alle künftigen Beschäftigungen mit dem Gegenstand »Mittelhochdeutsche Lyrik« von großer Bedeutung sein kann.

II

Der gesamte Plan gründete auf zwei Überlegungen, die 1969 und 1961 von WERNER SCHRÖDER und HUGO MOSER formuliert worden sind; nämlich:

1. Jeder computer-erstellte Index oder jede solche Konkordanz kann nur so gut sein, wie es das verarbeitete Textmaterial, also die Materialbasis ist.[1]

2. Diejenige Existenzform, die uns am nächsten an die mittelalterlichen Texte heranführt, sind und bleiben die Handschriften - alles, was wir von diesen Texten wissen, wissen wir aus der Überlieferung durch die Handschriften (bzw. in einigen Fällen: die frühen Drucke).[2]

An einigen Beispielen hatte ich dann versucht zu zeigen, wie unzuverlässig, wie verfälschend die Textfassungen mancher moderner, sog. »kritischer« Editionen sein können, und zwar ganz besonders auf dem Gebiet der mittelhochdeutschen Lyrik. Das Ergebnis der damaligen Überlegungen, in dem ich mittlerweilen nur bestätigt worden bin, lautete: Die überaus wichtigen Hilfsmittel Indices und Konkordanzen haben nur dann Sinn und Funktion, wenn sie als Textbasis nicht kritische Editionen,[3] sondern entweder handschriftennahe Editionen oder - noch besser - den genauen handschriftlichen Text verarbeiten. Ich hatte dann anschließend eine Liste von Handschriften zusammengestellt, die die wichtigsten Überlieferungsträger zur hoch- und spätmittelalterlichen Lyrik umfaßte und von denen ich der Meinung war und bin, daß sie in der angegebenen Weise durch Indices und Konkordanzen in ihrem gesamten Wortschatz und mit allen ihren Schreibgewohnheiten erschlossen werden sollten.

III

Aus dieser damaligen Liste ist mittlerweilen e i n Dichter-Corpus als »erledigt« zu streichen, das auf der Basis einer handschriftennahen Edition verarbeitet worden ist - dazu vgl. den folgenden Bericht von FRANZ V. SPECHTLER. Zwei der damals genannten Handschriften befinden sich derzeit durch uns in Bearbeitung; und für mindestens eine weitere Handschrift, nämlich die Haager Liederhandschrift, ergab sich der Glücksfall, daß dazu ganz unabhängig von unserem Vorhaben, aber mit sehr ähnlicher Zielsetzung und mit genau der gleichen Handschriftentreue von anderer Seite gearbeitet wird: Brigitte Schlu-

---

[1] WERNER SCHRÖDER: Der Computer in der deutschen Philologie des Mittelalters. In: Beitr. (Tübingen) 91 (1969) S. 386–396.

[2] HUGO MOSER: »Lied« und »Spruch« in der hochmittelalterlichen deutschen Dichtung. In: Wirkendes Wort 11 (1961) Sonderheft 3, S. 82–97.

[3] Vgl. dazu auch das Guest-Editorial von FRANZ VIKTOR SPECHTLER in: ALLC-Bulletin 4 (1976) S. 95f. – Kritische Bemerkungen zu einem Index, wie man ihn als Philologe n i c h t machen sollte, finden sich in meiner Rezension zu einem Wortindex zum 'Moriz von Craûn', ZfdPh 95 (1976) S. 148f., sowie meiner Entgegnung auf ULRICH PRETZELS Widerrede, ZfdPh 96 (1977) S. 439–441; vgl. auch die Symposions-Beiträge von KURT GÄRTNER und FRANZ VIKTOR SPECHTLER.

dermann und L. Dawson haben zu dieser Handschrift im Computing Centre der University of Cambridge eine KWIC-Konkordanz, also eine Konkordanz des Typs »Key Word In Context«, erarbeitet, die demnächst als Band 186 der 'Göppinger Arbeiten zur Germanistik' erscheinen soll. Bei den bisher von uns selbst bearbeiteten Handschriften handelt es sich um die Minnesang-Handschrift A, also die Kleine Heidelberger Liederhandschrift, sowie um die Minnesang-Handschrift B, also die Weingartner-Stuttgarter Liederhandschrift: die Konkordanz zu B ist in einer ersten Rohform fertiggestellt, diejenige zu A befindet sich im ersten Stadium der Bearbeitung.

IV

Textbasis für die EDV-Verarbeitung einer mittelalterlichen Handschrift wird wohl in den meisten Fällen eine gute Transkription sein müssen - das Einschreiben des Textes direkt aus der Handschrift bzw. der Faksimile-Ausgabe würde eine wohl unnötige Erschwernis bedeuten. Zur Handschrift B wurde die Transkription verwendet, die 1969 von Otfrid Ehrismann im Rahmen der neuen Faksimile-Edition dieses Codex veröffentlicht worden war; die Transkription wurde vom Verfasser für unsere Zwecke nochmals durchkontrolliert und verbessert, so daß die Gewähr einer hinlänglichen Zuverlässigkeit bestand. Daß wir gerade die Handschrift B als erstes Objekt auswählten, hatte einen bestimmten Grund: als einzige der damals vorliegenden Transkriptionen zu den klassischen Minnesang-Handschriften (und mit einer solchen wollten wir anfangen) war sie völlig seiten- und zeilengetreu gearbeitet, war also am handschriftennächsten. Die Probleme, die wir lösen mußten, waren:

a) die Wiedergabe der handschriftlichen Sonderzeichen und der Abkürzungen,
b) die Form der 'Adresse',
c) die Art des Hinweises auf die jeweilige Edition,
d) die Form der Kontextwiedergabe.

Als Ergebnis sollte entstehen: eine einfache, nicht-lemmatisierte Wortkonkordanz, die zum ersten Mal alle Wortformen und Schreibformen der Handschrift vollständig und lückenlos erschloß; jedwede interpretatorischen Eingriffe sollten auf ein Minimum beschränkt bleiben, der Akzent sollte ausschließlich auf der vollständigen und möglichst objektiven Dokumentation liegen. Das hieß aber: Sobald die genannten Fragen geklärt waren und sobald die Gewähr bestand, daß beim Einschreiben der Texte und der Zusatzinformationen keine Fehler vorgekommen bzw. diese ausgemerzt waren, konnte alles weitere, also die gesamte Alphabetisierung, mit Hilfe eines bereits bestehenden und von uns schon zweimal verwendeten Programmes sozusagen automatisch ablaufen.

Nach längeren Diskussionen, in deren Verlauf zwischen den einzelnen Mitarbeitern ganz natürlicherweise gewisse Uneinigkeiten bestanden, kamen wir in den genannten Punkten zu folgenden Ergebnissen:

a) Mit Ausnahme der Unterscheidung von langem und rundem *s* sollten sämtliche Informationen der Handschrift auch in der Konkordanz bewahrt bleiben; d.h. sämtliche graphischen Eigenheiten der Handschrift mußten durch bestimmte Zusatzzeichen in eine für die Maschine verarbeitbare Form gebracht werden. Es ergab sich, daß man mit ca. zehn solchen Zusatzzeichen alle diese notwendigen Informationen vermitteln kann, also z.B. die wenigen Abkürzungszeichen (für »und«, für Nasal, für »er« etc.), die Unterscheidung von normalem und caudiertem *e*, die Akzentsetzung der Handschrift, die diakritischen Zeichen etc. Nicht ganz unerwartet traten jedoch Probleme auf, wie man hinsichtlich der nicht ganz regelmäßigen Getrennt- bzw. Zusammenschreibung von komponierten Wörtern verfahren sollte: Während wir anfangs versuchten, hier im Interesse des späteren Benützers doch eine Art Normalisierung durchzuführen, diese Eingriffe aber im Druckbild deutlich kenntlich zu machen, neigen wir jetzt dazu, diese Eingriffe wieder zu tilgen und dem Benützer statt dessen nach dem Vorbild von Roy Wisbey eine rückläufige Wortliste zur Hand zu geben - bei der versuchten Regulierung der Zusammenschreibung war nämlich gerade dasjenige notwendig geworden, was wir eigentlich vermeiden wollten: eine interpretatorische Bearbeitung des Textes, wenn auch nur in einem geringfügigen Umfang. Ausdrücklich erwähnt sei, daß auch die Reimpunkte mit eingeschrieben und daß die jeweiligen Zeilen-Enden markiert wurden.

b) Bei der Gestaltung der Adresse waren wir uns einig, daß dort alles stehen sollte, damit der spätere Benützer die einzelnen Verse bzw. Textteile schnell und sicher in der Handschrift bzw. der Transkription finden konnte. Mit Hilfe von vier Angaben halten wir dies für gewährleistet:

1. Angabe der Blattzahl, d.h. bei B: der Seitenzahl (die Handschrift ist ja - im Gegensatz zum sonst Üblichen - paginiert, nicht foliiert);

2. Angabe des Autors, unter dem sie in der Handschrift überliefert ist; hier haben wir - auch wenn ein bestimmter Text durch die Forschung anderen Autoren zugesprochen worden ist, keinerlei Änderungen vorgenommen, sondern sind konsequent bei der handschriftlichen Zuweisung geblieben. Fehlte bei einem Dichter-Corpus in der Handschrift eine ausdrückliche Gesamtzuweisung, so haben wir diese allerdings mit Hilfe der Parallelüberlieferung vorgenommen, z.B. bei Wolfram, bei Neidhart, dem Winsbecken etc. Wir haben also Fehlendes, das eindeutig zu ergänzen war, ergänzt, haben aber nichts Überliefertes geändert.

3. Angabe der Strophenzählung innerhalb des jeweiligen Dichter-Corpus;

4. Angabe der Zeilenzahl.

Eine Adresse wie:

002 KHR 02 09

bedeutet also:

Handschrift B, Seite 2,
Werk des Königs Heinrich,

Str. 2 innerhalb dieses Corpus,
Zeile 9 (der Seite 2).

Dabei richtet sich die Angabe von Seiten- und Zeilenzahl in jedem Fall nach der Stellung des ersten Wortes der jeweils abgedruckten Kontextzeile; Seiten- oder Zeilensprung wäre im Text durch einen Schrägstrich / markiert. Alle diese Angaben stehen links von der abgedruckten Kontextzeile; auf der rechten Seite findet sich der Hinweis auf die gängige Edition:

c) Der Hinweis auf die übliche Edition erschien uns deswegen notwendig, damit der Benützer ohne weiteres Nachschlagen in den Stand gesetzt wird, den jeweiligen Handschriftentext in einer wissenschaftlichen Ausgabe zu finden – solche Angaben finden sich bisher in keiner der uns bekannten Transkriptionen, sie mußten also von uns vor dem Einschreiben des Textes in die Transkription eingeführt werden. Dabei standen wir vor dem Problem, daß es sich als ungeheuer arbeitsintensiv erwies, diese Hinweise versweise durchzuführen. Denn: Die Handschrift und damit die Transkription kennen keine Absetzung der Verse, die Hinweise wären also nur mit großem Aufwand beifügbar gewesen. Daher haben wir uns entschlossen, die Hinweise nicht auf den jeweiligen Vers der einzelnen Ausgabe, sondern generell nur auf die jeweilige Strophen-Zählung zu geben. Ein Hinweis wie z.B.:

MF 5,23 oder L 65,25

bedeutet also, daß sich die jeweilige Kontextzeile in 'Minnesangs Frühling' in der Strophe 5,23 bzw. in der LACHMANNschen Walther-Ausgabe in der Strophe 65,25 findet, nicht aber jeweils im Vers 5,23 bzw. 65,25 selbst, sondern vielleicht erst in 5,25 bzw. 65,28. Diese Mehrarbeit glaubten wir dem Benützer aufbürden zu können, da sie im Grunde nur geringfügig ist. Der Hinweis auf die Edition setzt den Benützer auch in Stand, ziemlich schnell Zuschreibungsdivergenzen zwischen der Handschrift und der Forschung zu erkennen: trägt z.B. eine Kontextzeile die Adressen-Angabe REI (= Reinmar der Alte), aber einen Editionshinweis auf L (= Walther), so bemerkt der Benützer ohne weiteres Nachschlagen, daß dieser Text in der Handschrift zwar unter Reinmars Namen überliefert ist, zumindest aber von einem Teil der Forschung Walther zugesprochen wird.

Alle bisherigen Angaben gelten natürlich nur für die strophischen Texte der Handschrift B, also die Lieder sowie die didaktischen Strophengedichte des Winsbecken und der Winsbeckin. Für die am Schluß der Handschrift stehenden Paarreimgedichte, die teilweise nur ungenügend ediert sind, mußten wir eine davon abweichende Lösung finden, die hier jedoch nicht näher betrachtet werden soll – auch waren uns diese nichtlyrischen Texte insgesamt weniger wichtig.

d) Die Kontextwiedergabe stellte anfangs das größte Problem dar. Denn darüber, daß wir Kontext in irgendeiner Form beigeben wollten, waren wir uns einig - ein bloßer Index hätte angesichts der fehlenden Klassifizierung und Lemmatisierung eine untragbare Erschwerung der Benützbarkeit bedeutet. Nach längerer Diskussion und nach Erprobung verschiedener Möglichkeiten entschlossen wir uns, die durch die Reimpunkte der Handschrift markierten Verschiedenheiten als Kontexteinheiten zu verwenden - allerdings nicht durchgehend: in manchen Fällen, z.B. bei überlangen Texteinheiten zwischen zwei Reimpunkten der Handschrift sowie bei offenkundig falsch gesetzten Reimpunkten haben wir eigene Verstrennungen durchgeführt; diese geschahen zumeist nach dem Vorbild der Ausgabe, doch haben wir im Druckbild alle diese Abweichungen durch Zeichen markiert, so daß der Benützer sofort Bescheid weiß. Sofern der Platz es zuläßt, werden innerhalb einer Kontextzeile gleich zwei Reimpunkt-Einheiten der Handschrift abgedruckt. All dies ermöglicht es nach unserer Erfahrung - in den meisten Fällen (wenn natürlich auch nicht immer) - dem Benützer, mit Hilfe des jeweiligen Kontextes unklare Wortformen ohne Nachschlagen in den Transkriptionen zu bestimmen, Homographen zu trennen etc.

Auf Grund dieser Vorentscheidungen wurde der Text in maschinenlesbare Form gebracht und anschließend das gesamte Material alphabetisiert. Was bisher vorliegt, ist eine Probekonkordanz, die auf der Basis der noch nicht korrigierten und nicht verbesserten Einschreibung angefertigt wurde: wir wollten sehen, wie sich das Ergebnis in etwa optisch machen würde.

Ausdrücklich verweisen möchten wir darauf, daß das Rechenzentrum der University of Maryland durchaus die technischen Möglichkeiten besitzen würde, im Ausdruck zwischen Groß- und Kleinschreibung zu differenzieren, daß wir aber aus Gründen der besseren Lesbarkeit auf diese Möglichkeit - zumindest vorläufig - verzichtet haben. Dies führt nun zum nächsten Punkt, nämlich der Zugänglichmachung, also der Veröffentlichung der Konkordanz.

V

Auch bei der Veröffentlichung der Konkordanz zur Handschrift B legen wir wenig Wert auf elegante technische Lösungen, die in jedem Fall mit höheren Herstellungskosten erkauft werden müssen. Wir werden also unsere Ergebnisse ganz altmodisch und unoriginell in Form eines Photodruckes des üblichen Computer-Ausdruckes veröffentlichen - so wie schon bei der Wolkenstein- sowie der Mönch-Konkordanz. Wir meinen, daß es für den benützenden Philologen wichtiger ist, schnell und (relativ!) preiswert solche Hilfsmittel zu haben, als daß es ihm darauf ankommen wird, über eine gute Lesbarkeit hinaus auch »schöne« Bücher zu bekommen. Nach bisheriger Erfahrung werden wir speziell in diesem Punkt sicherlich noch einige Kritik zu hören bekommen, doch sehen wir dieser gefaßt entgegen. Wenn alles nach Plan verläuft, wird die korrigierte und verbesserte Druckvorlage der Konkordanz zu B in einigen Wochen vorliegen, so daß die Druckveröffentlichung - in Form von zwei Bänden - bis Ende 1977 gelingen sollte.

VI

Mittlerweilen haben wir begonnen, die vorliegende Transkription der Minnesang-Handschrift A nach den gleichen Prinzipien für eine EDV-Verarbeitung herzurichten. Mit dem Einschreiben soll im Sommer 1977 begonnen werden. Gegenüber Handschrift B ergab sich eine kleine Änderung: Da die von FRANZ PFEIFFER (1844) hergestellte Transkription von A - im Gegensatz zu derjenigen EHRISMANNS von B - die einzelnen Verse abweichend von der Handschrift absetzt, werden wir die Adresse der einzelnen Kontextzeilen leicht ändern müssen: Es wird zwar in Position 1-3 gleichfalls auf Blattzahl, Zuschreibung und Strophen-Nummer der Handschrift verwiesen, doch die 4. Position wird sich auf die Verszahl innerhalb der Transkription, nicht - wie bei B - auf die Zeilenzahl der Handschrift beziehen; eine Adresse wie:

01R REI 003 002

wird also bedeuten:

Handschrift A, Blatt 1r,
Werk des Reinmar,
Strophe 3,
Zeile 2 (innerhalb der PFEIFFERschen Transkription der Strophe).

Der Hinweis auf die Edition wird wie bei B durchgeführt, und auch in der Kenntlichmachung der Sonderzeichen der Handschrift wird sich nichts ändern. Die Kontextzeilen werden aus 1-3 Verseinheiten PFEIFFERS bestehen. Wir hoffen, diese Konkordanz 1979 vorlegen zu können.

VII

Wenn es nach dem ursprünglichen Plan gehen würde, müßten wir uns als nächstes an Handschrift C, also die Große Heidelberger »Manessische« Handschrift machen. Hier wird uns jedoch - angesichts der ungeheuren Materialfülle - etwas ängstlich zumute; denn: 1. ist die vorliegende Transkription von FRIDRICH PFAFF (1909) ausgesprochen unzuverlässig (und man wird abwarten müssen, inwieweit die seit längerer Zeit vom Winter-Verlag, Heidelberg, durchgeführte Revision für den angekündigten Nachdruck eine merkliche Verbesserung bringen wird); 2. ergibt eine bloße Überschlagsrechnung, daß eine Konkordanz zu C eine zweistellige Zahl von Einzelbänden umfassen würde. Dennoch besteht für mich an der Notwendigkeit, irgendwann auch diese wichtigste und umfangreichste Handschrift zur hochmittelalterlichen Lyrik vollständig zu erschließen, keinerlei Zweifel; unter Umständen wären die raum- und kostensparenden Microfiches der dann zu begehende Weg der

Veröffentlichung. Nach dem derzeitigen Stand unserer Pläne werden wir uns nach A und B als nächste die Neidhart-Handschrift R vornehmen (also C vorerst »umgehen«): Dies hängt mit unserem Plan zusammen, in Salzburg eine neue Neidhart-Ausgabe zu edieren. Eine erste Arbeitsstufe dieses Vorhabens besteht darin, die Neidhart-Handschriften durch Abbildungen und eventuelle Transkriptionen allgemein und umfassend zugänglich zu machen und die wichtigsten Überlieferungsträger durch Konkordanzen oder Indices zu erschließen. Überlegungen zu diesem Vorhaben haben wir auf der Babenberger-Tagung in Lilienfeld (September 1976) vorgetragen und zur Diskussion gestellt - sie können im demnächst erscheinenden Tagungsbericht nachgelesen werden.[4]

VIII

Dies wäre gewesen, was ich hier zum ursprünglichen Plan, zum derzeitigen Stand sowie zu den Zukunftsabsichten unseres Projektes »Verkonkordanzen zu Lyrikhandschriften« zu berichten hatte. Ich möchte ausdrücklich - und sicherlich auch im Namen meiner beiden Mitbearbeiter - betonen, wie sehr uns vielfältige Anregungen, Hinweise und Einwände bisher geholfen haben; besonders hervorheben möchte ich dabei die durch die Einladung durch Hugo Moser und Winfried Lenders ermöglichten Diskussionen auf dem letzten Mannheimer Symposion sowie die Jahrestagungen der von Roy Wisbey begründeten und geleiteten ALLC. Wir würden uns freuen, wenn diese kritische Anteilnahme hier ihre Fortsetzung finden würde! Am liebsten allerdings wäre es uns, wenn sich neue Arbeitsgruppen in dieser oder ähnlicher Weise an mittelalterliche Lyrikhandschriften machen würden und wenn dadurch die erschreckende Liste der noch zu bearbeitenden Codices zusammenschrumpfen würde.

Nachtrag (1979): Die angekündigte Konkordanz von B ist jetzt erschienen: Verskonkordanz zur Weingartner-Stuttgarter Liederhandschrift (Lyrik-Handschrift B). Aufgrund der revidierten Transkription von Otfrid Ehrismann hrsg. von George F. Jones, Hans-Dieter Mück, Heike Mück, Ulrich Müller und Franz Viktor Spechtler. 3 Bde. Göppingen 1978. (GAG 230/231). Die Drucklegung wurde durch das Bundesministerium für Wissenschaft und Forschung der Republik Österreich gefördert. - Die Konkordanz zu A liegt druckfertig vor und soll demnächst erscheinen.

---

[4] Jetzt erschienen unter dem Titel: Österreichische Literatur zur Zeit der Babenberger. Vorträge der Lilienfelder Tagung. Hrsg. von Alfred Ebenbauer, Fritz Peter Knapp, Ingrid Strasser. Wien 1977. (Wiener Arbeiten zur germanischen Altertumskunde und Philologie 10), dort S. 136-148.

Franz Viktor Spechtler

Verskonkordanzen zu spätmittelalterlicher Lyrik

Erfahrungen und methodische Konsequenzen

1

Als 1973 dieses Symposion zum zweiten Mal abgehalten wurde, konnte von einer Reihe in Arbeit befindlicher Projekte gesprochen werden. Die Vorhaben waren sehr verschiedenartig, nicht nur was die Textsorten anlangt, sondern auch was die Ziele der Bearbeitungen betrifft.[1] Jene Euphorie, die der sehr notwendigen maschinellen Verarbeitung von Texten älterer Sprachstufen allzuviel zumuten wollte, scheint verflogen zu sein. Das können zumindest zum Teil auch Vorträge dieser Tagung unterstreichen.

So gesehen soll ein sogenannter Erfahrungsbericht mehr sein als die Aufzählung des Erreichten und des nicht Erreichten. Er soll vielmehr zur Diskussion von Konsequenzen sowohl im methodischen Bereich, der Vorgangsweise, als auch in den Zielvorstellungen anregen, die ja eine jeweilige Methode bestimmen. Bei dieser »Gewissenserforschung« wird nicht alles angenehm sein - das hat ein Rückblick immer als Nachteil gegenüber nicht konkret überprüfbaren Zukunftsmodellen, deren Wert nicht bestritten sei. Der Rückkoppelung: Modell - konkrete Erfahrung haben wir uns heute zuzuwenden, um weiter vorwärts zu kommen zu können.

2

Erfahrungsbericht soll für meine folgenden Ausführungen auch bedeuten, daß konkret nur persönliche und damit immer beschränkt verallgemeinerungsfähige Feststellungen vorgebracht werden können. Und weiter, daß Erfahrungen besonders deutlich auf Grenzen und auf offene Fragen verweisen können, weil sie eben eine Kontrolle erlauben, die dann zu Verbesserungen Anlaß sein kann. Für mich persönlich umfaßt die konkrete Erfahrung alle jene Ergebnisse, die ich aus der Mitarbeit an der Wolkenstein-Konkordanz und vor allem aus der Bearbeitung der Mönch-von-Salzburg-Konkordanz gewonnen habe.[2]

[1] Vgl. die beiden Tagungsbände (im Druck).

[2] Verskonkordanz zu den Liedern Oswalds von Wolkenstein (Handschriften A und B). Hrsg. v. GEORGE F. JONES, HANS-DIETER MÜCK, ULRICH MÜLLER. 2 Bde. Göppingen 1973. (GAG

Dabei muß ich sofort anfügen, daß ich nicht am Computer gearbeitet habe - das besorgte George Fenwick Jones -, sondern mir die anderen Aufgaben des Philologen zufielen, nämlich einerseits den Text für die Maschine und andererseits das Manuskript für den Ausdruck vorzubereiten. Daß wir die ausgereifte Form der Kaufringer-Indices von PAUL SAPPLER nicht erreicht haben, lag sicherlich nicht nur an unseren maschinellen und finanziellen Möglichkeiten.[3] Im folgenden spreche ich im wesentlichen von der Mönch-Konkordanz.

3

Textgrundlage einerseits und Zielsetzung einer Konkordanz andererseits sind die beiden Problemkreise, die meines Erachtens schon vor der EDV-Bearbeitung analysiert werden müssen. Das führt in die Diskussion über das Textcorpus und über die Funktion der maschinell hergestellten Konkordanzen, Indices etc.

Grob gesprochen wünscht sie sich der Philologe zur Aufbereitung des Sprachmaterials für sprach- und literaturwissenschaftliche Untersuchungen. KURT GÄRTNER, ROY WISBEY, WERNER SCHRÖDER und viele andere haben darüber gehandelt, allein was die Altgermanistik betrifft. Daß sich andere Sparten dieser Möglichkeiten auch schon lange bedienen, wie etwa die Bibelwissenschaft oder die Altphilologie, muß ich hier nicht erwähnen.[4]

Für unseren Bereich zeigen sich auch bezüglich der Brauchbarkeit der verarbeiteten Texte etwa schon dort Grenzen, wo das Material zu graphematischen Untersuchungen dienen soll und dies die Untersuchung der Handschrift selbst voraussetzt. Da ist oft Quellenautopsie unerläßlich, obwohl das WILHELMsche Corpus ziemlich weit hilft, aber der Index zum ersten Band noch keineswegs befriedigen kann, wie KURT GÄRTNER erwähnt hat.[5]

Zunächst soll der Benutzer meines Erachtens auf Vollständigkeit des verarbeiteten Textmaterials vertrauen können, d.h. es scheint mir nur ein schwacher Ersatz zu sein, wenn statt der häufigsten Lemmata samt Textausschnitt nur Nummernlisten ausgedruckt werden (Konjunktionen, Artikel u.dgl.). Gerade etwa die Untersuchung von Gliedsätzen oder der Negation im Mittelhochdeutschen - um nur zwei Beispiele zu nennen - hängen von der Vollstän-

---

40/41); Verskonkordanz zu den geistlichen Liedern des Mönchs von Salzburg. Hrsg. v. GEORGE F. JONES, FRANZ VIKTOR SPECHTLER, ULRICH MÜLLER, unter Mitwirkung von HANS-DIETER MÜCK. Göppingen 1975. (GAG 173).

[3] Heinrich Kaufringer: Werke. Hrsg. von PAUL SAPPLER. Bd 2. Indices. Tübingen 1974.

[4] WERNER SCHRÖDER: Der Computer in der deutschen Philologie. In: Beitr. (Tübingen) 91 (1969) S. 386-396; KURT GÄRTNER und ROY WISBEY: Zur Bedeutung des Computers für die Edition altdeutscher Texte. In: Kritische Bewahrung. Fs. Werner Schröder. Berlin 1975. S. 344-356. Aus dem Bereich der Latinistik nenne ich nur ROBERTO BUSA: Index Thomisticus. Stuttgart 1974ff.

[5] Germanistik 16 (1975) Nr.3788, über ULRICH GOEBEL: Wortindex zum 1. Band des Corpus der altdeutschen Originalurkunden. Hildesheim und New York 1974.

digkeit und Zugänglichkeit solcher Informationen ab, und zwar oft mehr als seltenere Begriffe, die meist sowieso in den gängigen Wörterbüchern erfaßt sind, zumindest was die häufiger zitierten Texte anlangt.

4

Die Frage der sprachlichen Untersuchungen, aber auch der literarischen führt direkt zum zweiten Problembereich, der angeschnitten werden muß: zur Frage der Überlieferung und dem jeweils vorliegenden Herausgebertext.

Die Frage des Textcorpus nämlich ist bisher nicht immer so kritisch behandelt worden, wie es eigentlich wünschenswert gewesen wäre. Denn die Brauchbarkeit eines Index für weitere sprach- und literaturwissenschaftliche Aussagen steht und fällt nicht nur mit der Qualität der Bearbeitung, der jeweiligen Technik also, sondern auch mit der kritischen Überprüfung des Textcorpus selbst. Das scheint eine selbstverständliche Feststellung zu sein, ist es aber nach meiner Erfahrung keineswegs.

Daß diese Fragen nichts an Kompliziertheit zu wünschen übrig lassen, wissen die Bearbeiter neuerer Lexika, die nun wiederum normbildend für Sprachsysteme und sogar Subsysteme werden. Ein jüngstes Beispiel scheint mir das von L.F. LARA bearbeitete Mexican Spanish Dictionary zu sein, für das ca. tausend Texte aus Standard Mexican Spanish, Sub-standard Mexican Spanish und Non-standard Mexican Spanish ausgewählt wurden, und zwar nicht ohne Bedenken und nach vielen Überlegungen.[6]

Zurück zu den mittelhochdeutschen Texten. Ein großer Teil der uns heute vorliegenden Editionen mittelalterlicher deutscher Literatur ist nach einem Editionsprinzip erstellt, das in einer Reihe von Fällen das teilweise radikale Eingreifen des Herausgebers fordert, weil dies die Hypothese vom rekonstruierbaren Archetypus postuliert. Wie ich an anderer Stelle ausführen konnte, setzt die sogenannte LACHMANNsche Methode, die ich in diesem Kreis nicht näher erläutern muß, für die Texte folgendes voraus: 1. geschlossene Überlieferung und einen Archetypus, 2. »vertikalen Überlieferungsverlauf« (eine Vorlage für jede Abschrift), 3. daher Bestimmbarkeit der Handschriftenabhängigkeiten (Stemma) und 4. mittelalterliche Schreiber, die auf getreue Wiedergabe der Texte bedacht waren.[7]

[6] LUIS F. LARA: On Lexicographical Computing. Some Aspects of the Work for a Mexican Spanish Dictionary. In: ALLC-Bulletin 4 (1976) S. 97–104; FRANZ VIKTOR SPECHTLER: Textedition, Textkorpus, EDV. Zum Problem der philologischen Grundlagen für die linguistische Datenverarbeitung. Ebenda S. 95–96; Bericht über österreichische Vorhaben. Ebenda S. 60.

[7] FRANZ VIKTOR SPECHTLER: Überlieferung mittelalterlicher deutscher Literatur und kritischer Text. Ein Votum für das Leithandschriftenprinzip. In: Fs. Adalbert Schmidt. Stuttgart 1976. (Stuttgarter Arbeiten zur Germanistik 4). S. 221–233; leicht erweiterte Fassung meines IVG-Vortrags in Cambridge 1975: Mittelalterliche Überlieferung und kritischer Text. In: Akten des V. Internationalen Germanisten-Kongresses Cambridge 1975, Heft 2. Bern und Frankfurt 1976. S. 322–328 (jeweils mit reichen Literaturangaben). Zuletzt für eine besonders interessante Gattung JOHANNES JANOTA: Auf der Suche nach gattungsadäquaten Editionsformen bei der Herausgabe mittelalterlicher Spiele. In: Tiroler Volksschauspiel. Hrsg. von EGON KÜHEBACHER. Bozen 1976. S. 74–87.

Sebastiano Timpanaro, Magdalene Lutz-Hensel und andere haben diese Methode näher analysiert (wenn auch noch viel zu tun ist), Jürgen Kühnel hat sie ebenfalls in ihrem Ansatz beleuchtet, so daß gesagt werden kann, daß es zumindest ein Großteil der Überlieferung überhaupt nicht gestattet, diese Methode anzuwenden.[8] Und nicht nur die letzte Auflage des 'Helmbrecht' von Kurt Ruh scheint das Gesagte für die Editionspraxis zu bestätigen, die immer mehr auf die tatsächliche Überlieferungslage und deren belegbare, nachprüfbare Analyse zurückgreift und dem Judicium sowie dem Eingriff des Philologen wesentlich skeptischer gegenübersteht als noch vor einigen Jahrzehnten. Denn der Weg »Überlieferung - Herausgeber - kritischer Text« stellt sich uns in manchen Fällen so undurchsichtig dar, daß ein Neuansatz als die einzige Möglichkeit erscheint, ohne daß die großen Leistungen gerade des 19. Jahrhunderts, von denen wir noch immer zehren, herabgemindert werden sollen.

Was bedeutet das für die Erstellung von Indices, Konkordanzen, ja überhaupt für die maschinelle Textverarbeitung, deren Resultate, Outputs nämlich, dann dazu dienen sollen, Aussagen in sprach- und literaturwissenschaftlichen Untersuchungen mit dem Anspruch auf größere Repräsentativität machen zu können? Es bedeutet letztlich die Verarbeitung von unter bestimmten Thesen und unter jeweils anderen Voraussetzungen von Philologen bearbeiteten Texten. Der methodische Zirkel schließt sich dann, wenn solche Resultate eine Materialgrundlage für die Gewinnung sprach- und literaturwissenschaftlicher Erkenntnisse darstellen sollen, welche wiederum auf Entscheidungen der Herausgeber zurückwirken und auch auf die Bearbeiter von Wörterbüchern.

Die Lage wird ganz besonders problematisch, wenn sehr spät, etwa im 16. Jahrhundert überlieferte mittelhochdeutsche Texte in der Sprachform verarbeitet werden, die ihnen die Philologen in einem - wenn auch jeweils begründeten - Rekonstruktionsversuch gegeben haben. Das gilt zum Beispiel für die in der Ambraser Handschrift überlieferten Texte. Als besonders zu erwähnendes, äußerst problematisches Beispiel möchte ich den 'Moriz von Craûn' nennen, dessen Index nur der rekonstruierte Text und nicht der von den Herausgebern im Paralleldruck beigegebene Handschriftenabdruck zugrundegelegt wurde.[9] Zum mindesten hätte man erwarten dürfen - und das wäre eine zukunftsweisende Methode gewesen -, daß auch der Handschriftenabdruck, also das tatsächlich überlieferte Sprachmaterial verarbeitet würde. Analoges müßte auch für den 'Erec' Hartmanns von Aue gelten usw. Für Ulrich von Liechtenstein kann ich aus eigener Kenntnis der Lachmannschen Ausgabe sagen, daß ihre Verwendung äußerst bedenklich ist.[10]

[8] Jürgen Kühnel: Der »offene Text«. Beitrag zur Überlieferungsgeschichte volkssprachiger Texte des Mittelalters. In: Akten des V. Internationalen Germanisten-Kongresses Cambridge 1975, Heft 2. Bern und Frankfurt 1976. S. 311-321.

[9] Robert R. Anderson: Wortindex und Reimregister zum Moriz von Craûn. Amsterdam 1975. (Indices Verborum zum altdeutschen Schrifttum 2).

[10] Ulrich von Lichtenstein. Mit Anmerkungen von Theodor von Karajan hrsg. von Karl Lachmann. Berlin 1841. Die Indices von Klaus M. Schmidt beruhen offenbar auf diesem Text. Vgl.

Mit diesen wenigen Beispielen, die jederzeit vermehrbar sind, soll es hier sein Bewenden haben. Zwei Konsequenzen können aus diesem Erfahrungsbereich gezogen werden. Die eine hat ULRICH MÜLLER ausführlicher erläutert: Es handelt sich um die EDV-Verarbeitung der Handschriften selbst.[11]

Die andere Konsequenz bestünde in der Wahl eines Editionsprinzips, das verantwortlich die Möglichkeit gibt, den Rückschluß auf die Handschriftenüberlieferung ständig zu tun. Damit meine ich das für jeden Fall neu zu bestimmende, neu zu konkretisierende Leithandschriftenprinzip mit all seinen Variationsbreiten, seinem jeweiligen genau nachzuvollziehenden und damit kontrollierbaren Regelsystem, das eben die angedeutete Rückkoppelung erlaubt. Damit würde auch in Konkordanzen und Indices tatsächlich überliefertes Sprachmaterial geboten, dessen Benutzung den oben angeführten Zirkel doch weitestgehend unterbricht.

Dieser Vorschlag bedingt allerdings, daß dem Benutzer der Konkordanz die Ausgaberegeln bekannt sind und etwa die Eingriffe des Herausgebers, die im Druckbild der Ausgabe schon sichtbar sein müssen, auch in der Konkordanz erkennbar sind. Das muß schon beim Einschreiben des Textes berücksichtigt werden, wobei gerade hier die verschiedenen technischen Möglichkeiten gute Dienste tun können.

5

Für die Mönch-Konkordanz, die auf meiner kritischen Ausgabe beruht, haben wir folgendes festgelegt: Statt des scharfen *ß* erscheint doppeltes rundes *s* (weil der Computer das *ß* nicht aufweist); die Eingriffe des Herausgebers in den Text der Leithandschrift erscheinen in der Ausgabe kursiv, in der Konkordanz ist das entsprechende Wort durch ein Sternchen markiert (Sternchen vor dem Wort); die Ergänzungen im Text gegen die Leithandschrift bzw. Zusätze stehen in der Ausgabe in spitzen Klammern, in der Konkordanz in runden; Textauslassungen gegen die Leithandschrift in der Ausgabe in eckigen Klammern, die Konkordanz bringt drei Punkte auf der Zeile; runde Klammern im Ausgabentext (Satzzeichen als Lesehilfe) erscheinen als zwei Schrägstriche; die Crux der Ausgabe (für unverständliche Stellen) erscheint als Pluszeichen.[12]

Das Verweisverfahren bei dieser nicht voll lemmatisierten Konkordanz wurde einesteils durch die Strichverbindung zusammengehöriger Lemmata links

---

KLAUS M. SCHMIDT: Späthöfische Gesellschaftsstruktur und die Ideologie des Frauendienstes bei Ulrich von Lichtenstein. In: ZfdPh 94 (1975) S. 37–59 (s. Anm. 1, S. 37).

[11] Dazu das Referat von ULRICH MÜLLER in diesem Band; ferner: Zum Projekt einer Verskonkordanz der Minnesang-Handschrift B. In: ALLC-Bulletin 4 (1976) S. 131–134.

[12] Vgl. die Konkordanz oben Anm. 2; die Ausgabe: Die geistlichen Lieder des Mönchs von Salzburg. Hrsg. von FRANZ VIKTOR SPECHTLER. Berlin und New York 1972. (Quellen und Forschungen 175, NF 51).

vom Text gelöst, andererseits so wie in der Oswald-Konkordanz durch Verweise. Auch die Trennung der Homonyme und Homographen habe ich schon für das Einschreiben vorbereitet, wobei eine genaue Textkenntnis gute Dienste leistete. Die Pünktchen für die Umlaute habe ich vor dem Druck im Manuskript von Hand nachgetragen.

Eine für das Leithandschriftenprinzip noch diskutierbare Frage möchte ich gleich selbst anschneiden. Der Herausgeber wählt nach seinen philologischen Grundlagen die jeweilige Leithandschrift (in meinem Liedercorpus sind es mehrere Leithandschriften bei insgesamt 49 Liedern) aus. Das übrige Sprachmaterial der vernachlässigten Handschriften, das zum Teil in den Lesarten steht, ist durch die Konkordanzen nicht zugänglich. Es schiene mir nützlich, auch dieses Material zu verarbeiten. Unsere Basis für weitere Untersuchungen würde nur breiter, damit sicherer. Und wer möchte das nicht, wenn die Maschine dazu ihre guten Dienste leisten kann.

Hans Fix

Automatische Normalisierung - Vorarbeit zur Lemmatisierung eines diplomatischen altisländischen Textes

0. Einleitung und Zusammenfassung

Ein Verfahren der teilautomatischen Lemmatisierung und Normalisierung eines diplomatischen altisländischen Textes soll hier vorgestellt werden. Ziel ist, mit möglichst geringem manuellem Aufwand möglichst viele Varianten zu erfassen.

1. Teilprojekt F1 des Sonderforschungsbereichs 100: »Wörterbuch zu altisländischen Rechtstexten«

In diesem Vorspann möchte ich das nordistische Teilprojekt des SFB 100 vorstellen und seine Zielsetzung kurz umschreiben. Gegenüber den übrigen Teilprojekten des SFB 100, die sich mit Gegenwartssprache befassen, ist das nordistische philologisch orientiert; eines der Ziele ist die Erstellung eines Wörterbuchs zu den altisländischen Rechtstexten:[1] Grágás (Konungsbók, Staðarhólsbók, Stykker), Járnsíða, Jónsbók. Diese Texte sind sprachwissenschaftlich kaum bearbeitet; ein Glossar zu Grágás ist fast 100 Jahre alt, es enthält lediglich den »Rechtswortschatz«.

Die Arbeiten am »Wörterbuch zu altisländischen Rechtstexten« wurde 1974 mit der Datenaufnahme von Grágás Konungsbók begonnen. Textgrundlage ist eine diplomatische Edition aus den Jahren 1850-1852, die für ihre Zeit vorbildlich war und auch heute noch als sehr gut gilt: unveränderte Nachdrucke Reykjavík 1945 und Odense 1974. Dieser Text liegt maschinenlesbar vor, ebenso ein KWIC-Index.

---

[1] Grágás: Grágás. Islændernes Lovbog i Fristatens Tid, udg. efter det kongelige Bibliotheks Haandskrift og oversat av VILHJÁLMUR FINSEN. 2 Teile. Kopenhagen 1852; Grágás efter det Arnamagnæanske Haandskrift No. 334 fol. Staðarhólsbók. Kopenhagen 1879; Grágás. Stykker, som findes i det Arnamagnæanske Haandskrift No. 351 fol., Skálholtsbók og en Række andre Haandskrifter. Kopenhagen 1883.
Járnsíða: Transliteration aus der Handschrift AM 334 fol.
Jónsbók: Jónsbók Kong Magnus Hakonssons Lovbog for Island. Udg. af ÓLAFUR HALLDÓRSSON. Nachdr. Odense 1970.

2. Lemmatisierung

Über die Verwendbarkeit von KWIC-Indices braucht hier nicht gesprochen zu werden; befriedigend für den Benutzer und auch im Hinblick auf das zu erstellende Wörterbuch ist nur ein lemmatisierter Index, insbesondere wenn der Referenztext nicht normalisiert ist. Damit sei nicht behauptet, daß eine alphabetische Wortliste, die allen Graphien eines diplomatischen Textes Rechnung trägt, völlig unbrauchbar ist.

Die automatische Lemmatisierung des Textes ist wegen der fehlenden Voraussetzung einer maschinenoperablen Grammatik, eines Maschinenwörterbuchs nicht möglich. Dennoch scheint einen wirkungsvollen Maschineneinsatz der Weg über die Textnormalisierung zu gestatten bzw. ein Verfahren, das Normalisierung und Lemmatisierung kombiniert.

Der Plan zur maschinenunterstützten Lemmatisierung basiert auf der Annahme, daß ein fachsprachlicher Text - sprich Rechtstext, trotz der Kasuistik des altgermanischen Rechts - einen beschränkten Wortschatz hat, daß bei der grammatischen Bearbeitung eines geringen Textteiles ein Großteil des Wortschatzes bearbeitet werden kann. Diese Grundannahme gilt beim vorliegenden Text allerdings nur eingeschränkt, bedingt sowohl durch die graphische Varianz der beiden Schreiberhände, als auch durch Inkonsistenz innerhalb derselben Hand. Es liegt also nahe, die Vielzahl der Varianten durch Normalisierung zu verringern, um erst dann mit der Lemmatisierung, der Zuordnung von normalisierten Grundformen zu nicht normalisierten Formen des Textes, einzusetzen.

Der normalisierte Lemmaansatz sollte auch »im Index leichter zu ertragen sein als in einer Textausgabe«;[2] die praktische Notwendigkeit eines normalisierten Ansatzes kann mit Recht kaum bestritten werden.

3. Normalisierung

Unter Normalisierung soll die Reduktion von graphischen Varianten, wie sie in diplomatischen Texten vorkommen, im Hinblick auf die zu Grunde zu legenden Normalformen verstanden werden. Es bestehen zwei grundsätzliche Möglichkeiten der Normalisierung eines altisländischen Textes:

1. Nach textinternen Kriterien, d.h. nach der »Orthographie« des jeweiligen Schreibers oder, falls vertretbar, nach der der Handschrift auf mehrheitsstatistischer oder distributioneller Grundlage. Ein solcher Text könnte sich einem graphemischen Text zum Beispiel nähern oder ihm gleichkommen.

2. Nach der »Normalorthographie« der Grammatiken und/oder Wörterbücher, indem die nicht normalisierten Wortformen einfach dem Lemma des Wörterbuchs zugeordnet werden.

[2] Paul Sappler: Heinrich Kaufringer, Werke. Bd 2. Indices. Tübingen 1974, S. XII.

Wir wählen für unsere Normalisierung die zweite Möglichkeit nicht nur aus praktischen Gründen:

Erstens wird die Konungsbók auf 1260–1280 datiert, also in den Zeitraum, den die Orthographie der Wörterbücher widerspiegelt. Dabei ist allerdings einzuräumen, daß sprachlich ältere Formen in der Konungsbók durchaus nicht selten sind, zumindest in der zweiten Hand. Dialektunterschiede spielen für das Altisländische kaum eine Rolle.

Zweitens ist die Kompatibilität der einzelnen Texte unerläßlich, wenn ein Wörterbuch zu allen altisländischen Rechtstexten erstellt werden soll: es ist notwendig, die diplomatischen Grágástexte mit der normalisierten Jónsbók und der noch zu transliterierenden Járnsíða auf einer gemeinsamen Ebene zusammenzubringen, nämlich der normalisierten, um sie dann gemeinsam verarbeiten zu können.[3] Die graphischen Varianten müssen natürlich jederzeit zurückzugewinnen sein.

4. Beschreibung des Verfahrens

Im folgenden soll die Konzeption des Normalisierungs-Lemmatisierungs-Verfahrens dargestellt werden.[4]

Der Text der Konungsbók liegt in Form eines nach dem altisländischen Alphabet geordneten KWIC-Index vor, mit der Zeichenfolge: *a - d ð e - v x - z þ æ œ ø ö;* dazu kommen an Varianten: Majuskeln, Kapitälchen, Initialen der Typen 1-3, hochgestellte Minuskeln, Majuskeln und Minuskeln mit Akut, hochgestellte Minuskeln mit Akut, alle recte und kursiv.

Diese detaillierte Sortierung wird dadurch ermöglicht, daß jedem Zeichen eindeutig eine bestimmte 12 bit lange Zahl zugeordnet wird, beginnend bei 64 (hexadezimal 40) = Majuskel *A* bis 1040 (hexadezimal 410) = Minuskel *ö*. Diese werden dann aufsteigend sortiert, einmal alphabetisch nach den ersten 7 bit, das zweite Mal nach Varianten nach den zweiten 5 bit; so erscheinen alle Varianten (16 Möglichkeiten pro Zeichen) hinter ihren Grundzeichen.

Das Normalisierungs-Lemmatisierungs-Verfahren ist in 9 Schritte unterteilt, die verschiedene Reduktionsstufen darstellen auf dem Weg vom alphabetischen Verzeichnis der tokens des Index hin zum alphabetischen Verzeichnis normalisierter Lemmanamen.[5] Die Varianten, die bei jedem Schritt verloren gehen, werden jeweils in Variantentabellen eingetragen, so daß von jeder Stufe aus die Rückgewinnung der tokens des Index möglich bleibt; alle Variantentabellen zusammen bilden ein Variantenwörterbuch (VWB), indem jede

---

[3] Darüberhinaus können normalisierte Texte auch einen gewissen eigenen Wert beanspruchen.

[4] Es werden die Aufgaben verschiedener Moduln des Programmpakets EGILL (Electronically Generated Icelandic Lexica) beschrieben.

[5] Vgl. Flußdiagramm (Abb. 1 am Ende des Beitrags) und Normalisierungs-Lemmatisierungs-Ergebnis am Beispiel *maðr* (Abb. 2).

Tabelle auf die vorhergehende verweist. Die Erstellung des VWBs bedeutet also eine Art Umkehrvorgang zur Formenreduktion durch das Normalisierungs-Lemmatisierungs-Verfahren.

0. Schritt: Vom durchnumerierten Wortformenkatalog des Index (ca. 128.000 tokens) ausgehend wird für den ersten Normalisierungsschritt ein Katalog der types (ca. 12.000) erstellt und durchnumeriert. In der dabei erzeugten Variantentabelle werden die Wortnummern der identischen tokens dem betreffenden type zugeordnet.

1. Schritt: Im ersten Normalisierungsschritt werden folgende Änderungen durchgeführt:

1. kursiv → recte,
2. Akut → 0, da der Akut in diesem Text nicht nur Längen bezeichnet und außerdem nur sporadisch vorkommt,
3. Initialen → Minuskeln.

Dabei werden die types des vorausgegangenen Schrittes als tokens betrachtet. Nach erfolgter Normalisierung wird wiederum ein Katalog der types (ca. 9.000) erstellt und durchnumeriert. Die Wortnummern der identischen tokens werden dem betreffenden type in der neu erzeugten Tabelle zugeordnet.

2. Schritt: Zu weiterer Formenreduktion führt der zweite Normalisierungsschritt durch folgende Änderungen:

1. *c* → *k*, *q* → *k* außer in 'usque'
2. *þ* (F) → *ð*, *ð* (I) → *þ*
3. Kapitälchen außer *G N R S* (M F) → Minuskeln, diese zu geminierten Minuskeln. (F = final, I = initial, M = medial)

Wie im vorausgegangenen Schritt werden nach der Normalisierung die types neu gebildet, die tokens über ihre Wortnummer in einer Tabelle erfaßt.

3. Schritt: Als Lemmatisierungsgrundlage war der Aufbau eines Arbeitswörterbuchs (AWB) notwendig. Es erschien wenig sinnvoll, dazu eines der vorliegenden Wörterbücher zu verwenden, da der Wortschatz der Konungsbók als relativ beschränkt angesehen wird, s.o. Deshalb wurde aus drei ad libitum ausgewählten Dateien fortlaufenden Grágástextes ein Arbeitswörterbuch aufgebaut (910 types). Den Einträgen ist als Lemmaname der entsprechende Eintrag aus dem Wörterbuch von HEGGSTAD/HØDNEBØ/SIMENSEN[6] zugeordnet; dazu kommen grammatische Angaben wie Kasus, Genus, Person, Tempus, bestimmt, insbesondere aber Markierungen semantisch eindeutig und paradigmatisch mehrdeutig. Die graphische Form der Einträge entspricht der ersten Stufe der Normalisierung. Es folgt die alphabetische Sortierung und eine Normalisierung wie im 2. Schritt beschrieben, so daß beide Texte: Arbeitswörterbuch und bearbeiteter Index alphabetisch sortiert in identischer Maschinendarstellung vorliegen.

---

[6] Norrøn Ordbok. Oslo 1975.

4. Schritt: Das mit normalisierten Lemmaansätzen versehene AWB wird auf den Index angewendet. Beim maschinellen Vergleich entstehen drei Dateien:

1. semantisch eindeutige Wortformen
2. semantisch mehrdeutige Wortformen (Homographen)
3. nicht erkannte Wortformen

Paradigmatische Mehrdeutigkeit bleibt bei diesem Zuordnungsvorgang außer Betracht. Beim Vergleich werden den eindeutigen Wortformen alle Angaben aus dem Arbeitswörterbuch zugeordnet.

Die Weiterarbeit ist zunächst nur mit den semantisch eindeutigen Wortformen möglich; sie bilden den Grundstock für die lemmatisierte Konkordanz. Über die semantisch mehrdeutigen (Homographen) ist zu sagen, daß sie entweder vom Bearbeiter manuell oder teilautomatisch, z.B. durch gezielte Syntaxabfragen, disambiguiert werden müssen.

5. Schritt: Normalisierte Flexionsformen lassen sich durch entsprechende Regeln automatisch aus dem Arbeitswörterbucheintrag auf dem Hintergrund des Lemmanamens und der grammatischen Angaben erzeugen. Lemmaname und normalisierte Wortform gehen zugleich in das Arbeitswörterbuch ein als Erweiterung; die Wortform als semantisch eindeutig, der Lemmaname als semantisch mehrdeutig, wenn er nicht als eindeutig im AWB eingetragen ist. Sie stehen zur Bearbeitung der nicht erkannten Wortformen dieses Textes zur Verfügung, das gesamte AWB auch zur Bearbeitung anderer Texte.

Regeln zur Erzeugung normalisierter Wortformen:

1. Der Akut wird aus dem Lemmanamen in die flektierte Form übertragen, wenn der Basisvokal identisch ist, dabei wird *v* → *u*
2. *om* (F) → *um* / SUB D
e (F) → *i* / SUB D
3. *z* (F) → *s* / SUB
z (F) → *st* / VRB
4. *ð ꝥ* (M) werden nach dem Lemmanamen ausgerichtet, ebenso *u* und *v*
5. *v* (F) → *u*, außer / NUM
6. *i* → *j* / _V
u → *v* / _V

(SUB = Substantiv, VRB = Verb, NUM = Numerale, D = Dativ, V = Vokal)

6. Schritt: Bei den semantisch eindeutigen Wortformen geht die Weiterverarbeitung jetzt von den Lemmaansätzen aus. Die Lemmaansätze werden als tokens betrachtet, alphabetisiert und durchnumeriert: identische Lemmanamen stehen somit hintereinander. Eine Variantentabelle ordnet die tokens einem neuen formal gleichen type zu, dem endgültigen Lemmaansatz.

7. Schritt: Das Ergebnis des 6. Schrittes läßt sich zu einer lemmatisierten Konkordanz der semantisch eindeutigen Wortformen unter normalisiertem Lemmaansatz expandieren. Die bei den verschiedenen Schritten erstellten

Variantentabellen werden dazu aufeinander projiziert, die letzte jeweils auf die vorausgehende Ebene, so daß zum Schluß unter

maðr SUB M

alle zugehörigen Wortformen in der Orthographie des ursprünglichen KWIC-Index angesetzt werden können, geordnet z.B. nach grammatischen Kriterien (Kasus, bestimmt, mit suffigiertem Artikel etc.).

8. Schritt: Iterative Erweiterung des Arbeitswörterbuches. Die beim ersten Zuordnungsversuch des AWB zum bearbeiteten Index nicht erkannten Wortformen (Datei 3) werden mit der bei der Normalisierung gewonnenen Wörterbucherweiterung verglichen. Dabei entstehen wiederum drei Dateien: semantisch eindeutiger, semantisch mehrdeutiger und nicht erkannter Wortformen. Sie werden analog weiterbearbeitet.

Es ist auch daran gedacht, durch Wörterbucherweiterung mit einer vierten ad libitum gewählten Datei fortlaufenden Grágástextes die Effizienz dieses AWB-Verfahrens zu prüfen.

5. Ausblick: Lemmatisierter Index zur Grágás Konungsbók

In einem vom obigen Normalisierungs-Lemmatisierungs-Verfahren getrennten Vorgang wurden alle auf der Basis des ersten Normalisierungsschrittes nur einmal belegten Wortformen (ca. 3.500) manuell lemmatisiert. Diese sind zumindest für den gegebenen Text semantisch eindeutig und bilden zusammen mit dem Ergebnis des 7. Schrittes einen lemmatisierten Teilindex, dem alle semantisch mehrdeutigen Belege fehlen und diejenigen eindeutigen, die im Arbeitswörterbuch nicht erfaßt waren. Alle noch nicht bearbeiteten Belege (ca. 4.500) müssen wohl manuell lemmatisiert werden und klassifiziert in semantisch eindeutige und Homographen. Danach läßt sich leicht der lemmatisierte Index für alle eindeutigen Belege erstellen. Die Homographen müssen jedoch in einem eigenen Verfahren disambiguiert und dann dem Index zugeführt werden.

Abb. 1

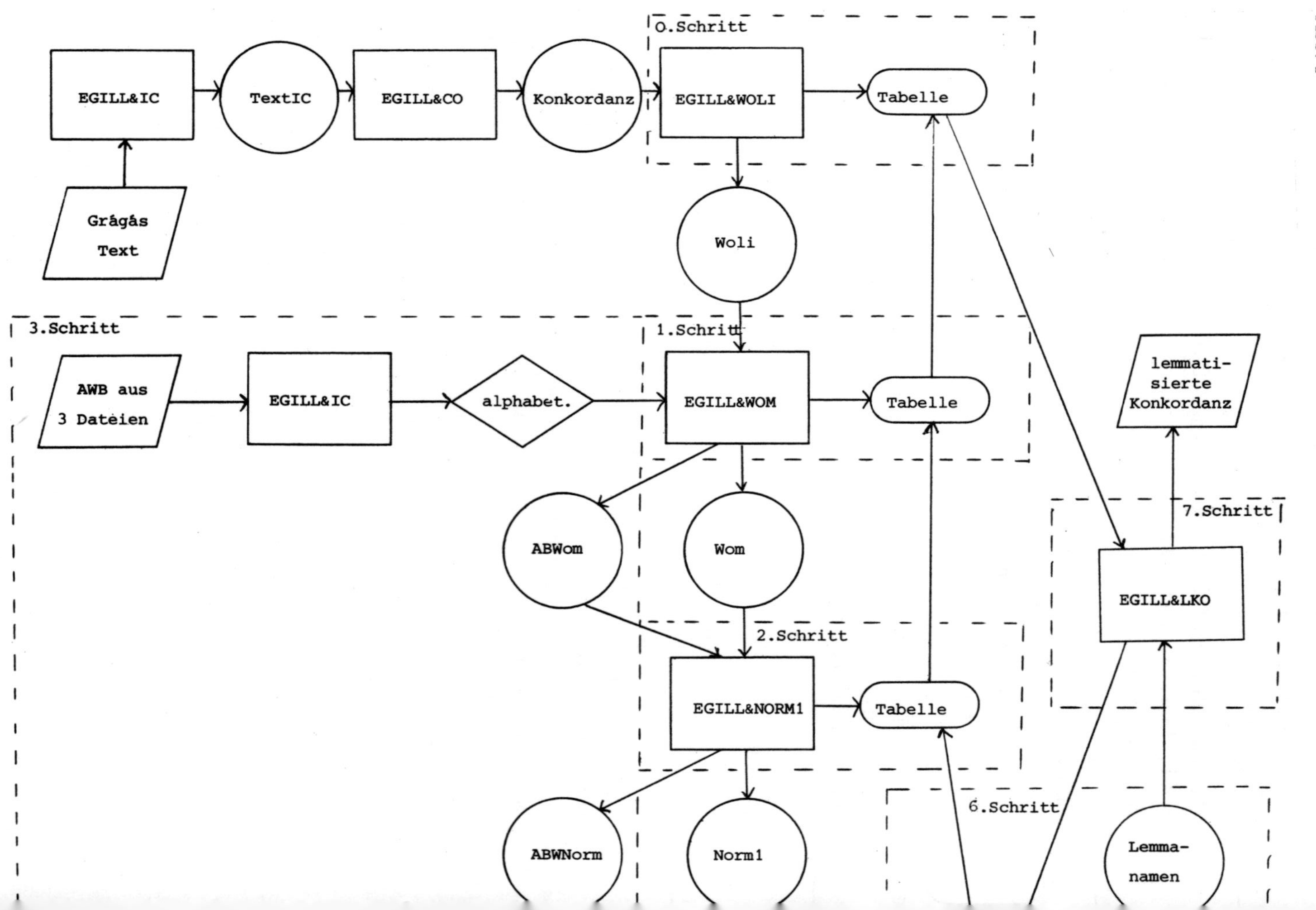
0.Schritt
EGILL&IC
TextIC
EGILL&CO
Konkordanz
EGILL&WOLI
Tabelle
Grágás
Text
Woli
3.Schritt
1.Schritt
AWB aus
3 Dateien
EGILL&IC
alphabet.
EGILL&WOM
Tabelle
lemmati-
sierte
Konkordanz
ABWom
Wom
7.Schritt
EGILL&LKO
2.Schritt
EGILL&NORM1
Tabelle
6.Schritt
ABWNorm
Norm1
Lemma-
namen

Abb. 1 (Frts.)

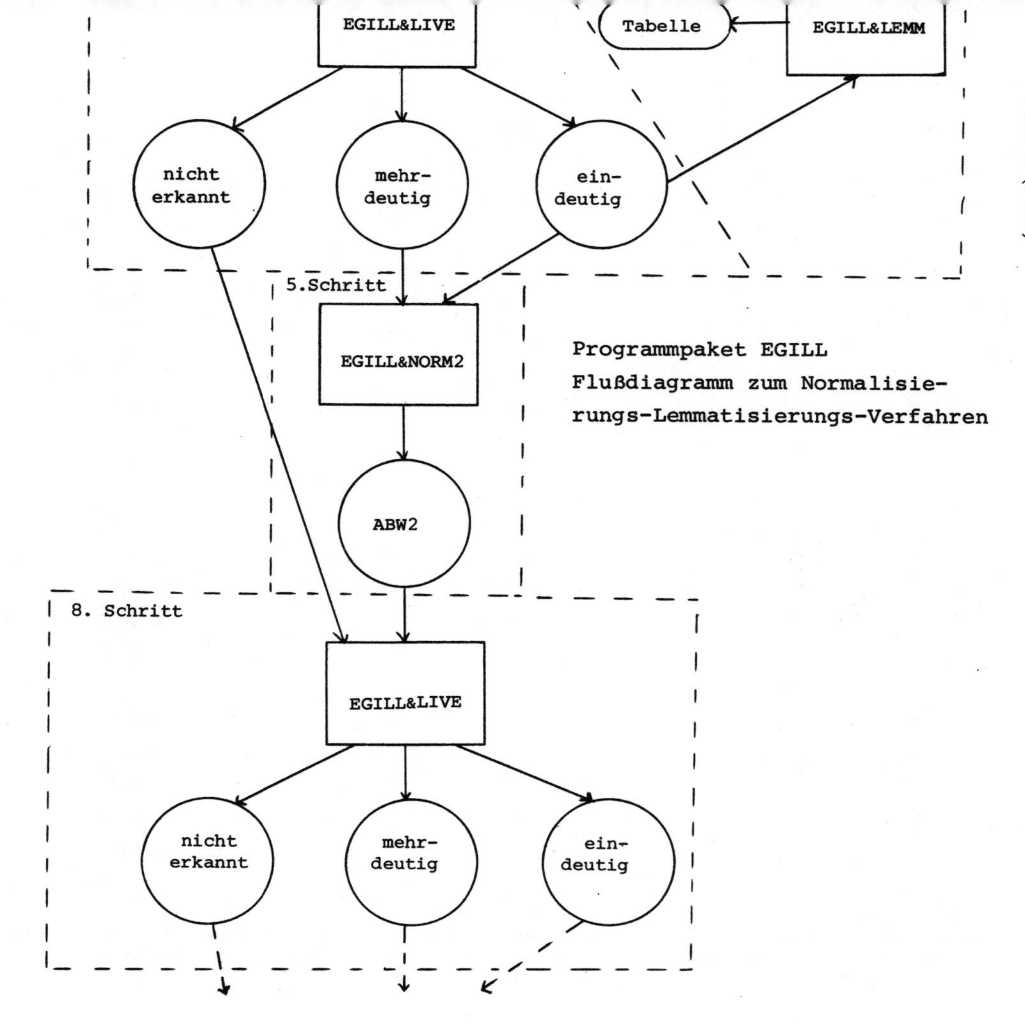
EGILL&LIVE
Tabelle
EGILL&LEMM
nicht
erkannt
mehr-
deutig
ein-
deutig
5.Schritt
EGILL&NORM2
Programmpaket EGILL
Flußdiagramm zum Normalisierungs-Lemmatisierungs-Verfahren
ABW2
8. Schritt
EGILL&LIVE
nicht
erkannt
mehr-
deutig
ein-
deutig

Abb. 2

Schritte des Verfahrens	0.Schritt	1.Schritt	2.Schritt	4.Schritt	6.Schritt	7.Schritt
	1Maðr	maðr		<maðr>	<maðr>	*maðr* **SUB M**
	2Maðr	maðr				
	3Maðr	maðr				
	Maðr	maðr				
	2M**A**ðr	m**A**ðr	maðr			
	maðr	maðr				
	m*að*r	maðr				
	maðr					
	m*aðr*	maðr				
	maðriN	maðriN	maðrinn	<maðr>		
	m*að*reN	maðreN	maðrenn	<maðr>		
	m*að*riN	maðriN	maðrinn			
	mað*r*iN	maðriN	maðrinn			
	⋮					
	3Maþr	maþr		<maðr>		
	maþ*r*	maþr				
	maþ*r*iN	maþriN	maþrinn	<maðr>		
	Maþr	maþr				
	m*aþ*r	maþr				
	maþr					

Klaus M. Schmidt

Errungenschaften, Holzwege und Zukunftsmusik auf dem Gebiet der inhaltlichen Textanalyse mit Hilfe des Elektronenrechners

Mit einem Kurzbericht über die Fortschritte an Begriffsglossaren und einem Begriffswörterbuch mittelhochdeutscher Epik

I. Die elektronische Textanalyse im Blickfeld der allgemeinen Literaturwissenschaft

Meine Kollegen mögen mir verzeihen, wenn ich zunächst einmal einige sehr allgemeine Probleme unserer Forschungsrichtung anschneide. Sicher werden dabei ein paar offene Türen eingerannt, aber ich bin der Ansicht, daß solche grundsätzlichen Fragen im Mittelpunkt unserer Diskussion stehen sollten, bevor wir uns den Einzelproblemen hingeben.

Wer sein spezielles Interesse dem Gebiet der inhaltlichen Analyse zuwendet, ist wohl besonders häufig den skeptischen Blicken der Fachkollegen ausgesetzt, denn das Schwergewicht in der Literaturwissenschaft liegt nach wie vor auf dem Gebiet der gehaltlich-inhaltlichen Analyse, was sich wohl kaum ändern wird. Linguistische, stilistische, metrische und textkritische Analysen liegen ihrer Natur nach einer mathematisch-quantitativen Erfassung viel näher, weswegen es auf diesen Gebieten wesentlich einfacher sein dürfte, die Anwendung der elektronischen Datenverarbeitung sinnvoll zu motivieren. Deshalb konzentriert sich seit Jahren die Masse der mechanischen Textverarbeitungen auf diesen Gebieten. Und doch hört man selbst hier noch genügend Kollegen, die das alte Klagelied anstimmen, daß es außerordentlich schwerfalle, die Anerkennung der Fachkollegen für die Anwendung von Elektronenrechnern als Hilfsmittel zu gewinnen, daß es zu schwierig sei, die Ergebnisse dieser Arbeiten zu publizieren und daß die wenigen publizierten Arbeiten keinen Absatz fänden. Ein bedauerliches Ergebnis dieser seit rund zehn Jahren herrschenden Situation ist die Tatsache, daß heute die Publikationen, die sich mit dem Herstellungsprozeß befassen, die Publikationen der durch Computer hergestellten, eigentlichen Ergebnisse und Hilfsmittel bei weitem überwiegen.

Wir würden es uns gefährlich einfach machen, wollten wir die Indifferenz der Fachkollegen hochmütig entweder als Eingeständnis ihrer Rückständigkeit oder ihrer unbegründeten Angst davor, daß einmal Maschinen ihre Funktion übernehmen könnten, interpretieren. Es ist keine angsterfüllte Ablehnung, die uns zumeist begegnet, sondern gelangweilte Gleichgültigkeit, die sich in der Phrase »na und?« manifestiert. Geben wir es ruhig zu, wir sind zwar eine Weile auf der Welle einer neuen und Aufsehen erregenden Technologie mitgeschwommen, aber zu wirklich Aufsehen erregenden Ergebnissen haben wir es dabei noch nicht gebracht. Jedoch haben wir vielleicht unbewußt Erwartungen geschürt, die wir niemals erfüllen können. Wie sonst könnte z.B. STEPHEN BOOTH[1] (1974) in seiner Besprechung in der 'New York Review of Books' die Computer-Konkordanz zu Shakespeare von MARVIN SPEVACK und G. BLAKEMORE EVANS als »expensive toy« abtun?

Deshalb sollte sich unsere Öffentlichkeitsarbeit darauf konzentrieren, immer wieder herauszustellen, daß nicht etwa spektakuläre Erkenntnisse vom Elektronenrechner zu erwarten sind, sondern einfache, praktische, statistisch genaue Hilfsmittel für den mit bestimmten analytischen Methoden und Vorstellungen an ein Werk herantretenden Literaturwissenschaftler. Wenn allerdings, wie STEPHEN BOOTH weiter an der Shakespeare-Konkordanz moniert, die Einführungen zu diesen Hilfsmitteln komplizierter formuliert sind als die Gebrauchsanweisungen für einen Modellbausatz, dann ist der Zweck bereits im Ansatz verfehlt. Eine weitere bedauerliche Tatsache in diesem Zusammenhang ist darin zu sehen, daß die Zahl der Arbeiten, die solche von Computern hergestellte Hilfsmittel zur Textanalyse verwenden, noch erschreckend gering ist. Bis auf ein paar wenige rühmliche Ausnahmen handelt es sich dabei um unpublizierte Dissertationen. Die Mehrzahl dieser Arbeiten konzentriert sich wiederum auf den Gebieten der Stilistik, Metrik und Textkritik (vgl. Abschnitt 1 der dem Beitrag folgenden Bibliographie).

Wenn wir nicht Gefahr laufen wollen, von der Fachwelt zu einer Pseudo-Spezialwissenschaft abgestempelt zu werden, dürfen wir uns in Zukunft nicht mehr darauf beschränken, auf unsere durch EDV hergestellten Ergebnisse zur gefälligen Benützung zu verweisen, sondern wir müssen versuchen, mit soliden Publikationen, die solche Hilfsmittel verwenden, selbst den Weg zu zeigen. Die Arbeiten von SIMON (1971) und DUGGAN (1973) auf dem Gebiet der Textkritik bzw. der Stilistik wären dafür als beispielhaft hervorzuheben. Auch wird unseren Bestrebungen keinesfalls weitergeholfen, wenn bei Konferenzen in weit angelegtem Rahmen die allgemeine Fachwelt sich von einem kleinen Kreis von Computerexperten vor den Kopf gestoßen fühlt, weil zumeist wenig spektakuläre Ergebnisse hinter komplizierter Fachterminologie aus der EDV oder Statistik verborgen werden, denn für die Allgemeinheit ist nicht der Herstellungsprozeß interessant, sondern es zählen einzig und allein die Ergebnisse. Gerade diese Ergebnisse aber bleiben dann oft unzugänglich, solange keine schnelleren und billigeren Verbreitungsmöglichkeiten als traditionelle Druckverfahren gefunden werden. Ich denke dabei vor allem an eine Verbreitung

[1] Shakespeare Concordance. In: New York Review of Books 20 (Dec. 1974) S. 47.

unserer Hilfsmittel auf Mikrofiche-Karten oder Mikrofilm oder an den Versand von Computerausdrucken selbst.

Sicherlich dürfen wir auch nicht hoffen, daß unserem Arbeitsbereich dadurch zum Durchbruch verholfen werden kann, daß in Zukunft das Erlernen einer Programmiersprache in das Curriculum des literaturwissenschaftlichen Grundstudiums aufgenommen werden könnte, wie es WIDMANN[2] 1975 vorschlägt. Es wäre eine abstruse Vorstellung, daß etwa zukünftige Mediävisten zwar kein Althochdeutsch, Gotisch oder Latein mehr zu lernen hätten, dafür aber eine Programmiersprache. Zumindest für den Literaturwissenschaftler würde das Erlernen von Programmierfertigkeiten eine unnötige Verzettelung seiner Kräfte bedeuten. Selbstverständlich ist die Verfeinerung der Hilfsmittel abhängig von einer entsprechend verfeinerten Programmiertechnik, das sollte jedoch den Experten überlassen werden. Ein gutes Teamwork zwischen Programmierer und Literaturwissenschaftler wird immer die beste Lösung bleiben. Voraussetzung dazu ist aber auch eine bessere Würdigung der Verdienste des Programmierers in wissenschaftlichen Publikationen. Außerdem stände bereits heute schon mehr als genügend Software für die Textanalyse zur Verfügung, wenn die Frage des Copyrights auf diesem Gebiet zufriedenstellend beantwortet wäre. Es ist jedoch zu hoffen, daß dieses Problem in nicht allzu ferner Zukunft gelöst wird. Wir sollten also nicht von den Literaturwissenschaftlern verlangen, daß sie in der Lage sind, ihre modernen Hilfsmittel von Anfang an selbst zu produzieren, wie wir ja auch nicht von einem Lehrer etwa erwarten, daß er sich seine audio-visuellen Unterrichtshilfen selbst zusammenbastelt. Ein Einführungskurs für zukünftige Literaturwissenschaftler und Philologen sollte deshalb nur die folgenden Elemente enthalten:

1. Ein Überblick und eine Einführung in die Anwendungsmöglichkeiten durch EDV hergestellter Hilfsmittel.
2. Eine allgemeine Einführung in die Grundprinzipien der Literatur- und Sprachstatistik.
3. Eine Einführung in die Funktionen und Arbeitsmöglichkeiten des Computers sowie in die Grundprinzipien der Computerkontrollsprache und der Datenvorbereitung.

Leider sind wir aber noch weit entfernt, die Fachwelt davon zu überzeugen, daß der Elektronenrechner für das Gebiet der Literaturwissenschaft kein kompliziertes, teures Spielzeug, sondern ein nützliches und notwendiges Hilfsmittel ist.

---

[2] R.L. WIDMANN: Trends in Computer Applications to Literature. In: CHum 9 (1975) S. 231–235.

II. Überblick über die Anwendung des Computers auf dem Gebiet der inhaltlichen Analyse

Selbstverständlich wird der Computer niemals in der Lage sein, komplette literarische Analysen zu erstellen, aber durch entsprechende statistische Zusammenstellung des Wortmaterials eines Textes oder eines Corpus von Texten kann es dem Literaturwissenschaftler ermöglicht werden, rasch und vollständig bestimmten Wortfeldern, Begriffs- und Themenbereichen bei einem Werk oder Autor nachzuspüren.

Es gibt auf diesem Gebiet zwei methodisch grundsätzlich verschiedene Annäherungswege. Der eine soll frei von herangetragenen Begriffssystemen zu einer Analyse der 'natürlichen' Zusammenhänge des Wortmaterials führen, auf dem anderen Weg wird das sprachliche Material mit Hilfe eines gegebenen Ordnungssystems gesichtet.

Der erste Weg wurde vor einigen Jahren zunächst von der Verhaltenspsychologie und der Psycholinguistik her eingeschlagen und später von der Literaturwissenschaft aufgegriffen (vgl. Abschnitt 2 der Bibliographie). Auf der Basis der Erscheinungen von sprachlicher 'co-occurrence' oder 'collocation' gelangt man dabei zu einer statistischen Erhebung generativer, assoziativer semantischer Wortfelder. 'Co-occurrence' ist nach HILDUM (1963) als relativ zu einer zufälligen Verteilung, basierend auf der relativen Frequenz im Text definiert, und Assoziation ist demnach die Tendenz zweier Formen, gemeinsam aufzutreten (co-occur). Als 'significant collocation' wird von BERRY-ROGGHE (1973) ein Wortzusammenhang definiert, wenn der Wahrscheinlichkeitsgrad des Auftretens einer Form *x* in Verbindung mit den Formen *a*, *b*, *c*, ... größer ist als bei reiner Zufälligkeit. Auf der Basis solcher Kategorien lassen sich dann bei einzelnen Texten oder Gruppen von Texten für bestimmte assoziationsträchtige Wörter Matrizen und Distributionsfelder herstellen, die für einen einzelnen Sprecher, ein einzelnes Werk oder einen einzelnen Autor signifikant sind, d.h. die Distributionsfelder für die gleichen Wörter können sich bei verschiedenen Werken oder Autoren wesentlich unterscheiden.

Daß diese Untersuchungen für Verhaltenspsychologen oder Psycholinguisten äußerst interessant sind, leuchtet sicher ein. Vor allem auf der Grundlage der natürlichen Sprachen kann man dabei zu wichtigen Einblicken in generelle und individuelle kognitive Denkvorgänge gelangen. Eine solche Untersuchung stellten z.B. KISS, ARMSTRONG, MILROY und PIPER (1973) mit ihrem assoziativen Thesaurus des Englischen für die Personenzielgruppe englischer undergraduate-Studenten im Alter von 17–22 Jahren her. Wenn jedoch dieselben oder ähnliche Prinzipien auf bekannte literarische Texte angewandt werden, scheint die Aussicht, daß sich daraus nützliche und praktische Hilfsmittel für den Literaturwissenschaftler ergeben könnten, noch äußerst gering. Ein solcher Versuch wurde von SAINT-MARIE, ROBILLARD und BRATLEY (1973) mit den Dramen Molières unternommen. Das einzige wirklich handgreifliche Ergebnis, das die Autoren aus dieser Untersuchung ziehen, ist die Feststellung, daß in der Versdichtung die abstrakten Begriffe gegenüber der Prosa überwiegen. Dazuhin erhalten wir einen Hinweis auf die mögliche Feststellung bemerkenswerter stilistischer Unterschiede anhand der erzielten Beobachtungen. Im Grunde werden uns aber nur die entsprechenden Distributionsfelder in den Raum gestellt mit der impliziten Empfehlung: »Tut damit, was ihr wollt!« Für die thematisch-inhaltliche Analyse ergibt sich aber kein solider Anhaltspunkt. Die Autoren ziehen sich deshalb auf eine komplizierte und ausführliche Beschreibung des Herstellungsprozesses zurück: »We are concerned with describing a particular statistical technique, not with offering conclusions about the works of Molière« (S. 137), und man entläßt am Ende den Leser mit recht vagen Andeutungen über die eventuelle Nützlichkeit der Ergebnisse: »These results seem to confirm beyond reasonable doubt that the technique can be used for detecting differences and similarities if they are already suspected« (S. 137). Ein Hauptproblem solcher Untersuchungen auf dem Gebiet inhaltlich-literarischer Analysen besteht darin, daß es fast unmöglich ist, die Erscheinungen der assoziativen Distribution nach den jeweiligen Einflüssen natürlicher kognitiver Vorgänge gegenüber Einflüssen genereller wie individueller formaler Gesetzlichkeiten metrisch-stilistischer Natur oder den Einflüssen soziologischer, geographischer Sprachgegebenheiten (Hochsprache - Umgangssprache - Dialekt - Idiolekt) zu unterscheiden. Je weiter die literarische Epoche zurückliegt, desto schwieriger werden diese Probleme. Obwohl bei der 'co-occurrence'-Methode kein Ordnungssystem vorausgesetzt wird, ist man dabei aus praktischen Gründen von Anfang an auf ein bestimmtes Selektionsverfahren angewiesen, das den Gesamtwortschatz auf einen Fundus assoziationsträchtiger Wörter reduziert mit Hilfe verschiedener Frequenzkorrelationen. Ein mechanisches Auswahlverfahren stellt IKER (1974/1975) mit seinem SELECT-Programm vor. Ob der Wortfundus nun auf ganze 44 wie in der Molière-Textanalyse oder auf rund 140 wie bei IKER reduziert wird, spielt dabei keine allzugroße Rolle. Als Endergebnis bleiben allenfalls einzelne Wortfeldstudien im Sinne von TRIER, die sich um vorherbestimmte Kristallisationspunkte bilden. Ein weiteres Problem ergibt sich dabei durch die zwangsläufige Beschränkung im Kontext. Wie bei der Konkordanz müssen bestimmte Grenzen festgelegt werden, weil sich sonst das Wortmaterial nicht mehr sinnvoll sichten läßt. Man muß zunächst bestimmen, in welchem Textzusammenhang man noch von 'co-occurrence' sprechen kann. Viele begriffliche und thematische Zusammenhänge gehen damit zwangsläufig verloren. Es ist also äußerst zweifelhaft, daß sich besonders für Texte des Mittelalters in absehbarer Zeit praktische Hilfsmittel zur gehaltlich-inhaltlichen Analyse durch die 'co-occurrence'-Methode herstellen lassen.

So ist man aus praktischen Erwägungen zunächst gezwungen, den zweiten Weg einzuschlagen, nämlich das Wortmaterial mit Hilfe von vorausgesetzten Ordnungssystemen zu sichten. Das traditionellste Verfahren folgt dabei dem alphabetischen Ordnungsprinzip und führt zur Herstellung von Wortindices und Konkordanzen, die dann jeweils lemmatisiert werden können. Lemmatisierte Wortindices waren zwar bereits ein großer Fortschritt, aber als Hilfsmittel zur gehaltlich-inhaltlichen Analyse immer noch zu unpraktisch, da der Benutzer mit einem Wortfeld oder Begriffskatalog im Kopf sich erst sein Material aus der alphabetischen Reihung mühsam heraussuchen muß. Konkordanzen waren bisher zwar nützlich für Studien auf dem Gebiet der Formelhaftigkeit, sind aber für rein inhaltliche Untersuchungen zu unhandlich, selbst wenn Füllwörter ausgelassen sind. FORTIER/MCDONNELL (1973) sind deshalb dabei, ein Computer-unterstütztes System zu entwickeln, das sie zur thematischen Analyse französischer Prosaromane verwenden wollen. Es ist ein interessanter Versuch, der allerdings bei seiner Vorstellung 1973 noch nicht in der Praxis erprobt war. Die beeindruckenden Beispiele, wie etwa das 'Wasser'-Thema in 'La Pierre qui pousse' von Camus oder das Thema der Gewalt in Célines 'Voyage au bout de la nuit' wurden noch manuell simuliert. Vorausgesetztes Ordnungssystem ist bei diesem Verfahren eine Wort-Themenliste, in der assoziative Wortfelder sich um Kernbegriffe gruppieren. Dieser Begriffs-Themenkatalog ergibt sich aus einer Zusammenlegung der zehn bis zwölf geläufigsten Synonymenwörterbücher im modernen Französisch. Er wird dann in maschinellem Vergleichsverfahren auf lemmatisierte Rohkonkordanzen einzelner Werke übertragen, wodurch sich dann die erwünschten Themenlisten ergeben. Die Gefahr bei diesem Verfahren liegt in der Beschränkung der mit Hilfe der Synonymenwörterbücher hergestellten Begriffs- und Wortfelder, da ein auf Synonymik beruhendes Ordnungsprinzip nur einen begrenzten assoziativen Wirkungsbereich hat. Außerdem kann jeweils nur eine beschränkte Anzahl synonymträchtiger Hauptkategorien für die Textanalyse abgerufen werden.

Schließlich gibt es noch die Möglichkeit, von einem vorausgesetzten, bereits bestehenden Begriffssystem oder Thesaurus auszugehen und durch Zusammenlegung mit lemmatisierten Rohkonkordanzen und Indices zu Begriffsglossaren und Begriffswörterbüchern zu gelangen (vgl. Abschnitt 3 der Bibliographie). LAFFAL (1973), ein Psychologe, erarbeitete einen solchen Thesaurus für das moderne Englisch. Ein COBOL-Programm vergleicht dabei jedes Wort eines eingegebenen Textes mit einem im Computer gespeicherten Begriffssystem. Mit einem Sortiervorgang, der suffigierte Formen auf die Grundformen reduziert, erfolgt die für das moderne Englisch relativ einfache Lemmatisierung. Der Ausdruck besteht aus einer Frequenzdistribution der verschiedenen Begriffe. Ein ähnliches Projekt für das Altgriechische wird an der University of California in Irvine bearbeitet. Unser eigenes System zur Herstellung von Begriffsglossaren und einem Begriffswörterbuch, das auf eine Idee Harald Schollers zurückgeht, wurde von mir erstmals beim letzten Symposion 1973 in Mannheim vorgestellt.

III. Kurzbericht über Fortschritte an Begriffsglossaren und einem Begriffswörterbuch mittelhochdeutscher Epik

Das damals projektierte System zur Textanalyse nach begrifflich-thematischen Gesichtspunkten besteht aus einer Kombination manueller Kategorisierungsvorgänge mit zwölf verschiedenen COBOL-Programmen, die von meinem Mitarbeiter Charles Osborne, den ich an dieser Stelle als wichtigen Partner an diesem Projekt würdigen möchte, erstellt worden sind. Das Programmsystem geht von einem maschinenlesbaren Text aus, wovon zunächst Rohindex und Konkordanz hergestellt werden. Dann erfolgt in weiteren Schritten ein maschineller Vergleich mit einem Arbeitswörterbuch (AWB), bei gleichzeitiger Lemmatisierung und Ordnung des Wortmaterials nach dem vorgegebenen Begriffssystem . In manuellem Verfahren müssen dann die neuen Formen dem AWB eingegliedert werden. Dann wird ein Begriffsglossar cum Konkordanz des entsprechenden Textes ausgedruckt, mit einem Textzeilenausdruck für alle semantisch und grammatisch vieldeutigen Begriffe und Formen (Homographen). Aus ökonomischen Gründen beschränken wir uns auf nur eine Textzeile. Läßt sich damit ein Zweifelsfall nicht lösen, kann der gesamte Textausdruck zu Rate gezogen werden. In einem weiteren Schritt werden in teilweise manueller Auswertung der Textstellen die bis dahin relativen Frequenzen in absolute umgewandelt. Die rechnerische Umwandlung von relativer in absolute Frequenz sowohl bei einzelnen Begriffsglossaren als auch beim AWB erfolgt automatisch. Beim Korrekturlesen wird nur die Nummer der jeweiligen Textzeile mit der folgenden Wortform, gefolgt von der endgültigen Identifikationsnummer im Begriffssystem und, wenn notwendig, dem endgültigen Mutter-Lemma, als Daten eingegeben. Dieser Vorgang kann sowohl durch Eingabe von Lochkarten oder durch direkte Kommunikation mit dem Computer auf Teletype- oder CRT-Terminals vorgenommen werden.

Alle Programme sind funktionsfähig und erprobt, und es existieren bereits Begriffsglossare cum Konkordanz zu den Texten Ulrichs von Lichtenstein, getrennt nach 'Frauenbuch' und 'Frauendienst', der wiederum in epische Strophen, Büchlein und Lyrik zerfällt. Die Lyrik wurde vorläufig aus dem AWB ausgelassen. Zur Zeit läuft der Editionsprozeß, d.h. die Umwandlung relativer in absolute Frequenzen bei mehrdeutigen Formen. Das AWB ist eine Kumulation der bisher bearbeiteten Texte. Der zur Zeit für Ulrich von Lichtenstein zur Verfügung stehende Satz von Hilfsmitteln besteht aus folgenden Elementen:

1. Textausdruck ('Frauendienst'/BECHSTEIN; 'Frauenbuch'/LACHMANN)
2. Alphabetischer, lemmatisierter Wortindex mit Endreimverweis und Kreuzverweis auf das Begriffssystem
3. Lemmatisiertes Begriffsglossar cum Konkordanz
4. Ausdruck des gesamten Begriffssystems als Nachschlagindex

5. Rückläufiges Wörterbuch
6. Lemmatisiertes Begriffsglossar zum Gesamtwerk (exkl. Lyrik)

Nach Abschluß der gegenwärtigen Editionsarbeiten an den bisherigen Texten werden weitere Begriffsglossare zunächst zu den folgenden Werken in Angriff genommen: 'Erec', 'Iwein', 'Gregorius' und 'Lanzelet'. Das AWB wird nach Beendigung dieser Arbeiten so angeschwollen sein, daß auch die umfangreicheren Werke wie 'Parzival' und 'Tristan' dann nach unserem System analysiert werden können, ohne daß bei dem einzelnen Schritt ein übermäßiger manueller Arbeitsaufwand für die neu in das AWB zu integrierenden Formen anfällt. Vorläufiges Nahziel ist ein Begriffswörterbuch (Thesaurus) für die Epik der hochhöfischen Periode, wobei einer weiteren Ausdehnung auf frühere und spätere Zeiträume nichts im Wege steht. In jedem Stadium kann aber das AWB bereits als außerordentlich nützliches Hilfsmittel verwendet werden. Ein weiterer Vorteil unseres Systems ist es, daß zu jeder Zeit nicht nur ein Thesaurus, sondern auch ein alphabetisches Wörterbuch mit Querverweisen auf das Begriffssystem abgerufen werden kann. Zukunftsmusik ist noch der Plan, daß einmal von einem Computerarchiv durch Ferneinschaltung mit Teletype- oder CRT-Terminal einzelne Begriffsfelder oder ganze Themenbereiche sowohl zu einzelnen Werken als auch zum Gesamtkomplex der bearbeiteten Texte, inklusive Textstellen und Frequenzverteilung, abgerufen werden können. Wir hoffen aber einstweilen, daß die bestehenden Hilfsmittel durch igendeinen Publikationsprozeß so bald wie möglich der Öffentlichkeit zugänglich gemacht werden können.

Da trotz intensivster Mechanisierung unseres Systems ein erheblicher Anteil an manueller Arbeit zu erledigen ist, und weil dazuhin eine nicht geringe Beanspruchung von Computer-Hardware entsteht, ist es mir eine besondere Freude, mitteilen zu können, daß Harald Scholler und ich uns geeinigt haben, unsere Kräfte zusammenzulegen, und zukünftig gemeinsam an dem Projekt arbeiten werden. Damit steht sowohl ein weit größeres Potential an wissenschaftlichen Hilfsassistenten zur Verfügung als auch zwei Computersysteme gleichen Typs, IBM 360/75, an der Bowling Green State University und an der University of Michigan. Nachdem es 1973 noch so ausgesehen hatte, als ob wir getrennte Wege gehen könnten, die sich zwar durch spätere Vereinigung der jeweiligen Arbeitswörterbücher wieder treffen sollten, wird nun durch unser gemeinsames Vorgehen eine mögliche Duplikation gewisser Arbeitsvorgänge vermieden.

Lassen Sie mich abschließend noch einmal auf die Diskussion zurückkommen, die sich nach der erstmaligen Vorstellung des Systems bei unserem letzten Treffen ergab. Die damaligen Einwände konzentrierten sich vor allem auf das Problem der Subjektivität eines herangetragenen Begriffssystems. Natürlich weist jedes begriffliche Ordnungssystem eine gewisse Subjektivität vor allem im Detail auf, abhängig auch von der jeweiligen Kultur- und Zivilisationsstufe. Die großen Ordnungsschemata wie 'Welt - Außenwelt - Erde - Natur - Mensch - Gesellschaft - Mythos . . .' sind dagegen universell. Es besteht theoretisch immer die Gefahr, daß moderne Denkschemata der Welt des Mittelalters aufgepfropft werden, solange wir nicht im Besitz einer Zeitmaschine sind. Andererseits ist unser historisches Vorgehen nicht mehr so naiv wie etwa vor 200 Jahren, da man inzwischen aus einem viel größeren Fundus historischer Kenntnisse schöpfen kann. Aus dem Bewußtsein heraus, daß wir uns nicht vollständig von unseren modernen Denkschemata lösen können, ist es eine der wichtigsten Voraussetzungen, die wir für unser an den Wortschatz des Mittelalters herangetragenes Begriffssystem gesetzt haben, daß es genügend Flexibilität in bezug auf Erweiterung und Differenzierung besitzt und nach allen Richtungen veränderbar ist. Daß wir gerade HALLIG/WARTBURG als Ausgangsbasis für dieses System gewählt haben, geschah wiederum aus rein pragmatischen Gründen, da eben dieses System noch nicht bis ins Feinste differenziert gewesen ist und deshalb die notwendige Flexibilität garantierte.

Die einzige Alternative, bei der maschinellen inhaltlichen Analyse nicht von einem vorausgesetzten und daher subjektiven Ordnungssystem auszugehen, wäre die bereits beschriebene 'co-occurrence'-Methode. Angewandt auf eine so weit zurückliegende Epoche wie das Mittelalter und auf eine nicht natürliche Sprache, erschiene mir aber ein solches Vorgehen wie das hoffnungslose Unterfangen, die Denkvorgänge eines Toten zu entschlüsseln.

Bibliographie

1. Stilistik, Metrik, Textkritik

HALL, CLIFTON-DALE 1966
Ritter, fröude, êre und sælde in Konrad's 'Rolandslied' und Stricker's 'Karl der Große'. In: Diss.Abstr. 28 (1967) 630A. (Ph.D.Diss., University of Michigan).
DODSON, DATON ARNOLD 1970
A Formula Study of the MHG Heroic Epic. 'Wolfdietrich A', 'Wolfdietrich B', 'Rosengarten A'. In: Diss.Abstr. 32 (1972) 3995A. (Ph.D.Diss., University of Texas at Austin).
SIMON, GERD 1971
Der sprachstatistische Nachweis der Ergodizität von Textelementen am Beispiel der Lesartenverteilung von Wolframs 'Willehalm' und Hartmanns 'Iwein'. In: ZfdPh 90. S. 377–94.
BRUNO, AGNES MARGARET 1971
Compositional Heterogeneity in the 'Nibelungenlied'. Toward a Quantitative Methodology for Stylistic Analysis. In: Diss.Abstr. 32 (1972) 3944A. (Ph.D.Diss., University of California, Los Angeles).
SCHMIDT, KLAUS M. 1972
Tendenzen zum Realismus in der ritterlichen Epik der nach-klassischen Periode.

Untersuchungen zu Ulrichs von Lichtenstein 'Frauendienst'. In: Diss.Abstr. 33 (1973) 3671A. (Ph.D.Diss., University of Michigan).
WAKEFIELD, RAY MILAN 1972
The Prosody of the Nibelungenlied. A Formalist Approach. In: Diss.Abstr. 33 (1973) 2907A. (Ph.D.Diss., Indiana University).
DUGGAN, JOSEPH 1973
The Song of Roland. Formulaic Style and Poetic Craft. Berkeley. Center for Medieval and Renaissance Studies, University of California, Los Angeles. 6.
ROWLANDS, MARIE R. 1973
A Frequency Analysis of 'Daz'-words in the Mainauer Naturlehre. In: Diss.Abstr. 34 (1973) 3356A. (Ph.D.Diss., University of Oregon).
AEBI, ANDREAS 1974
Formelhaftigkeit und mündliche Komposition im 'Orendel'. In: Diss.Abstr. 35 (1975) 4493A. (Ph.D.Diss., University of Southern California).
WASHBURN, SIGRID P. 1974
Die formulaische Komposition in 'Herzog Ernst' B und G. In: Diss.Abstr. 35 (1975) 4463A. (Ph.D.Diss., University of Southern California).
SCHMIDT, KLAUS M. 1975
Späthöfische Gesellschaftsstruktur und die Ideologie des Frauendienstes bei Ulrich von Lichtenstein. In: ZfdPh 94. S. 37–59.
KRAWUTSCHKE, PETER W. 1976
Liebe, Ehe und Familie im deutschen Prosa-Lancelot I. (Ph.D.Diss., University of Michigan).

2. co-occurrence-Verfahren

HILDUM, DONALD C. 1963
Semantic Analysis of Texts by Computer. In: Language 39. S. 649–653.
HARWAY, N.I. - H.P. IKER 1964
Computer Analysis of Content in Psychotherapy. In: Psychological Reports 14. S. 720–722.
IKER, H.P. - N.I. HARWAY 1965
A computer systems approach to the recognition and analysis of content. In: Behavioral Science 10. S. 173–183.
MILES, J. - H.C. SELVIN 1966
A factor analysis of the vocabulary of poetry in the vocabulary of poetry in the seventeenth century. In: The Computer and Literary Style. Hrsg. von J. LEED. Kent, Ohio. S. 116–127.
JONAS, THOMAS JOHN 1971
The WORDS System. A Computer-assisted Content Analysis of Chaim Perelman's 'New Rhetoric'. In: Diss.Abstr. 32 (1972) 4747A. (Ph.D.Diss., Bowling Green State University).
IKER, H.P. 1972
WORDS System Manual. Rochester, N.Y.
KUMMEL, PETER 1972
Wertbestimmung von Information. Zur qualitativen Analyse des Inhalts natürlicher Sprachen. Tübingen.
BERRY-ROGGHE, GODELIEVE L.M. 1973
The computation of collocations and their relevance in lexical studies. In: The Computer and Literary Studies. S. 113–133.
LENDERS, WINFRIED 1973
Bedeutungsanalyse philosophischer Begriffe. In: Revue Internationale de Philosophie 27,103. S. 73–83.

Kiss, G. – Christine Armstrong – R. Milroy – J. Piper 1973
An associational thesaurus of English and its computer analysis. In: The Computer and Literary Studies. S. 153–165.
Martin, G.R. 1973
Experiments in Sophisticated Content Analysis. In: AFIPS Conference Proceedings 42.451. National Computer Conference and Exposition, June 4–8, 1973. New York, N.Y.
Martindale, Colin A. 1973
COUNT. A PL/1 Program for Content Analysis of Natural Language. In: Behavioral Science 18. S. 148 (Abstract).
Iker, Howard P. 1974
An Historical Note on the Use of Word-Frequency Contiguities in Content Analysis. In: CHum 8. S. 93–98.
Ders. 1974/1975
SELECT. A Computer Program to Identify Associationally Rich Words for Content Analysis. I. Statistical Results. II. Substantive Results. In: CHum 8. S. 313–319 und 9. S. 3–12.
Sowa, C.A. – J.F. Sowa 1974
Thought Clusters in Early Greek Oral Poetry. CHum 8. S. 131–146
Goldmann, Neil M. 1975
Sentence Paraphrasing from a Conceptual Base. In: Communication of the Association for Computing Machinery 18. S. 96–106.

3. Begriffshierarchie-Verfahren

Bromwich, J.I. 1973
A semasiological Dictionary of the English Language. In: The Computer and Literary Studies. S. 15–24.
Laffal, Julius 1973
A Concept Dictionary of English. Essex, Conn.
Sainte-Marie, Paule – Pierre Robillard – Paul Bratley 1973
An Application of Principal Component Analysis to the Works of Molière. In: CHum 7. S. 131–137.
Fortier, P.A. – J.C. McConnell 1973
Computer-aided thematic analysis of French prose fiction. In: The Computer and Literary Studies. S. 167–81.
Schmidt, Klaus M. 1978
Wege zu Begriffsglossaren und einem Begriffswörterbuch mittelhochdeutscher Epik. In: Maschinelle Verarbeitung altdeutscher Texte 2.

Roy A. Boggs

Aspects of a Computer-Generated Multidimensional Semantics

The possibility of storing word meanings in a computer for use in matching and defining procedures remains as attractive today as it did three and one half years ago. And the problems remain much the same. It is not that we are unable to code proper storage and file routines. It is more a question of linguistic maturation, as well as one of time and experience. Only recently have scholars reached a generally acceptable plateau in their attempts to create new and better computer-generated reference tools, tools which are in concept different and more extensive than those we traditionally use. In the area of automated semantics there have, of course, been theoretical discussions, but little in the way of actual, handleable products. And theory, no matter how well constructed, loses its innocence when faced with actual attempts at application.

In the following, I plan to outline an endeavour to formulate on a rather primitive basis a computer controllable data base for semantic studies. I do not plan to present a program for changing coded textual data directly into a dictionary by means of the computer. It is rather an outline for a computer-aided series of steps, which are designed 1) to enable the semanticist to gain an overview over a very large mass of linguistic data, and 2) to offer him a help and a guide in making necessary decisions.

It is also hoped that those who shy away from actually writing programs themselves will see that it is not all that difficult to organize and execute a rather involved semantic study by adapting programs and procedures which are readily available. Two of the main programs in the following were taken from other sources, data-base management and an archeological package, and the data formated accordingly.

The exercise described below was suggested by two rather different but related problems. When Prof. Gierach died, he left a typewritten manuscript to the works of Hartmann von Aue, the so-called Hartmann Wörterbuch. Among other things, this manuscript contains entries for a planned combined dictionary and concordance for Hartmann's works. Prof. Gierach himself, as far as I can tell, actually worked through only a few of the early letters of the alphabet, while at least one, if not more, of his assistants was responsible for the rest of the material. Until recently this material has been stored in the library of the Sprachatlas in Marburg.

Four years ago, the various entries in the Hartmann Wörterbuch were extracted and compiled into a MHG-NHG/ENGL dictionary in the traditional format. What was not completed at this time, however, was a very detailed comparison of each lexical entry from Gierach's Wörterbuch with a computer-generated lemmatized concordance to Hartmann's works. Individual word studies had not been consulted and special meanings for Hartmann's usage established. There remained also the question of how best to control these data so that they would eventually become a basis for generating information. The Hartmann dictionary in its traditional form contained over 4.000 lemmata, with a total of approximately 25.000 variants, or meanings. Thus, we were faced with the task of bringing these data under control for eventual comparing and defining routines. All of these steps are necessary if we are to structure a useful dictionary, especially since Hartmann's works present an excellent starting point for special semantic studies in MHG. The vocabulary is basic, seemingly broad, and very manageable. The ultimate goal, of course, would be a base lexicon, to which data from works of other medieval authors could gradually be added.

The second problem for which this exercise was designed comes from the area of data base management, and its need to define semantic properties for keywords. There exists in the USA several very large pools of reference data which are computerized and which can be accessed over voice-grade telephone lines. Some of the better known are RECON, ORBIT, and SCORPIO. The data themselves are accessed through keywords, which can either be taken from published listings, or through the use of terminals which have access to a data file listing all the keywords. The only real problem is one of cost. For example, it currently costs about $ 125 per hour of connect time to access a given data base. (Not CPU, but connect time.) And in addition there is the cost of the telephone line itself. It is therefore very important that one be able to find the necessary keywords as quickly and as accurately as possible.

This is very often not as easy as one might at first glance imagine. Keywords are indexed alphabetically. We can, for example, peruse a page or pages of a keyword index, or as is the case in terminal applications, load and read a given number of entries before and after each keyword. What these very expensive programs cannot do is find a related keyword which is only listed some 200 pages later in the keyword index.

For example, suppose we have two concepts: 'son' and 'employ', and we wish to find all references currently available on one of the systems. What we should be able to do, and cannot, is to ask the terminal to display from the keyword index all other keywords which share common semantic features with these two words, for example: 'nepotism'.

On many reference systems we can easily discover the relationships between 'governor : governorship' and 'mayor : mayoralty' because all words which are alphabetically similar are displayed or printed by reason of their proximity in the index. But what about 'sovereign : reign'?

It would perhaps be possible to argue at this point that we could refer to some sort of thesaurus. But »the single, unidimensional hierarchy of classification provided in a thesaurus, e.g., in ROGET, cannot possibly encompass the multiplicity of relationships between word senses . . .«[1] This is escpecially true for the example of 'son' and 'employ', or 'brother' and 'hire'. In common usage 'hire' is often not considered of lexical rank sufficient for extensive treatment in a thesaurus. But the average speaker using the index will have first recourse to his own personal lexicon and not to a thesaurus.

'son' & 'employ/hire' = 'nepotism'

The problem of keywords thus becomes a linguistic problem, seeking answers from linguists. It is not what we do in the machine so much as how we get from one keyword to another 'logically'. Or in older linguistic terminology, how do we define and control semantic ranges within a given set of lexical entries from a linguistic corpus. Even if we construct rules which eventually deduce automatically a set of primitives, or base forms, we are nonetheless still left with the problem of defining, or perhaps better, of delimiting semantic ranges, and thus in a larger sense, lexical boundaries.

One suggestion at this point, and one to which we will return later in a somewhat different form, would be to establish possible links from one level of keyword entries (sometimes called classes) to a second, more diffuse level (and then rename these the actual keywords):

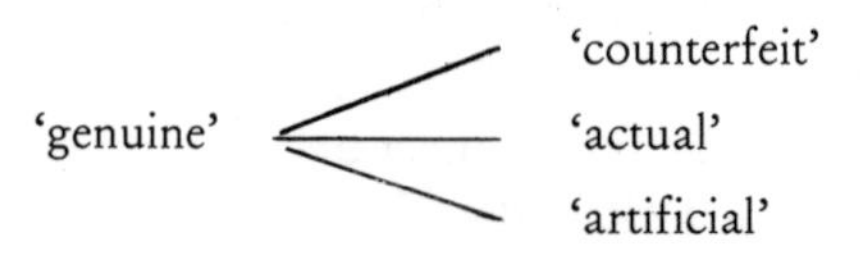

This form of linking is a help in keyword searches, but fails to give us boundaries, or ranges, from which to work. This form of linking also is only good when we are satisfied that we have tapped all of the various keyword entries possible. But we cannot begin with 'genuine' or with one or more concepts and arrive at a third or fourth previously unknown destination. Here is then a classic case of a word's meaning being exactly what its definition says it is. Further refinement is not planned.

As ZIFF pointed out at the International Conference on Computational Linguistics in Grenoble (Aug. 1967), it is possible to create a »productive lexical process« whereby through rules, which are transformational in nature, one can arrive at primitive, or base forms of lexical items, which in turn reflect

[1] JOHN OHREY – CARTER REVARD – PAUL ZIFF: Toward the Development of Computer Aids for Obtaining a Formal Semantic Description of English. In: Clearinghouse for Federal Scientific and Technical Information (AD682300), p. 9.

actual usage. Their algorithms can handle such pairs as: 'cage : encage'; 'brief : briefly'; 'general : generalship'; 'manner : mannerism'; and 'union : unionize'. He also showed that it is possible, with the help of the computer, to delimit word forms through deleting rules (fig. 1).[2] Here we have a form of node tree common to most higher order computer languages. One simply creates a series of nodes which are for our purposes related one to another in the form of a linguistic tree. What we miss, however, are delimitations of the semantic range for 'badly'. That we can arrive at a base ('bad-') is indeed a step forward, but where does its range begin and end? This is not a criticism of ZIFF's procedures, as he was interested in other problems, but our point is that by using ZIFF's proposals we can arrive at a common starting point for establishing word boundaries and their relations to other word boundaries. The question now is, how do we set up some sort of control – algorithm if you will – to handle the question of semantic exhaustiveness? We must at some point begin to build a matrix which in turn will demonstrate relationships across boundaries. One might even suggest a maze which will lead us from one range to another; or if we can, use the computer to help build and define word meanings.

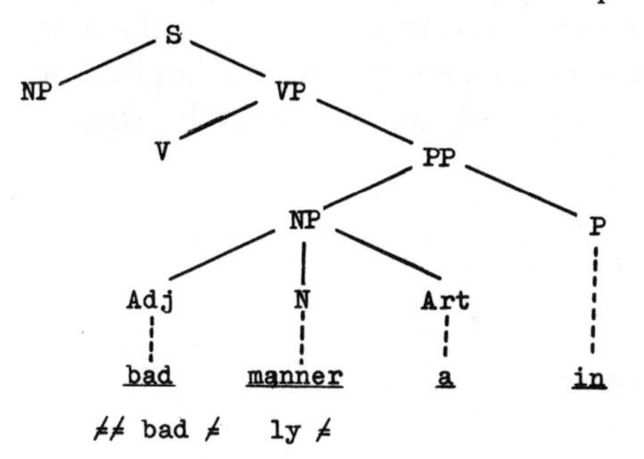

The problem of semantic ranges is not a new one. Already in the late 1950's articles appeared in almost every linguistic journal dealing exclusively with this question. The example in fig. 2 is taken from an article by MARTIN JOOS, and represents the ranges of 'rigid' and 'code'.[3] Semantic ranges R1, R2, R3, R4, and R5 are shown in their relation one to another. R2 shares lexical features with R1 and R3, but not with R5, which shares features with R1 and R4. Such orderings are indeed helpful on a limited scale, but they cannot begin to handle larger relationships. It is also difficult to visualize exactly the actual number of overlappings and their respective ranges or meanings. Even an attempt to create a

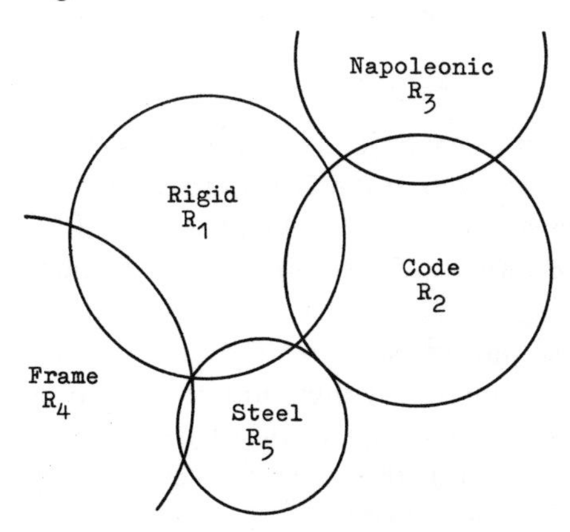

[2] Ibid. p. 15.

[3] MARTIN JOOS: Semology. A Linguistic Theory of Meaning. In: SIL 13 (1958) p. 55.

new field R6 sharing features with R4 and R2 would suggest complications, which might force the whole representation out of balance. This type of diagram is, nonetheless, a rather primitive but informative attempt to delimit possible combinations and permissible expressions. In this example, the word 'strict' is not included as a possible semantic element because in English, according to Joos, a code can be strictly enforced, but it cannot be strict in nature. It can only be rigid.

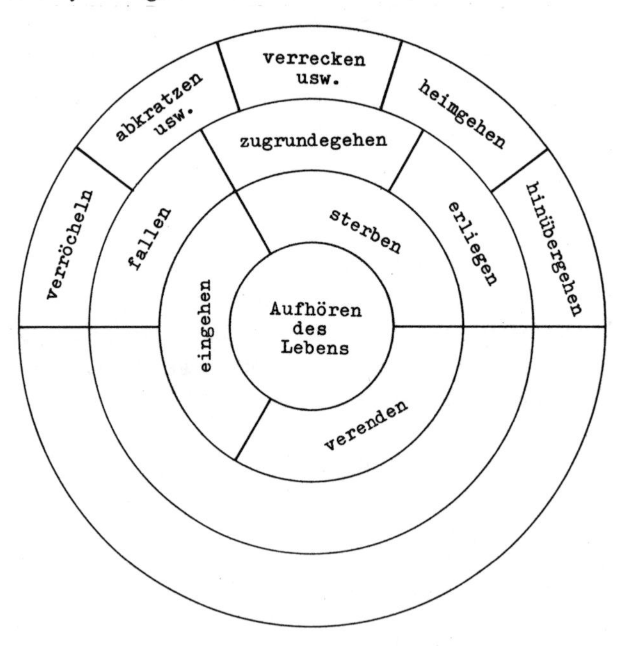

Fig. 3 presents a related attempt at ordering semantic fields. It is taken from LEO WEISGERBER and differs from that of Joos in that it proposes to delimit the possible shadings of a single, more extensively defined, semantic range R1.[4] Thus the contents of the inner rings are more concrete and the outer more stylistic in nature.

A series of such representations would indeed be extremely useful - and even more so if we could then find a way to interleave them into their respective relationships. The major barrier is the single dimension of this type of graph. It would be extremely difficult to 'round' the various pieces so they would interlock with several other such representations.

KLAUS BAUMGÄRTNER therefore went a step further when he reformulated WEISGERBER's set of rings into a lexical tree. Here the fields, although by no means exclusive, are indeed open to interleaving, although the actual step itself was not taken (fig. 4).[5]

[4] LEO WEISGERBER: Grundzüge der inhaltsbezogenen Grammatik. Düsseldorf 1962/3. p. 184.

[5] KLAUS BAUMGÄRTNER: Die Struktur des Bedeutungsfeldes. In: Satz und Wort im heutigen Deutsch. Düsseldorf 1967. p. 191.

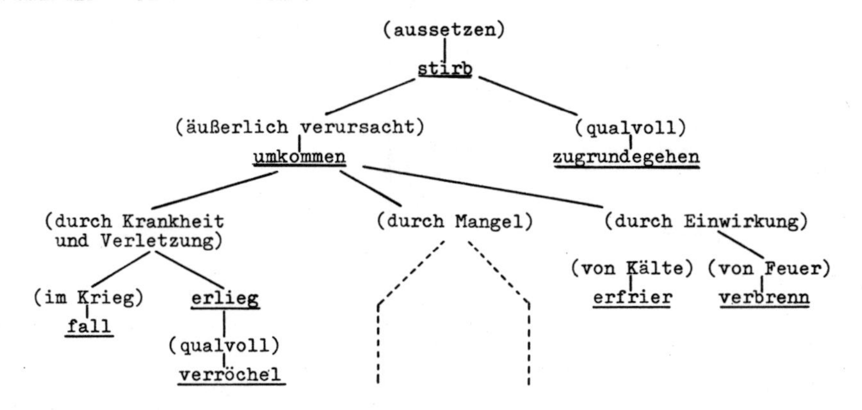

This is in effect still a node tree, and from this format we can only work bidimensionally, e.g., horizontally. The question of how we would then get, for example, from a combination of 'political' and 'murder' to 'assassinate' without better organizing our data structures, remains open. Semantic ranges must, however, not only be defined from inner relationships, but they must also be delimited through contact with other ranges.

a a'
b c c' b'
e f g(') f' e' d'

If we remain with the concept of the node tree, these outer relations might be represented as interleaving whenever they share a common node (fig. 5). This step would indeed create new levels of dimensions, using nodes as common points of intersection. Most higher-level string analysis languages can easily handle such nodular trees. Here we begin to visualize a semantic lattice, which can be scanned for relationships and boundaries. Such schemata are, of course, only limited by considerations such as space and volume. Although this, and the following examples, are kept as simple as possible, it should not be assumed that actual relationships are as easily depicted. Nonetheless, it is not the machine-oriented procedures which are the most problematic. Rather there remains the linguistic-historical question of establishing and delimiting meanings and boundaries. We can offer the semanticist a means of controlling and establishing such lattices, but he still must be prepared to assume the responsibility for his linguistic data.

On a limited basis, circular designs, such as WEISGERBER's, can be easily reformulated into crystal shapes, which would in effect present a multidimensional picture of pre-coded relationships (fig. 6). Each crystal signifies a defined set of linguistic boundaries. It would be necessary that this combination produce more ranges than just 'assassinate', but this rather simple example serves to make a point. Either way – with visual dimensions or with treelike nodular constructions – it is possible to build up a rather large and in-

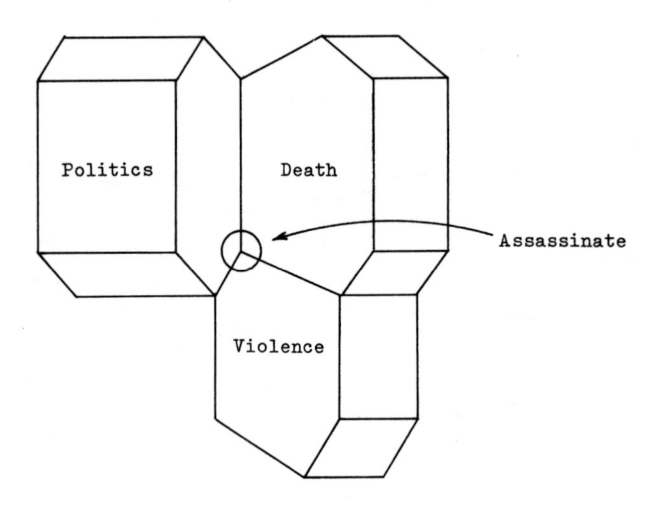

tricate maze of boundaries, or ranges, and interleavings which in turn can be controlled by an algorithm. The actual choice is a matter of individual need and linguistic philosophy.

Interleaving of semantic ranges is not a matter of wizardy, even though it may appear so at first glance. Data are, of course, not stored efficiently in a computer in a multidimensional format, in spite of the fact that upon output they can and often should be represented as such. It is rather a matter of magnetism, some electrical impulses: and before long, it will be a matter of light. It is neat and often helpful to have semantic relationships plotted for examination and programming purposes, but as a pure computer-related matter, we must ask other questions.

There are several ways in which we can enter linguistic data into the machine in order to establish lexical entries and semantic boundaries. One might simply encode a thesaurus or dictionary and then slowly add the necessary arguments for each entry. This is, to be sure, a slow process, but like any dictionary, the parameters are manageable within a given time frame, especially when we remember that most dictionaries, LEXER included, exist in machine readable form. As the arguments are being added, and once a mock-up exists, the computer is useful as a guide for controlling and checking referencing procedures. Let it be noted again that this is the most difficult step of all. Computer programs are in reality simple to write, but lexical arguments are another matter: one of constant checking and rechecking.

A second possibility is to use a lemmatized concordance as a base from which arguments can be extrapolated and assigned to each lemma. This is a relatively fast procedure – at least in the beginning. But one must nonetheless delete or reenter data by hand somewhere along the way; and this is acceptable as long as the algorithm used shows a sufficient rate of success. It is also normally a waste of time in such procedures to continually attempt to reach a 100 % success rate – if this is even possible.

What we have at the end of this first step is an index of keywords (or semantic ranges), each with a string of arguments: R⟨argument, argument, . . .⟩. If there is more than one possible meaning for a given lexical entry, we use a second level M and rename it R, and then regard the original level as a class. In this manner we are able to retain both Joos's and WEISGERBER's formats, without a loss of information and without mixing levels.

$$\left.\text{Range}_1 \begin{cases} M_1 \ \langle R_i, R_j, R_k \ldots R_n \rangle \\ M_2 \ \langle R_i, R_j, R_k \ldots R_n \rangle \\ M_3 \ \langle R_i, R_j, R_k \ldots R_n \rangle \end{cases}\right\} = \left\{\text{Class}_1 \begin{cases} R_1 \ \langle R_i, R_j, R_k \ldots R_n \rangle \\ R_2 \ \langle R_i, R_j, R_k \ldots R_n \rangle \\ R_3 \ \langle R_i, R_j, R_k \ldots R_n \rangle \end{cases}\right.$$

For our purpose, range R1 has the arguments ⟨1/1, 1/2 . . . 1/n⟩ and range R2 has the arguments ⟨2/1, 2/2 . . . 2/n⟩ where ⟨1/1⟩ and ⟨2/1⟩ represent coded references to other ranges ⟨R3, R4 . . . Rn⟩, etc. *We assume then that the various ranges and their arguments share similar arguments with other closely related ranges, that they also delimit the areas of meanings of which they themselves are a part, and that they by definition exclude those which they do not exhibit or share.*

In the same manner in which keywords reference documents, we can match for other keywords. Let us assume for our purposes that range R2 is 'son' and range R3 'employ' (fig. 7).

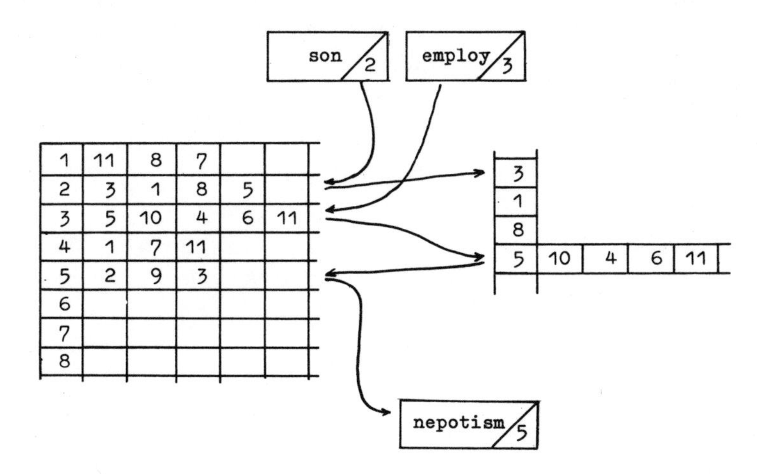

By matching procedures we arrive at range R5 which as expected is the semantic range for 'nepotism'. Of course we would in reality be matching for more than one argument, but the example demonstrates how the process functions. As far as our thesaurus problem is concerned, we arrive at range R5 and an additional keyword as expected. We would expect, in a well documented index, that we would retrieve several additional keywords. On a more thorough basis, keywords retrieved incorrectly indicate that their arguments need reexamination; and on a more limited basis, incorrectly called keywords can simply be deleted from the list and the more useful ones retained.

When we return to the question of controlling multidimensional semantic ranges, our first problem, we can discover relationships by means of programming procedures similar to those used by archeologists to reconstruct clay pots and earthen vessels. In their programs, broken pieces are compared against a matrix and assigned arguments. The arguments for each of the broken pieces are then entered into a computer, and a variety of matching procedures undertaken. In our case, a similar program was used in matching the many lexical ranges, each of which can have meanings, as well as arguments (fig. 8). Naturally, during the first several runs, it is necessary to go back and recode many of the arguments, but this is where the learning process becomes most evident, in the reworking of the arguments for each semantic range.

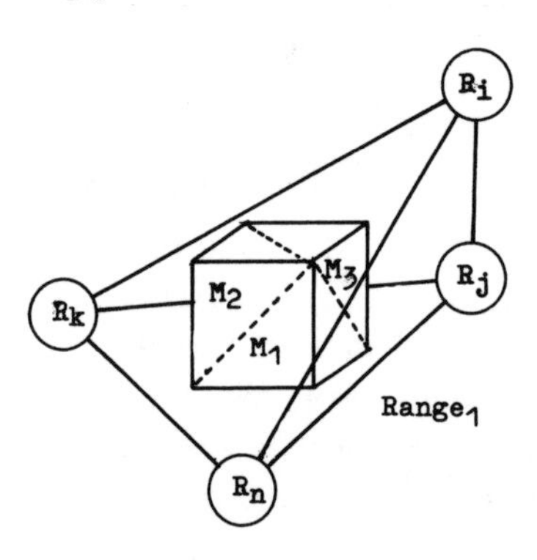

While it will most likely be some time before we can begin with raw textual data and generate a useable dictionary, it is possible at this point in time to use the computer as an aid in controlling and manipulating lexical data. And this in itself is a compass for further studies.

Georg Steer

Edieren mit Hilfe von EDV

Zur Textausgabe der 'Rechtssumme' Bruder Bertholds

Die EDV präsentiert sich der heutigen Editionspraxis als eine technische Neuerung vergleichbar jener der Mikroverfilmung von Handschriften. Mittels photomechanisch erstellter Kopien wurde es möglich, fernab vom Aufbewahrungsort der Originale zu arbeiten, die gesamte handschriftliche Überlieferung eines Textes an einem Orte zu sammeln und den edierten Text mitsamt den beigezogenen Varianten an den quasi-originalen Textzeugen jederzeit zu überprüfen. Die Folge war: Die Editionen wurden generell besser und in der Wiedergabe historischer Schreibformen zuverlässiger.

Ist vom Einsatz des Computers eine ähnliche Arbeitserleichterung und letztlich eine Qualitätsverbesserung der Edition zu erwarten?

Die Möglichkeiten, die die EDV beim Kollationieren und Edieren von Texten, speziell bei recensio und emendatio, bietet, sind noch kaum erprobt. Es ist gewiß ein naheliegender Gedanke, die erahnte Leistungsfähigkeit des Computers dort einsetzen zu wollen, wo die herkömmliche genealogische Textkritik an ihre Grenze stößt: bei der Klärung stark kontaminierter Überlieferungsverhältnisse ('Iwein' Hartmanns von Aue[1]) und bei der Rekonstruktion eines Archetyp- oder Autortextes auf einer stark fragmentarischen Überlieferungsbasis ('Parzival' Wolframs von Eschenbach[2]). Doch das statistische Verfahren im Kontaminationsbereich ist umstritten. SEBASTIANO TIMPANARO[3] schreibt: »Ich will gewiß nicht die Nützlichkeit dieser methodischen Verfeinerungen bestreiten, sie sind unentbehrlich, um diejenigen Überlieferungen einigermaßen - wenn auch nur annäherungsweise - einzuteilen, in welchen eigentliche Korruptelen fehlen. Jedoch sieht man dabei fast ganz von der Unterscheidung zwischen Übereinstimmung der Handschriften in der Neuerung und Erhaltung von Lesarten ab: wie bekannt, beweist nur die Übereinstimmung im Falschen eine genealogische Verwandtschaft; die Übereinstimmung im Richtigen aber beweist nichts, denn eine Lesung des Originals oder des

[1] LAMBERTUS OKKEN: Ein Beitrag zur Entwirrung einer kontaminierten Manuskripttradition. Studien zur Überlieferung von Hartmanns von Aue »Iwein«. Phil.Diss. Utrecht 1970.

[2] GÜNTER KOCHENDÖRFER - BERND SCHIROK: Maschinelle Textrekonstruktion. Theoretische Grundlegung, praktische Erprobung an einem Ausschnitt des 'Parzival' Wolframs von Eschenbach und Diskussion der literaturgeschichtlichen Ergebnisse. Göppingen 1976. (GAG 185).

[3] Die Entstehung der Lachmannschen Methode. Hamburg ²1971. S. 147.

Archetyps mag sich auch in ganz verschiedenen Zweigen der Überlieferung erhalten haben.« Positiver als TIMPANARO beurteilt HANS FROMM[4] das Vorgehen OKKENS: »Der Verfasser sucht 'Abstraktionen' von Textzeugen zu ermitteln - solcher nämlich, wie sie sich aus der Zusammenfassung der gemeinsam überlieferten Textbestandteile ergeben. Er bildet Diagramme übereinstimmender Lesarten-'Konzentrate' und entwickelt mit der statistischen Methode, welche das für kontaminationsfreie Überlieferung entworfene Verfahren J. FROGERS weiterführt und auf die elektronische Auswertung hinzielt, ablesbare Vorstellungen von Textgemeinschaften oder -gruppen, die wieder zu textkritisch relevanten Größen führen.« Umstritten ist auch die Verwendung mechanischer Praktiken zur Erstellung kritischer Texte, da bei der Wahl der Varianten nach den Prinzipien der Handschriftengenealogie, des usus scribendi, der lectio difficilior und der Sinnrichtigkeit des Textes, »der Anteil des persönlichen Urteils an der Entscheidung ziemlich groß ist.«[5] Fehlende »divinatorische Begabung«[6] des Herausgebers kann kein Computer-Aufwand ersetzen.

Anders als KOCHENDÖRFER, SCHIROK und OKKEN, die den Computer zur Stemma-Forschung und Autortextrekonstruktion einsetzen, geht PAUL SAPPLER[7] vor. Er ediert die Werke Heinrich Kaufringers nach einer Leithandschrift. In die handschriftliche Überlieferung wird nur eingegriffen, »wo im Verlauf der Texttradition etwas unverständlich geworden oder wo eine entschiedene sprachliche oder formale Störung eingetreten ist«.[8] Die Überlieferung als solche ist schmal: Die beiden Handschriften A und B (München, Bayer. Staatsbibl. cgm 270; Berlin, Preuß. Kulturbesitz-Staatsbibl. Ms. germ. 2° 564) stellen keine stemmatischen Probleme. Der methodische Coup SAPPLERS[9] besteht darin, zunächst einen »vorläufigen Text« zu erstellen, um daraus »mittels des Rechners textkritisch nutzbare Materialsammlungen aufzubauen«, mit deren Hilfe dann der »vorläufige Text« zum »endgültigen Text« »verbessert« wird.[10]

Das Verfahren SAPPLERS ist richtungsweisend, gilt aber nur bei Texten, deren Leithandschrift annähernd die Güte eines Autographs besitzt. Diese Überlieferungssituation liegt jedoch bei den wenigsten Werken der mittelhochdeutschen Literatur vor. Sie scheinen demnach, d.h. mittels Computer und nach

[4] Stemma und Schreibnorm. Bemerkungen anläßlich der »Kindheit Jesu« des Konrad von Fußesbrunnen. In: Festschrift Helmut de Boor. München 1971. S. 193–210, dort S. 198.

[5] KARL STACKMANN: Mittelalterliche Texte als Aufgabe. In: Festschrift Jost Trier. Köln und Graz 1964. S. 261.

[6] TIMPANARO (Anm. 3) S. XI.

[7] Heinrich Kaufringer, Werke. Bd 1. Text. Bd 2. Indices. Tübingen 1972. 1974.

[8] Bd 1. S. XII.

[9] Wilhelm Ott scheint dabei Pate gestanden zu haben: »Als das Manuskript in der Rohform fertig war, hat mir Wilhelm Ott die Anregung gegeben, für die Revision des Textes und die Ausarbeitung eines Wortindex . . . das Hilfsmittel der elektronischen Datenverarbeitung einzusetzen« (SAPPLER, Bd 1. S. XIV).

[10] Bd 2. S. VIII.

dem Leithandschriftenprinzip nicht editionsfähig zu sein, da ihre Textgestalt in keiner der erhaltenen Handschriften vollständig und ursprünglich erhalten ist. Wie bei der Edition von Texten mit Mehrfachüberlieferung trotzdem und sehr weitreichend das Hilfsmittel der elektronischen Datenverarbeitung Verwendung finden kann, möchte ich am Beispiel der Textausgabe der 'Rechtssumme'[11] Bruder Bertholds zeigen, die im Rahmen eines seit 1.7.1973 von der Deutschen Forschungsgemeinschaft geförderten Projekts am Institut für deutsche Philologie in Würzburg veranstaltet wird.[12]

Das Werk, vom Verfasser bescheiden lediglich 'půch' (Vorwort) genannt, ist eine kürzende abecedarische Bearbeitung der lateinischen 'Summa confessorum' des Johannes von Freiburg im Umfang von ca. 230 Handschriften-Folioblättern. Die Überlieferung setzt 1390 ein und endet 1518. Über 90 Handschriften und 12 Druckauflagen sind bekannt. Das Hauptverbreitungsgebiet der Berthold-Summe, die als bedeutsamster Zeuge der Rezeption des kanonischen Rechts im deutschen Spätmittelalter gilt, liegt im bairisch-österreichischen Sprachraum.

Für die Kollation zum Zwecke der Edition des Textes und der Darstellung seiner geschichtlichen Entfaltung in Abschriften und Bearbeitungen wurden nach einer Vorkollation 41 Textzeugen (Handschriften und Drucke) ausgewählt und »manuell« miteinander verglichen. Auf Unterstützung der EDV mußte bei diesem Arbeitsschritt aus mehreren Gründen verzichtet werden. Erstens: Nach einer bewährten Kollationsmethode brauchen zu einer vollständig abgeschriebenen Führungshandschrift zeilensynoptisch nur noch die varianten Textteile (Textersatz, Textzusatz, Textausfall, Textumstellung) der anderen Handschriften registriert werden. Zweitens: Dieses zeitsparende, selektierende und übersichtliche Kollationsverfahren ist über Computer (noch) nicht realisierbar. Es fehlt dazu ein Programm. Drittens: Bei der Kollation »per Hand« konnten alle Mitarbeiter der Forschergruppe gleichzeitig arbeiten. Bei der Eingabe des Textes über Lochstreifen, Lochkarte, Magnetband (erstellt über OCR-Belege) oder bei on-line-Erfassung über Tastatur und Bildschirm wäre dies nicht möglich gewesen, da diese Geräte am Rechenzentrum Würzburg nicht in ausreichender Zahl zur Verfügung stehen.

Die Auswertung der Vorkollation, die auf der Basis der gesamten Textüberlieferung an ausgewählten Kapiteln erstellt wurde, erbrachte für die Edition des Textes einen schwierigen Befund: Es gibt keinen einheitlichen Text. Die 'Rechtssumme' gliedert sich überlieferungsgeschichtlich in drei Fassungen (A, B, C). Darauf mußte nicht nur die Anlage der Hauptkollation eingehen –

---

[11] Zum Begriff »Rechtssumme« siehe KLAUS BERG: Der tugenden bůch. München 1964. (MTU 7). S. 10 Anm. 5.

[12] Spätmittelalterliche Prosaforschung. DFG-Forschergruppe-Programm am Seminar für deutsche Philologie der Universität Würzburg, ausgearbeitet von K. GRUBMÜLLER, P. JOHANEK, K. KUNZE, K. MATZEL, K. RUH, G. STEER. In: Jahrbuch für Internationale Germanistik 5 (1974) S. 156–176.

die Text- bzw. Redaktionszeugen wurden nach drei verschiedenen Führungshandschriften (A: I1, B: M4, C: M13) kollationiert –, sondern auch die Edition selbst. Es empfahl sich, den 'Rechtssumme'-Text in seinen drei historischen Ausprägungen synoptisch darzustellen. Eine vierte zunächst freibleibende Spalte erlaubt textgeschichtlich relevante Lesarten der drei Redaktionen aufzunehmen.

Um die drei Fassungstexte für die verschiedenen Textverarbeitungsprogramme zugänglich zu machen, werden sie zunächst und unabhängig voneinander auf herkömmliche nicht-maschinelle Weise kritisch als sog. »vorläufige Texte« erstellt und dann über ein Sichtgerät (Telefunken SIG 51) auf Magnetband geschrieben. Im Dezember 1976 konnte die Eingabe von B abgeschlossen werden. Mehrere Indices wurden inzwischen ausgedruckt. Ende 1977 waren auch die Texte A und C eingeschrieben.

Im einzelnen soll die Hilfe der EDV bei folgenden Arbeitsphasen in Anspruch genommen werden.

1. Bei der Korrektur der eingegebenen Texte. Mittels eines alphabetischen Wortformen-Index, der zusätzlich alle Hapax legomena im Kontext einer Zeile auflistet, können sehr leicht und schnell Abschreibefehler entdeckt und korrigiert werden, da sie als Systemfehler an exponierter Stelle des Alphabets auftauchen. Einzelwortformen wie *aagen, abrait, chawlawt, chencht, dipensieren* springen sofort als Verschreibungen von *aigen, arbait, chawflawt, chnecht, dispensieren* in die Augen. Der KWIC-Indec gestattet neben der alphabetischen Kontrolle des Textes von den untereinander aufgelisteten Textstellen her eine weitere und ganz neuartige Einsicht in seine Struktur. Die bloßgelegten syntaktischen Identitäten helfen vor allem die »vorläufige« Interpungierung des Textes zu überprüfen und wenn nötig neu zu regeln. Weitere diverse Spezialindices, wie die in den Text eingezogene Blattzählung der Leithandschrift, die Kapitelzählung innerhalb der einzelnen Buchstaben, die unterschiedlich groß oder klein geschriebenen Wörter oder die »Eingriffe« in die Textgestalt der Leithandschrift, unterstützen die Kontroll- und »Besserungs«-Arbeit am Text.

2. Bei der Analyse des Graphemsystems und des Sprachgebrauchs der Leithandschrift. Da die Fassungstexte A, B und C nicht in normiertem Mittelhochdeutsch oder in einer sprachlich purgierten Form geboten werden sollen, sondern als historische Lesetexte in der Graphie der Leithandschrift, ist es nötig, das Schreib- und Sprachsystem der drei Handschriften A-I1 (Innsbruck, Univ. Bibl. cod. 549, v.J. 1390, Schreiber: Heinrich Sentlinger aus München), B-M4 (München, Bayer. Staatsbibl. cgm 283, v.J. 1423) und C-M13 (München, Bayer. Staatsbibl. cgm 612, v.J. 1454, geschrieben von Johannes Clingenstam in Weilheim) näher zu beschreiben. Eine derartige Analyse, die bis zu den Feinheiten positions- und wortgebundener Schreibgewohnheiten vordringen kann, wäre ohne maschinelle Zähl- und Sortierhilfe nicht möglich. Spe-

zielle Auflistungen von Wort- und Schreibformen helfen erste Beobachtungen am alphabetischen Index und am KWIC-Index zu präzisieren. Ich gebe ein Beispiel. Als graphisches Zeichen für die labiale Affrikata verwendet der M4-Schreiber sowohl *pf* wie *pff*, aber auch *ppff*, nie jedoch *ph*. Eine genaue Auszählung über Computer erbrachte eine strenge positionsbedingte Distribution der Graphvarianten *pf* und *pff*. Am Wortanfang findet sich nur *pf-* (*pfaff* 146 ×, *pfarrer* 74 ×, *pfand* 47 × u.a.), in medialer Stellung aber *pff*-Schreibung: *apffel* 1 ×, *chlopffen* 1 ×, *opffer* 12 ×, *opfferen* 11 ×, *schimpff* 9 ×, *chempffen* 6 ×. Eine Neigung, die mediale Graphie zu vereinfachen, ist in drei Wörtern feststellbar: in *opfer* 2 ×, in *chåmpfen* 3 × und im Substantiv *champf* 1 ×. Gänzlich aus dem Rahmen fallen die nur je einmal belegten Schreibungen *pff* und *ppff* in *pffarrer* (20.470) und *oppffer* (140.061).

3. Bei der kritischen Erstellung der Fassungstexte. Die kritische Arbeit wurde geleistet, b e v o r der Text, wenn auch in »vorläufiger« Form, über ein Sichtgerät auf Magnetband geschrieben wurde. Was bleibt nachträglich für den Computer noch zu tun? Eigentlich ziemlich viel. Die edierten Texte A, B und C sind sog. Fassungstexte. Unter Fassungstext ist jener Text zu verstehen, der abzüglich aller individueller Varianten der Einzelhandschriften und Drucke einheitlich übrigbleibt. Nun ist keine der erhaltenen Handschriften von solcher Qualität, daß sie den Fassungstext, der durch den Vergleich aller Handschriften (Überlieferungskritik) zweifelsfrei erschlossen werden kann, zur Gänze repräsentierte. Der Text jeder Handschrift zeigt mehr oder weniger tiefgreifende Überlieferungsschäden, auch die als Leithandschriften gewählten Handschriften I1, M4 und M13. Es scheint nur zwei Editionsalternativen zu geben: entweder die Leithandschrift zu edieren als »Dokument der Überlieferungsgeschichte«[13] mit allen »Fehlern« und Textausfällen oder den Fassungstext zu edieren unter Verzicht auf die historische Gestalt der Leithandschrift. Die Lösung für die 'Rechtssumme'-Texte sieht so aus: Wir e d i e r e n eine Einzelhandschrift, die Leithandschrift, und d o k u m e n t i e r e n zugleich den Fassungstext - mittels der Leithandschrift und einer zweiten Begleithandschrift (für B ist dies St1 = Straßburg, Bibl.Nat. cod. 2261, v.J. 1459, geschrieben vermutlich von Erasmus Bintzberger, notarius in Pappenheim/Franken), auf die immer dann zurückgegriffen wird, wenn die Leithandschrift nicht den Fassungstext zu spiegeln vermag. Die Textgestalt der Fassung kann auf diese Weise vollständig und authentisch hergestellt, d.h. dokumentiert werden, nicht jedoch ihre Sprachgestalt; sie muß von der Leithandschrift und der Begleithandschrift »ausgeliehen« werden. Um eine Vorstellung von der sprachlichen Brechung des dokumentierten Fassungstextes zu vermitteln, gebe ich ein Beispiel (aus Buchstabe E, Kapitel 25). Der in seiner Sprachgestalt nicht erhaltene Fassungstext erscheint in normalisiertem Mittel-

---

[13] HERIBERT A. HILGERS: Die Überlieferung der Valerius-Maximus-Auslegung Heinrichs von Mügeln. Vorstudien zu einer kritischen Ausgabe. Köln und Wien 1973. S. 408.

hochdeutsch, der Text der Leithandschrift recte, der der Begleithandschrift im Druck kursiv. Als 'edierter Text' (e.T.) wird der aus Leithandschrift und Begleithandschrift synchronisierte Text bezeichnet:

1	Mhd.	Ist daz der mensche gelobet eine ê
	M4	Jst daz der mensch gelobt
	St1	Jst das ain mensch gelobt ain ee
	e.T.	Jst daz der mensch gelobt *ain ee*
2	Mhd.	einem andern menschen, oder machet eine ê
	M4	ainem andern menschen oder macht ain e
	St1	ainem andren menschen oder machet ain ee
	e.T.	ainem andern menschen, oder macht ain e
3	Mhd.	mit ime von vorhte wegen des tôdes oder
	M4	mit im von forcht wegen
	St1	von forcht wegen des todes mit im oder
	e.T.	mit im von forcht wegen *des todes oder*
4	Mhd.	von vorhte wegen grôzzer pîne und slege,
	M4	
	St1	von forcht wegen grosser pein vnd schleg
	e.T.	*von forcht wegen grosser pein vnd schleg,*
5	Mhd.	oder von vorhte wegen daz ime sîne kiuscheit
	M4	daz im sein chawschait
	St1	oder von forcht wegen das im sein keuschkait
	e.T.	*oder von forcht wegen* daz im sein chawschait
6	Mhd.	mit gewalte genomen würde, oder von vorhte
	M4	mit gewalt genomen wurd oder von vorcht
	St1	mit gewalt genomen wurd oder von forcht
	e.T.	mit gewalt genomen wurd, oder von vorcht
7	Mhd.	wegen daz er eigen werde, die ê ist niht.
	M4	wegen daz er aigen werd die e ist nit.
	St1	wegen das er aygen werd dye e ist nit.
	e.T.	wegen daz er aigen werd, die e ist nit.

1 ain ee *fehlt M4* 3 des *bis* 5 wegen *fehlt By2*

Insgesamt springt die Begleithandschrift St1 an über 4.600 Stellen ein, um den Fassungstext B zu sichern. Das sekundäre Textverhalten von M4 verzeichnet dabei jedesmal der überlieferungskritische Apparat. Mit dieser Aufteilung der Leithandschrift wird es ermöglicht, den Text B der 'Rechtssumme' gleichzeitig und vollständig sowohl in seiner Fassungsgestalt wie in der individuellen Gestalt einer historischen Abschrift (Leithandschrift) zu geben; letztere muß allerdings auf zwei Ebenen gelesen werden, auf der Ebene des 'edierten Textes' und auf der Ebene des überlieferungskritischen Apparates.

Obwohl Dokumentation und Edition der 'Rechtssumme' in einer einzigen editorischen Textdarstellung vereinigt sind, müssen sie arbeitstechnisch auseinandergehalten werden. Die Dokumentation des Fassungstextes geht der Edition der Leithandschrift voraus.

Die Dokumentation hat mehrere Arbeitsphasen. Nach der Kollation der Handschriften muß als erstes die Überlieferungsstruktur des Textes (Stemma) freigelegt werden. Für die B-Überlieferung (47 Handschriften, 8 Drucke) ergab die Analyse aus der Sicht der Leithandschrift M4 folgendes Bild:

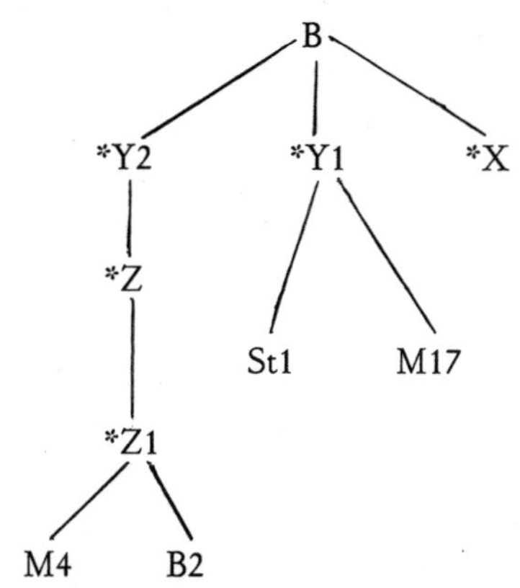

In der zweiten Phase wurde untersucht, in welchem Verhältnis der Text der Leithandschrift M4 zu dem in *X, *Y1 und *Y2 tradierten Text steht und ob, wenn eine Änderung zu konstatieren war, diese auf der Überlieferungsstufe *Y2, *Z, *Z1 oder M4 eingetreten ist. In beiden Arbeitsphasen wurde auf die Unterstützung durch EDV verzichtet. Sie wird erst in der dritten, der Kontroll- und Auswertungsphase, beansprucht. Spezielle Variantenlisten der Textstufen *By2, *Bz, *Bz1 und M4 helfen die Richigkeit der stemmatischen Entscheidung überprüfen. Jene Textstellen, die sich stemmatisch nicht eindeutig klären lassen, weil durch individuelles Textverhalten der Schreiber die genealogischen Verhältnisse verdunkelt werden, sollen über verschiedenste Wortindices des leithandschriftlichen Textes, die mühelos jeden Vergleich mit jeder kollationierten Handschrift in der Gesamtkollation erlauben, nach dem Prinzip des usus scribendi entschieden werden. Ein Beispiel: Der Sprachgebrauch von *chaufschacz, chaufmanschacz* und *chaufmanschaft* erscheint nicht vorlagen- bzw. stemmagebunden, er variiert von Handschrift zu Handschrift – jedoch nicht wahllos, sondern nach bestimmten Regularitäten der Schreibgewohnheit. So konnte durch Computer-Analysen ermittelt werden, daß die bairischen Handschriften dazu neigen, *chaufmanschaft* zu schreiben, während die schwäbisch-alemannischen Handschriften *koufmanschacz* bevorzugen. Einzelne Handschriften wie etwa H2 vereinheitlichen generell zu *koufschatz.*

Die Dokumentation des Fassungstextes findet dort ihre Grenze, wo dieser mehrere Lesungen bietet, die stemmatisch oder nach dem usus scribendi nicht differenziert werden können. Der 'edierte Text' wird sich an diesen Stellen der Textführung der Leithandschrift anvertrauen und die abweichenden gleichberechtigten Varianten im textgeschichtlichen Apparat (Spalte 4) verzeichnen.

Die Edition einer Einzelhandschrift erscheint als die logische Ergänzung des dokumentatorischen Rekonstruktionsverfahrens: Anhand des parallel geführten leithandschriflichen Textes lassen sich alle redaktionell nicht interpretierbaren Textpartien markieren. Umgekehrt ermöglicht erst die Kenntnis des Fassungstextes, soweit erschließbar, die überlieferungsgeschichtliche Edition des Leithandschriftentextes: Auf der Folie des Fassungstextes können alle individuellen und überlieferungsbedingten Eigenheiten der Leithandschrift durch Kursivdruck und mittels des überlieferungskritischen und textgeschichtlichen Apparates sichtbar gemacht werden. Ein purer Handschriftenabdruck wäre nicht in der Lage, den Text in seinem geschichtlichen Gewordensein zu erfassen. Durch die Koppelung der genealogischen Texterschließungsmethode mit der Leithandschriften-Edition wird es möglich, die textgeschichtliche Dimension in das editorische Darstellungsverfahren einzubringen.

Für die Computer-Analyse ist dieser Editionsansatz insofern von Belang, als der beigegebene 'edierte Text' aus zwei Handschriften, die sprachlich zudem verschieden sind, zusammengesetzt ist. Der Text der Leithandschrift und die Textteile der Begleithandschrift müssen daher graphematisch getrennt voneinander untersucht werden. Darüber hinaus kann aus der statistischen Auswertung (Häufigkeit bestimmter Wörter, Zahl und Art der Verschreibungen, Arten der Textausfälle und Wortersetzungen usw.) des Begleithandschriftentextes, der im 'edierten Text' kursiviert erscheint, ein sehr differenziertes Textbild der Leithandschrift erarbeitet werden, das bis in Einzelheiten das Schreibverhalten des Leithandschriftenschreibers zeigt.

4. Bei der Synoptisierung der drei Fassungstexte A, B und C sowie des textgeschichtlichen Lesartenapparates. Eine wesentliche Unterstützung erfährt die Edition der 'Rechtssumme'-Texte von der EDV dadurch, daß es mit Hilfe besonderer Steuerungszeichen möglich ist, die verschiedenen in Spalten gebotenen Textredaktionen abschnitt- und gelegentlich auch wortentsprechend aufeinander auszurichten. Das Programm wird von Wilhelm Ott, Tübingen, zur Verfügung gestellt. Die Möglichkeit des maschinellen Textvergleichs bildet die entscheidende technische Voraussetzung für die Anlage der 'Rechtssumme'-Edition nach dem synoptischen Prinzip. Ohne Computer hätte an diese Darstellungsform nie gedacht werden können.

5. Bei der Drucklegung der Edition. Nach der Synoptisierung der in vier Kolumnen eingeteilten Texte mit jeweils einem überlieferungskritischen Apparat unterhalb der Fassungen A, B und C ist an ihre Drucklegung nach den von WILHELM OTT[14] erstellten Satzprogrammen gedacht. Dieses Verfahren wurde bei wissenschaftlichen Publikationen schon mehrfach erprobt.[15] Es ist

[14] Computer Applications in Textual Criticism. In: The Computer and Literary Studies. 1973. S. 199–223; Automatisierung von Seitenumbruch und Register-Erstellung beim Satz wissenschaftlicher Werke. In: Jahrbuch der EDV 4 (1975) S. 123–143; Integrierte Satzherstellung für wissenschaftliche Werke. In: Der Druckspiegel 31 (1976) S. 35–44.

[15] Siehe z.B. W. OTT: Automatisierung (Anm. 14) S. 128, Bsp. 3 (recte 4) und S. 143 (Leibnizedition).

nicht nur rationeller als der herkömmliche Satz, es ist vor allem sehr »autorenfreundlich«:[16] Fahnen- und Umbruchkorrekturen entfallen, denn der auf Magnetband geschriebene Text wird beim automatischen Zeilen- und Seitenumbruch sowie der automatischen Apparatgestaltung nicht angetastet.

6. Bei der Erstellung des Wortregisters. Geplant ist ein Wortindex, der einen alphabetischen Zugang zu allen drei Texten der 'Rechtssumme' und den Varianten des textgeschichtlichen Apparates erlaubt. Die theoretischen und praktischen Probleme der maschinellen Indexgestaltung hat PAUL SAPPLER[17] mit seinem Index-Band zu den Werken Heinrich Kaufringers vorbildlich[18] gelöst. Es kann bei der Registrierung des 'Rechtssumme'-Wortschatzes nur noch darum gehen, die von PAUL SAPPLER gemachten Erfahrungen textentsprechend anzuwenden. Das Glossar wird, um nicht zu umfangreich zu werden, auf den textspezifischen lexikalischen Kernbestand verkürzt werden müssen.

Zum Schluß (Stand 1977) sei auf zwei Weiterentwicklungen hingewiesen, die, falls die Forschergruppe bereits bei Projektbeginn über sie hätte verfügen können, eine beträchtliche Ersparnis an Zeit, Arbeitsaufwand und Material gebracht hätten. Peter Ruff, Rechenzentrum Würzburg, hat ein Programm erstellt, mit dessen Hilfe eine Kollationsanlage mit Text der Leithandschrift und den Siglen der zu kollationierenden Handschriften – im folgenden Beispiel Zahlen – über den Schnelldrucker ausgedruckt werden kann.

1	Abstractum: abgezogen	vel	ab	geschaiden	uel	gefriet
39	.			.		
45	.			.		
20	.			.		
35	.			.		
74	.			.		
42	.			.		
62	.			.		
7	.			.		
6a	.			.		
75a	.			.		
107	.			.		

Nach Fertigstellung der Kollation und der textkritischen Arbeit hätten nur die sog. »textkritischen Besserungen« in den bereits abgeschriebenen Text der Leithandschrift eingebracht werden müssen.

Eine Reduzierung der Kollationsarbeit wäre weiterhin dadurch möglich gewesen, wenn sich diese nach Abschrift der Begleithandschrift – für den B-Text

---

[16] W. OTT: Integrierte Satzherstellung (Anm. 14), S. 39.
[17] Vgl. Anm. 7.
[18] Siehe Rez. WERNER SCHRÖDER in: AfdA 86 (1975) S. 126–131.

St1 - und nach Zeilen-Synoptisierung mit der Leithandschrift M4 nur auf jene Stellen beschränkt hätte, an denen M4 und St1 divergieren.

Es dürfte sich lohnen, die Rationalisierung der editorischen Arbeit mit Hilfe von EDV weiterzuverfolgen.

Frédéric Hartweg

Zur Verwandtschaft von Textzeugen bei Mehrfachüberlieferung

Das im folgenden dargestellte Projekt besteht in der Ausarbeitung von automatisierten Prozeduren zur Untersuchung von Textähnlichkeit bzw. Textdistanz. Als Materialgrundlage dient die Flugschrift 'Die zwölf Artikel der Bauern 1525'. Die Arbeitsplanung sieht eine automatisch durchgeführte Textsynopse (Linearisierungsverfahren) in einer Tabellarversion vor, um durch diese Aufbereitung die einzelnen Textabweichungen (Erweiterung, Auslassung, Wortersatz, Wortumstellung u.a.) erkennen zu können. Die Ähnlichkeitsgrade zwischen den einzelnen Drucken werden mit Hilfe taxometrischer Meßverfahren (mit verschieden gewichteten Kriterien) festgestellt und sollen die Aufstellung eines Überlieferungsstemmas und die Rekonstruktion der Textgeschichte erleichtern. Die Ergebnisse werden mit weiteren textexternen Informationen konfrontiert (Druckertradition, Austauschbeziehungen der verschiedenen Drucker z.B.). Diese Studie soll gleichzeitig ein Beitrag zur Geschichte der Druckersprachen und zur Verbreitung einer Flugschrift des Bauernkriegs sein.

Das hier beschriebene Projekt ist aus Anlaß eines texteditorischen Unternehmens, das mit den traditionellen Mitteln und Methoden durchgeführt wird, entstanden. Es stellte sich heraus, daß verschiedene manuell durchgeführte langwierige Vergleichsprozeduren sich vorteilhaft und unter weitgehender Ausschaltung der Fehlerquellen durch maschinelle Bearbeitung bewältigen ließen. Der wesentlichste Vorzug der computer-unterstützten Behandlung der Texte besteht darin, daß der Augsburger Erstdruck nicht als Leitdruck privilegiert wird. Es handelt sich hier um einen Versuch, sowohl bestimmte sprachgeschichtliche und geschichtliche Fragestellungen mit Hilfe automatisierter Verfahren jedenfalls einer teilweisen Antwort zuzuführen als auch das angewandte Verfahren selbst zu demonstrieren und zu erproben.

Aus einer sprachgeschichtlichen Perspektive sucht die vorliegende Arbeit eine Antwort auf die Frage nach dem Werden eines gedruckten Textes. 'Die zwölf Artikel der schwäbischen Bauern 1525', deren Erstdruck in Augsburg bei Melchior Ramminger mit Sicherheit nachgewiesen ist und von dem noch 24 vollständige mehr oder weniger abweichende Versionen gesammelt werden konnten, war die meistverbreitete Flugschrift der agitatorischen Literatur des deutschen Bauernkriegs. Dieser Text, der sich als Kompromißprogramm an alle Schichten der bäuerlichen Bevölkerung wandte und der eine breite Streuung im deutschsprachigen Raum erfuhr, erschien in 15 verschiedenen Städten bei 18 verschiedenen Druckern. Anhand dieser Fakten soll versucht werden, einen Beitrag zur Bestimmung der verschiedenen Sprachlandschaften der frühneuhochdeutschen Sprachperiode zu leisten, soweit sie über die Drukker dieser Landschaften ermittelt werden können. An dem Beispiel eines Sprachdenkmals, das einer Gattung angehört, die bis vor kurzem noch wenig Berücksichtigung in den sprachwissenschaftlichen Untersuchungen fand,[1] soll neben der Einheitlichkeit oder landschaftlichen Differenziertheit auch die Arbeitsweise der Drucker und der Umgang mit der Vorlage erörtert werden. Die überlandschaftlichen Merkmale, die territorialen Besonderheiten und die Stabilität in ihrem Auftreten sind die Hauptelemente dieser Untersuchung.

Die geschichtliche Fragestellung, die von der ersten nicht zu trennen ist, geht von der Bedeutung der 'Zwölf Artikel' einerseits und den Druckerzentren anderseits aus und versucht, den Beitrag der druckgeschichtlichen Untersuchung für die Ergebnisse der historischen Forschung auf dem Gebiet der Verbreitung dieser Flugschrift fruchtbar zu machen. Mit der Arbeit von HELMUT CLAUS[2] verfügen wir über eine erste geschlossene Übersicht über das einschlägige Druckschaffen der Jahre 1524–1526. Diese Arbeit liefert einen Überblick über die druckgeschichtliche Zuordnung des aufbereiteten Quellenmaterials vom Standpunkt der modernen buchkundlichen Forschung aus. Die Verstreutheit dieses Materials erschwerte bis jetzt die Sichtung dieses Schrifttums. Die inzwischen völlig überholten Druckerangaben von ALFRED GÖTZE[3] hatten die Neubestimmung von HELMUT CLAUS[4] notwendig gemacht. Es stellte sich z.B. heraus, daß Erfurt mit vier und Straßburg und Zwickau mit je drei verschiedenen Drucken die größte Zahl von Ausgaben aufzeigen, die in einer

---

[1] Besondere Erwähnung verdienen in diesem Zusammenhang die Arbeiten von M.M. GUCHMANN und H. WINKLER, die aber den neuen Stand der druckgeschichtlichen Forschung oft noch nicht berücksichtigen: MIRRA M. GUCHMANN: Die Sprache der deutschen politischen Literatur in der Zeit der Reformation und des Bauernkriegs. Berlin 1974. (Orig. Moskau 1970); HANNELORE WINKLER: Der Wortbestand von Flugschriften aus den Jahren der Reformation und des Bauernkriegs in seiner Einheitlichkeit und landschaftlichen Differenziertheit. Diss. Leipzig 1970, dann im Druck: Der Wortbestand ... Bauernkriegs. Berlin 1975.

[2] Der deutsche Bauernkrieg im Druckschaffen der Jahre 1524–1526. Gotha 1975. – Hinzuweisen ist auf die an der Universität Tübingen im Entstehen begriffene 'Bibliographie der Flugschriften des frühen 16. Jahrhunderts' (Sonderforschungsbereich 8: Spätmittelalter und Reformation, Teilprojekt Z 1); außerdem werden von 1978 an die einzelnen Flugschriftenausgaben in photographischer Wiedergabe auf Microfiche erscheinen.

[3] Die Zwölf Artikel der Bauern 1525. Kritisch hrsg. von ALFRED GÖTZE. In: Hist. Vj. 5 (1902) S. 1–33; derselbe: Die Artikel der Bauern. In: Hist. Vj. 4 (1901) S. 1–32; derselbe: Zur Überlieferung der zwölf Artikel. In: Hist. Vj. 7 (1904) S. 53–58. Die Angaben von GÖTZE sind zum großen Teil übernommen worden in: Aus dem sozialen und politischen Kampf. Die zwölf Artikel der Bauern 1525. Hans Hergot, Von der neuen Wandlung 1527. Flugschriften aus der Reformationszeit 20. Hrsg. von ALFRED GÖTZE und LUDWIG ERICH SCHMITT. Halle/Saale 1953.

[4] Die Anfänge des Buchdrucks in Forchheim/Oberfranken. In: Über Bücher, Bibliotheken und Leser. Festschrift Horst Kunze zum 60. Geb. Leipzig 1969. S. 27–37.

Stadt nachweisbar sind, während Wittenberg im Gegensatz zu den Feststellungen von ALFRED GÖTZE am Nachdruck nicht beteiligt war.

Die genaue druckgeschichtliche Zuweisung ist von großer Bedeutung, denn allein über sie läßt sich der sprachliche Austauschprozeß zwischen den verschiedenen Landschaften näher bestimmen. Die eingehenden Untersuchungen der Druckersprachen[5] haben zwar gezeigt, daß die Praxis der einzelnen Druckzentren sehr differenziert sein kann und daß die Herkunft des Drukkers, die Stationen seines Bildungsgangs, der Markt, für den er arbeitet, sowie die Druckvorlage selbst zu berücksichtigen sind, aber allein von den Druckorten aus läßt sich das Verbreitungsgebiet der Flugschriften abstecken, denn durch den Nachdruck werden sie über weite Räume des Sprachgebiets verteilt. Der häufige Nachdruck beweist, daß der größte Teil der Auflage für den Vertrieb im näheren Gebiet bestimmt war, daß aber auch einzelne Exemplare einer Auflage in entferntere Orte gelangten und dort als Vorlage für Nachdrucke dienten.

Bei der Verbreitung der Schriften über verschiedene Sprachlandschaften werden diese z.T. in eine andere Sprachvariante »übersetzt«, und bei diesem Prozeß ist der Drucker der aufnehmenden Landschaft stets die zwischengeschaltete Instanz, die die Sprache der Schrift, die er nachdruckt, der in seinem Gebiet heimischen Variante der Schriftsprache anpassen kann. Da es sich bei unserem Text um aktuelles Tagesschrifttum handelt, mußte der Nachdruck sehr rasch hergestellt werden, und es bestand praktisch keine Zeit, um eine sorgfältige sprachliche Bearbeitung der Vorlage anzufertigen. Es stellt sich die Frage, in welchem Maße die fremde Schriftsprachenvariante in einem anderen Sprachgebiet im Rahmen des allgemeinen Sprachaustausch- und -ausgleichsprozesses zur Wirkung kommen kann. Die Materialbasis unserer Untersuchung ist zu schmal, um relevante Aussagen über Druckerzentren machen zu können. Hinzu kommt die Frage nach Bedeutung und Umfang der Nachdrucke und der Austauschbeziehungen unter beteiligten Druckern und zwischen Druckorten, zwischen den verschiedenen geographischen Räumen. Die Bestimmung des Textverhältnisses, der Drucker und der Druckorte erlaubt es, empfangende und ausstrahlende Druckorte ausfindig zu machen. Die Begrenztheit des Ausgangsmaterials gestattet uns auch hier nicht, generelle Aussagen über die Stärke landschaftlicher Austauschbeziehungen zu machen. Vergleiche lassen sich allerdings anstellen mit den Austauschbeziehungen, die z.B. HANNELORE WINKLER (s. Anm. 1) für eine Reihe von Dialogen aus der Zeit des Bauernkriegs dokumentiert.

Daß die Druckorte und die Zentren der politischen Bewegung weitgehend zusammenfallen, war zu erwarten. Die Grundlagen der politischen Flug-

---

[5] U.a. ARNO SCHIROKAUER: Frühneuhochdeutsch. In: Deutsche Philologie im Aufriß. Bd 1. Sp. 855-930; derselbe: Der Anteil des Buchdrucks an der Bildung des Gemeindeutschen. In: DVjs 25 (1951) S. 317-350.

schriftenliteratur lassen sich aber auch in ihrer arealen Verbreitung und in den Austauschbewegungen aufweisen, deren nähere Bestimmung angestrebt wird.

Unser Versuch wurde anhand der Artikel 2 und 3 unternommen, da die uns zur Verfügung stehenden Arbeitsmöglichkeiten die umfassende Behandlung des ganzen Textes nicht erlaubten. Die Länge dieser zwei Artikel und die in ihnen vorkommenden Abweichungen machen sie aber zu einem repräsentativen Ausschnitt des Gesamttextes.

Die erste Etappe der Bearbeitung besteht in der Erstellung eines lemmatisierten Indexes mit Hilfe des in Marburg entwickelten Mehrzeilenverfahrens.[6] Die Adresse der einzelnen Zeilen liefert Angaben über den Artikel, den Druck und die Zeile. (Um den Vergleich zu erleichtern, haben wir die Zeilenlänge der einzelnen Drucke auf die Zeileneinteilung des Augsburger Erstdruckes gebracht, da wir, wegen der Kürze des Textes und um Programmänderungen zu vermeiden, auf eine Numerierung der Wörter innerhalb der Zeile verzichtet haben.)

Damit über alle philologischen Entscheidungen Rechenschaft abgelegt werden kann, sind alle Zeichen des Textes berücksichtigt worden, d.h. nicht nur die übergeschriebenen Buchstaben, sondern auch die drucktechnischen Abkürzungen, die nicht aufgelöst wurden, weil hier Druckergewohnheiten festgehalten werden sollten. Die im Text vorgenommenen Eingriffe waren erforderlich, um die Vergleichsbasis mit anderen Drucken herzustellen und die Nachprüfbarkeit der Entscheidung zu erhalten (z.B. das Plus-Zeichen wird gebraucht, um nicht zusammengeschriebene Wörter einzelner Drucke wie *kirch+propst* mit zusammengeschriebenen Formen wie *kirchproebst* vergleichen zu können). Als Arbeitsmittel diente ein lemmatisierter Index dieser Art:

EIGENNÜTZIG (24)		
aigennützig	(4)	040601 040602 040609 040626
aigennutzig	(3)	040615 040616 040617
aigēnützig	(1)	040608
aygennützig	(3)	040620 040621 040624
eigennutzig	(1)	040618
eigen + nutzig	(1)	040619
eygennützig	(5)	040605 040606 040610 040622 040625
eygennüzig	(2)	040612 040613
eygennutzig	(2)	040607 040614
eygen + nutzig	(2)	040603 040604
EIGENSCHAFT (22)		
aigenschafft	(5)	032101 032102 032115 032116 032126
aigēschafft	(1)	032124
aygenschafft	(5)	032108 032109 032117 032120 032121
eygenschafft	(9)	032103 032104 032105 032107 032110 032112 032113 032114 032118
eygentschafft	(2)	032106 032119

[6] MONIKA RÖSSING-HAGER: Zur Herstellung von Wortregistern und Merkmal-Koordinationsregistern. In: Germanistische Linguistik 2/70. S. 117–178.

Anhand des lemmatisierten Indexes wurden Tabellen erstellt (siehe Abb. 1 im Anschluß an den Beitrag die Diagramme *Hirt - zu + zeigen - zugeeignet - Kirchprobst - demütigen - ziemlich - oberkeit - mutwillen*). Die von Harald Händler anhand dieses Corpus ermöglichte Herstellung eines Rohvariantenapparates erleichtert erheblich die Anfertigung der Tabellen bei nicht-lemmatisierten Indices. Ich gebe seine Beschreibung des Herstellungsprozesses wieder:

»Das Programm, mit dem der Variantenapparat zu den Bauernkriegsartikeln hergestellt wurde, ist weitgehend identisch mit dem SNOBOL4-Programm IKON2 zur Bildung von Wortindices; mit diesem in Marburg 1977 entwickelten Programmsystem läßt sich aus Texten, deren Zeilen mit einer Zahl zur Belegstellenidentifizierung beginnen, eine Reihe von Wortindexarten herstellen.

Um das Problem des Variantenapparats auf das des Wortindex zurückzuführen, wird jeder der aufzubauenden Sortiereinheiten ein Zahlenaggregat vorangestellt, in dem mit fallender Priorität Artikelnummer, Zeilennummer innerhalb des Artikels und Position innerhalb der Zeile berücksichtigt wird. Durch die Sortierung werden damit alle Wortformen zu einer bestimmten Artikelstelle in alphabetischer Folge in direkte Nachbarschaft gebracht.

Der Vergleichstext - hier die erste Version - erhält in der letzten Position des führenden Zahlenaggregats eine Null, der übrige Text eine Eins. Durch diese Auszeichnung kommt die Wortform, mit der die übrigen verglichen werden sollen, an die erste Stelle der zu einer Artikelstelle gehörigen Gruppe zu stehen. Die Gruppe insgesamt ist kenntlich durch übereinstimmendes führendes Zahlenaggregat, wenn man von der letzten Stelle absieht.

Die Ausgabe des sortierten Textes unterscheidet sich stärker von der eines Wortindex. Aus dem führenden Zahlenaggregat werden Artikel- und Zeilennummer, aus dem Belegstellenaggregat der Sortiereinheit die Versionsnummer erschlossen. Ausgegeben werden Wortformen, die sich von der Vergleichsform unterscheiden, und zwar zusammen mit dieser und der Belegstelleninformation (siehe Abb. 2 und 3).

Da das Programm keine Wortähnlichkeiten erkennen kann, werden Wortformen lediglich aufgrund ihrer Position in der Zeile verglichen. Dies führt im Falle fehlenden oder überzähligen Textes in der zu vergleichenden Zeile zu Fehlzuordnungen, die bei der Ausgabe unvergleichbare Wortformen zusammenbringen können. Dies läßt sich durch eine Aufbereitung des Textes mithilfe des solche Textstellen kenntlich machenden Rohvariantenapparats beheben. Fehlende Textstellen sind durch Einfügen eines Kunstwortes (zum Beispiel '+ + +'), überzähliger Text durch Markierung mit '*' oder '§' zu behandeln. Hiernach leistet das Programm - außer im Falle von Umstellungen - eine korrekte Zuordnung der Varianten. Im Falle der Kennzeichnung überzähligen Textes mit '*' erscheinen die markierten Wortformen im Variantenapparat (Abb. 3), sonst nicht. Satzzeichen können ebenfalls ignoriert werden.

Das Programmsystem IKON2 wurde für Ein-, Zwei- und Dreizeilensortierungen konzipiert. Auch die hier vorgestellte Variante des Systems läßt sich in dieser Richtung erweitern.«

Auf dieser Basis lassen sich dann gewisse Konstellationen herausschälen, die verschiedenen Textgruppierungen entsprechen. Dadurch läßt sich ebenfalls, wenn ein Lexem mehrmals erscheint, die interne Geschlossenheit eines Textes oder der Druckerpraxis einer Offizin (z.B. Stürmer, Erfurt - Gastel, Zwickau - Schäffler, Konstanz - Schürers Erben, Straßburg) bestimmen. Anhand dieser Tabellen lassen sich auch flexionsmorphologische und graphematische Aspekte der Texte untersuchen. Der Vorteil, den man aus der maschinellen Bearbeitung zieht, besteht in der Möglichkeit der Exhaustivität, wobei die Auswertung weiterhin die Arbeit des Philologen bleibt.

Der weiterführende Schritt,[7] der sich in zwei Stufen untergliedern läßt, versucht, die Prozeduren in stärkerem Maße zu automatisieren. Die erste Stufe nennen wir Linearisierung, d.h. die Zuordnung der Segmente zweier Texte, damit Vergleichspaare entstehen. Die zweite besteht in der Auffindung von Wort- und Textdistanzen durch Hinzuziehung zusätzlicher Unterscheidungskriterien, die mit unterschiedlicher Gewichtung gehandhabt werden können. Zu diesen Verfahren ist folgendes zu beachten. Im Begriffspaar Distanz/Ähnlichkeit ist die Distanz als begriffliche Umkehrung der Ähnlichkeit zu verstehen, d.h. daß zwei Objekte umso ähnlicher sind, je geringer ihre Distanz ist. Zur Darstellung des Begriffs Ähnlichkeit kann noch hinzugefügt werden, daß er durch die »unterscheidende(n) Merkmale und die wechselnd große zahlenmäßige Übereinstimmung zwischen den Einheiten hinsichtlich der Ähnlichkeit

---

[7] Der Entwurf und die Automatisierung der Prozeduren sind in Zusammenarbeit mit Herrn Dr. C.L. Naumann (Marburg/PH Aachen) zustande gekommen, siehe: Carl Ludwig Naumann: Grundzüge der Sprachkartographie und ihrer Automatisierung. In: Germanistische Linguistik 1-2/76. Besondere Erwähnung in diesem Zusammenhang verdienen folgende Arbeiten:

Jacques Froger: La critique des textes et son automatisation. Paris 1968.

ders.: La critique textuelle et la méthode des groupes fautifs. In: Cahiers de Lexicologie 3 (1961) S. 207-224.

John G. Griffith: A taxonomic study of the manuscript tradition of Juvenal. In: Museum Helveticum 25 (1968) S. 101-138.

ders.: Numerical taxonomy and some primary manuscripts of the Gospels. In: Journal of theological Studies 20 (1969) S. 389-406.

ders.: The Interrelations of some Primary Manuscripts of the Gospel in the light of Numerical Analysis. In: Studia Evangelica. Bd 6. Berlin 1973. (Texte und Untersuchungen zur Geschichte der altchristlichen Literatur 112). S. 221-238.

Günter Kochendörfer - Bernd Schirok: Maschinelle Textrekonstruktion. Theoretische Grundlagen, praktische Erprobung an einem Ausschnitt des 'Parzival' Wolframs von Eschenbach und Diskussion der literaturgeschichtlichen Ergebnisse. Göppingen 1976. (GAG 185).

Wilhelm Ott: Computer Applications in Textual Criticism. In: The Computer and Literary Studies. 1973. S. 199-223.

ders.: Erfassen und Korrigieren von Texten auf Lochstreifen. Erfahrungen mit der Vorbereitung des lateinischen Bibeltextes für den Computer. In: Elektronische Datenverarbeitung 12 (1970) S. 132-137.

Henri Quentin: Essais de critique textuelle. Paris 1926.

Gian Piero Zarri: Algorithms, stemmata codicum, and the Theories of Dom H. Quentin. In: The Computer and Literary Studies. 1973. S. 225-238.

Zum Problem der Ähnlichkeit sind ebenfalls zu erwähnen:

Peter Ihm: Abstand und Ähnlichkeit in der Archäologie. In: Informationsblätter zu Nachbarwissenschaften der Ur- und Frühgeschichte 5 (1974) Datenverarbeitung 9, 1-9.

Hans Hermann Bock: Automatische Klassifikation. Göttingen 1974.

Gabriel Altmann - Werner Lehfeldt: Allgemeine Sprachtypologie. Prinzipien und Meßverfahren. München 1973.

und Verschiedenheit«[8] konstituiert wird. Die Auffindung von größeren oder geringeren Ähnlichkeiten zwischen Einheiten oder Gruppen von Einheiten »in Objektbereichen, für die keine Klassifikation von vornherein auf der Hand liegt«, macht den »ersten taxometrischen Arbeitsschritt« aus.

	sonder	IDENT.		sonder
	got	D.: 1.64		gott
	lieben	IDENT.		lieben
	jn	AUSFALL		---
	als	IDENT.		als
	vnserrn	D.: 0.35		vnsern
	herren	IDENT.		⟨H⟩erren
	---	AUSFALL		030312 ynn
030112	jn	D.: 0.50		yn
	vnsern	IDENT.		vnsern
	nechsten	D.: 1.05		nehisten
	erkennen	IDENT.		erkennen
	jn	D.: 4.00		vnsern
	jn	D.: 3.67		herren
	jn	D.: 3.11		yhn
	jn	D.: 0.50		yn
	jn	D.: 4.00		vnsern
	jn	D.: 4.29		nehisten
	jn	D.: 3.56		vn-
	pluotvergie&en	D.: 4.56	UMSTELL.	vergiessen + des + bluts

»Der zweite Schritt der taxometrischen Tätigkeit ist dann die Auffindung von Quasi-Klassifikationen ... Da diese Gruppierung der Einheiten aus den Ähnlichkeitswerten folgt, ist es zutreffend, das Verfahren als (ein solches) der Datenreduktion zu bezeichnen.«[9] Beim Vergleich ist wegen der großen Zahl und der komplizierten Abfolge der Schritte eine automatisierte Behandlung angezeigt.

Bei der Aufstellung der Ähnlichkeitsfunktion setzt man voraus, »daß sich die Ähnlichkeit von Objekt 1 und Objekt 2 an Einzelzügen oder Merkmalen der Objekte derart festmachen läßt, daß die Objekte umso ähnlicher sind, je mehr sie gleiche Einzelzüge gemeinsam haben.«[10] Für die Ebene der Laute/Buchstaben läßt sich eine spezifischere Darstellung anwenden: »In ihrer anschaulichen Form wird die Ähnlichkeitsfunktion als Graph« ('Ähnlichkeitskörper') dargestellt, »der aus allen Kanten aufgebaut wird, die alle kleinsten Unähnlichkeiten zwischen den Knoten«,[11] d.h. Graphemen repräsentieren. Die

[8] NAUMANN, S. 179.
[9] Ibid. S. 179.
[10] Ibid. S. 116.
[11] Ibid. S. 152; siehe ebenfalls SLAVKO GERSIĆ: Mathematisch-statistische Untersuchungen zur phonetischen Variabilität, am Beispiel von Mundartaufnahmen aus der Batschka. Göppingen 1971; PETER LADEFODGED: The Measurement of Phonetic Similarity. In: Statistical Methods in Linguistics 6 (1971) S. 23–32.

jeweils kürzesten Wege zwischen allen Knotenpaaren werden als der Abstand des Graphempaares aufgefaßt. Eine solche Modellierung, mit der »City-Block«-Darstellung der Ähnlichkeit verwandt (»Die Benennung entspringt der Veranschaulichung der Distanz an dem Weg, den ein Fußgänger in einer Stadt mit ideal rechteckigen Wohnblocks nehmen muß«),[12] ist zwar etwas grob, aber es kommt hier sowieso nur in einem Bereich unterhalb eines ziemlich niedrigen Grenzwertes auf die genaueren Distanzwerte an. Zwei Wörter sind umso ähnlicher, je näher die ihnen zugeordneten Punkte im Ähnlichkeitskörper beieinanderliegen (in unserem Ähnlichkeitskörper erlaubt die Verknüpfung von *i* und *j* eine einheitliche Berechnung der kürzesten Wege für Vokale und Konsonanten; man hätte ebenfalls eine Distanz einsetzen können, die die später zu definierende Ähnlichkeitsschwelle nicht unterschreitet). Die Möglichkeit, andere Distanzen einzusetzen, gibt diesem Modell überhaupt eine gewisse Flexibilität. Die Distanz eines Wortpaares ist die Summe der absoluten Differenzen unter Berücksichtigung der Zahl der vergleichbaren Grapheme in gleicher Anordnung. (Die Wortdistanz ist ein Mittelwert, der sich aus der Addition der einzelnen Graphemdistanzen, geteilt durch die Graphemenzahl, ergibt.) Dabei wird das Problem des Graphemschwunds und der Graphemhinzufügung dadurch gelöst, daß das kürzere Wort um eine Parametermenge, »dummy segment« genannt, ergänzt wird. Die als Vorbedingung zur Automatisierung notwendige Algorithmisierung verlangt nämlich, daß nicht allein der Schwund bzw. die Hinzufügung einzelner Segmente berücksichtigt werden. Vielmehr müssen auch Umstellungen als solche erfaßt werden. Der Begriff der Ähnlichkeit wird dann auf die übergeordnete Ebene, d.h. den Text als Wortkette ausgedehnt, wobei das Prinzip der Wortdistanz auf die Textdistanzbestimmung angewendet wird: Zwei Texte sind umso ähnlicher, je mehr ähnliche (im Grenzfall identische) Wörter in gleicher Anordnung vorkommen.

Nach dem ersten groben Raster, der lediglich dazu diente, die Linearisierung zu erstellen, gilt es nun für die Textzeugenklassifikation, feinere Unterscheidungsmerkmale einzuführen, die den besonderen Charakteristika der frühneuhochdeutschen Texte Rechnung tragen.[13] Hier spielt die Art der Gewichtung der Merkmale, die stark von der entsprechenden Fragestellung abhängt, eine bedeutende Rolle, wobei die Gewichtung die Konstruiertheit linguistischer Einheiten (und der sie konstituierenden Begriffe, von denen sie abhängen) berücksichtigt. Die drucktechnischen Merkmale können z.B. als besondere Kategorie betrachtet werden (Abkürzungszeichen, übergeschriebener Strich als Verdoppelung des Konsonanten oder für folgendes *m* oder *n*, ' nach einem Konsonanten für den Lautkomplex *er*, *dz* für *das*, *d'* für *der* ...).

---

[12] Ibid. S. 117 und 237 (Anm. 313).

[13] Cf. Ilpo Tapani Piirainen: Graphematische Untersuchungen zum Frühneuhochdeutschen. Berlin 1968.

Wolfgang Fleischer: Strukturelle Untersuchungen zur Geschichte des Neuhochdeutschen. Berlin 1966.

Weitere Kategorien bilden z.B. die graphematischen Repräsentationen der Konsonanten (Häufung, Verdoppelung), der Assimilations-, Dissimilations-, Rundungs-, Entrundungs-, Diphthongierungs- und Monophthongierungsphänomene, der Gebrauch von Zeichen mit vokalischem und konsonantischem Wert, die Groß- und Kleinschreibung, die durch Systemzwang bedingten Ausgleichserscheinungen, die Distribution von *p/b, h/ch, t/d,* die positionsbedingten Schreibungen *v/f, u/v* ..., die Konkurrenzsituation *ai/ay/ei/ey.* Mit unterschiedlichen Gewichtungen der Merkmale lassen sich Akzentverschiebungen bei dem Untersuchungsschwerpunkt erzielen (z.B. besondere Gewichtung der drucktechnischen Aspekte).

Als Ergebnis dieser verschiedenen Versuche kann man sich verschiedene Gruppierungen der zu untersuchenden Texte vorstellen, die in einem Merkmalraum liegen, dessen Dimensionen die erwähnten Kategorien bilden. Vorherrschende Kombinationen von Merkmalausprägungen, d.h. Zonen hoher Dichte im Merkmalsraum, zeigen Textgruppen an, die größere Ähnlichkeit zueinander aufweisen. Es gilt dann festzustellen, ob diese Gruppierungen im Einklang stehen mit den Drucker- und Druckortbestimmungen, mit den jeweiligen Sprachlandschaften und ob sie die textexternen Bestimmungen der Austauschbewegungen bestätigen.[14]

Ich danke Dr. C.L. Naumann für die freundschaftliche Zusammenarbeit, die diesen Beitrag ermöglicht hat. Ich danke ebenfalls Prof. Putschke, Prof. Rössing-Hager, H. Händler, H.W. Schreiner für ihre Hilfestellung und Anregungen.

[14] Eine mit Hilfe des Plotters durchgeführte Kartierung verschiedener Sprachmerkmale an den einzelnen Druckorten könnte erwogen werden.

Anmerkung zu S. 132 Z. 3f.: Der Druck von Hans von Erfurt (Reutlingen) konnte in der Untersuchung nicht berücksichtigt werden (Kriegsverlust der Württ. Landesbibliothek Stuttgart).

Abb. 1

Hirt	1	2	3	4	5	6	7	8	9	10	12	13	14	15	16	17	18	19	20	21	22	24	25	26
Hierten									1															
Hiertten								1																
Hirten															1									
Hirtten											1	1												
Hirte -													1											
hirrten							1																	
hirten			1	1		1			1															
hirte -										1														
hirtten													1											
hyrten																							1	
Hyrten					1									1										
hyrte																					1			
hyrtten																			1	1				
Hyrtten	1	1														1	1							1

zu+zeigen	1	2	3	4	5	6	7	8	9	10	12	13	14	15	16	17	18	19	20	21	22	24	25	26
zuzaigen																				1				
zu+zaigen														1	1	1								
zu+zaygen					1																			
zu+zeigen																	1							
zu+zeyge			1	1																				
zuo+zeygen						1	1				1	1	1											
zuo+zaigen	1	1						1														1		1
zuo+zeygen										1								1			1			
zuozaygen																			1					
zuozeygen																							1	
zuo+aygen									1															

zugeeignet	1	2	3	4	5	6	7	8	9	10	12	13	14	15	16	17	18	19	20	21	22	24	25	26
zu+geeygent											1	1	1											
zu+geeygnet						1																		
zuegeaygent															1	1								
zugeaigent																				1				
zugeaygent					1									1										
zugeeygnet							1																	
zugeeygent			1																					
zuo+geeygent										1								1						
zuo+geeygnet																					1			
zuogeaigent																						1		
zuogeaygent									1															
zuogeeygent																	1							
zuogeeygnet																							1	
zuogeavgent	1																		1					1
z.geaignent								1																

Kirchprobst	1	2	3	4	5	6	7	8	9	10	12	13	14	15	16	17	18	19	20	21	22	24	25	26
kvrch+Brœpst																					1		1	
Kirch+Prœbst																		1						
Kirche-prœbst																			1					
Kirchproebst																				1				
kirch+propst																	1							
kirchbröpst														1										
Kirchproebst															1									
kirchproepst																						1		
kirch+bröpst							1																	
kirch+brœpst													1											
kirch+Bropst					1											1								
kirch+Brœpst	1	1				1					1	1												1
kirch+Prœbst									1															
kirch+Prœpst								1		1														
kirch+Pr[illegible]sten			1	1																				

demütigen	1	2	3	4	5	6	7	8	9	10	12	13	14	15	16	17	18	19	20	21	22	24	25	26
diemietigen							1				1													
diemuetigen		1			1											1	1							
diemuetign-														1										
diemuotigen																								1
diemuotign-	1																							
demuetigen								1	1		1	1			1				1	1				
demuotigen										1												1	1	
demuottigen																					1			
demutigen			1	1																				
demutige-													1											
demütigen						1																		
demütige-																		1						

ziemlich	1	2	3	4	5	6	7	8	9	10	12	13	14	15	16	17	18	19	20	21	22	24	25	26
tzimlichen											1	1	2											
tzymlichen											1	1												
zim-lich									1															
zim-liche-								1																
zim-licher								1																
zimlcher							1																	
zimlich						1	1	1		1				1	1					1	1	1	1	
zimliche-									1															
zimlichem																			1	1				
zimlichen	1	1	2	2	1	1	1			1				1	1				1	1		1		1
zimlicher			2	1		2	1			2			1	1	2					1		2		
zym-lichen	1				2											2	2							
zymlich	1	1			1											1	1	1	1					1
zymliche-							1											1						
zymlichen																1	1				1		1	
zymlicher	1	2	1					1	2		2	2	1	1				2	1		1		1	2

oberkeit	1	2	3	4	5	6	7	8	9	10	12	13	14	15	16	17	18	19	20	21	22	24	25	26
O b r e n																							1	
o b r e n																					1			
oberkait	3	3						3	3					3	2	3			2	2		3		3
oberckeyt			3	3																				
oberkayt	1	1						1	1							1								1
oberkeit					3	2				4	2	2	1	1			4							
oberkeyt			1	1	1	1	3				1	1	1						2	2				
œberckeit																		4						
œberkait															2									
œberkayt																						1		
œberkeyt											1	1	2											
oberkeyten							1																	
oberkeytten						1																		

mutwillen	1	2	3	4	5	6	7	8	9	10	12	13	14	15	16	17	18	19	20	21	22	24	25	26
muetwillen															1									
muet+willen																1								
muotwilen	1																							
muotwillen								1	1	1	1	1					1	1	1	1		1		
muot+wilen		1																						1
mutwillen			1	1		1	1						1	1										
mütwillen					1																0		0	

Abb. 2

```
                                   zu+zeite-            > 1< 17
ART. 9, Z. 5 ** zuo+zeytten        zu+zeiten            > 2< 12 | 13
ART. 9, Z. 5 ** zuo+zeytten        zu+zeitte-           > 1< 05
ART. 9, Z. 5 ** zuo+zeytten        zu+zeitten           > 1< 14
ART. 9, Z. 5 ** zuo+zeytten        zu+zeyte-            > 1< 18
ART. 9, Z. 5 ** zuo+zeytten        zu+zeyten            > 2< 15 | 16
ART. 9, Z. 5 ** zuo+zeytten        zu+zeytten           > 2< 03 | 06
ART. 9, Z. 5 ** zuo+zeytten        zue+zeite-           > 1< 10
ART. 9, Z. 5 ** zuo+zeytten        zuo+zeiten           > 2< 09 | 25
ART. 9, Z. 5 ** zuo+zeytten        zuo+zeyte-           > 1< 24
ART. 9, Z. 5 ** zuo+zeytten        zuo+zeyten           > 3< 08 | 19 | 22
ART. 9, Z. 5 ** zuo+zeytten        zuzeyte-             > 1< 07
ART. 9, Z. 5 ** auß                ans                  > 1< 04
ART. 9, Z. 5 ** auß                aus                  > 2< 03 | 14
ART. 9, Z. 5 ** grossem            +++                  > 2< 20 | 21
ART. 9, Z. 5 ** grossem            grosser              > 2< 16 | 24
ART. 9, Z. 5 ** Ist                Ist/ist              > 2< 03 | 04
ART. 9, Z. 5 ** vnser              vnnser               > 1< 19
ART. 9, Z. 5 ** vnser              vnser/vnser          > 1< 03
ART. 9, Z. 5 ** vnser              vnser/vnsser         > 1< 04
ART. 9, Z. 5 ** maynung            maynu-g              > 3< 05 | 17 | 18
ART. 9, Z. 5 ** maynung            meinung              > 2< 07 | 24
ART. 9, Z. 5 ** maynung            meynu-g              > 2< 10 | 19
ART. 9, Z. 5 ** maynung            meynug               > 1< 04
ART. 9, Z. 5 ** maynung            meynung              > 7< 03 | 06 | 12 | 13 | 14 | 22 | 25
ART. 9, Z. 5 ** vns                vnns                 > 6< 06 | 08 | 09 | 14 | 20 | 21
ART. 9, Z. 6 ** geschribner        geschribener         > 1< 07
ART. 9, Z. 6 ** geschribner        geschriebener        > 3< 03 | 04 | 19
ART. 9, Z. 6 ** geschribner        geschrybner          > 3< 08 | 09 | 22
ART. 9, Z. 6 ** geschribner        gschribner           > 1< 25
ART. 9, Z. 6 ** straff             strafft              > 1< 04
ART. 9, Z. 6 ** straffen           lassen               > 2< 20 | 21
ART. 9, Z. 6 ** darnach            dar+nach             > 1< 19
ART. 9, Z. 6 ** sach               sache                > 2< 03 | 04
ART. 9, Z. 6 ** gehandelt          geha-delt            > 1< 10
ART. 9, Z. 6 ** gehandelt          gehandlet            > 2< 08 | 09
ART. 9, Z. 7 ** vnd                vn-                  > 5< 06 | 10 | 14 | 17 | 18
ART. 9, Z. 7 ** vnd                vnnd                 > 3< 02 | 16 | 26
ART. 9, Z. 7 ** nit                nicht                > 2< 03 | 04
ART. 9, Z. 7 ** nach               noch                 > 3< 03 | 04 | 05
ART. 9, Z. 7 ** gunst              gu-st                > 2< 10 | 14
ART. 9, Z. 7 ** gunst              guonst               > 1< 19
```

Abb. 3

```
ART. 9, Z. 5 ** gunst          *auß              > 2< 20 | 21
ART. 9, Z. 5 ** gunst          *geen             > 2< 20 | 21
ART. 9, Z. 5 ** gunst          *ledig            > 2< 20 | 21
ART. 9, Z. 5 ** Ist            ist/ist           > 2< 03 | 04
ART. 9, Z. 5 ** vnser          vnnser            > 1< 19
ART. 9, Z. 5 ** vnser          vnser/vnser       > 1< 03
ART. 9, Z. 5 ** vnser          vnser/vnsser      > 1< 04
ART. 9, Z. 5 ** maynung        maynu-g           > 3< 05 | 17 | 18
ART. 9, Z. 5 ** maynung        meinung           > 2< 07 | 24
ART. 9, Z. 5 ** maynung        meynu-g           > 2< 10 | 19
ART. 9, Z. 5 ** maynung        meynug            > 1< 04
ART. 9, Z. 5 ** maynung        meynung           > 7< 03 | 06 | 12 | 13 | 14 | 22 | 25
ART. 9, Z. 5 ** vns            vnns              > 6< 06 | 08 | 09 | 14 | 20 | 21
ART. 9, Z. 6 ** geschribner    geschribener      > 1< 07
ART. 9, Z. 6 ** geschribner    geschriebener     > 3< 03 | 04 | 19
ART. 9, Z. 6 ** geschribner    geschrybner       > 3< 08 | 09 | 22
ART. 9, Z. 6 ** geschribner    gschribner        > 1< 25
ART. 9, Z. 6 ** straff         *zu               > 2< 03 | 04
ART. 9, Z. 6 ** straff         strafft           > 1< 04
ART. 9, Z. 6 ** straffen       lassen            > 2< 20 | 21
ART. 9, Z. 6 ** darnach        dar+nach          > 1< 19
ART. 9, Z. 6 ** sach           sache             > 2< 03 | 04
ART. 9, Z. 6 ** gehandelt      geha-delt         > 1< 10
ART. 9, Z. 6 ** gehandelt      gehandlet         > 2< 08 | 09
ART. 9, Z. 7 ** vnd            vn-               > 5< 06 | 10 | 14 | 17 | 18
ART. 9, Z. 7 ** vnd            vnnd              > 3< 02 | 16 | 26
ART. 9, Z. 7 ** nit            *etlich           > 2< 20 | 21
ART. 9, Z. 7 ** nit            nicht             > 2< 03 | 04
ART. 9, Z. 7 ** nach           noch              > 3< 03 | 04 | 05
ART. 9, Z. 7 ** gunst          *auß              > 2< 20 | 21
ART. 9, Z. 7 ** gunst          *die              > 1< 04
ART. 9, Z. 7 ** gunst          *dor+noch         > 1< 04
ART. 9, Z. 7 ** gunst          *etlich           > 2< 20 | 21
ART. 9, Z. 7 ** gunst          *ist              > 1< 04
ART. 9, Z. 7 ** gunst          *neyd             > 2< 20 | 21
ART. 9, Z. 7 ** gunst          *sacht            > 1< 04
ART. 9, Z. 7 ** gunst          *straff           > 2< 20 | 21
ART. 9, Z. 7 ** gunst          *straffen         > 1< 04
ART. 9, Z. 7 ** gunst          *zu               > 1< 04
ART. 9, Z. 7 ** gunst          gu-st             > 2< 10 | 14
ART. 9, Z. 7 ** gunst          guonst            > 1< 19
```

Rudolf Hirschmann

In Search of Patterns and Hidden Meanings

It was ERNST ROBERT CURTIUS who introduced the term »numerical composition« (Zahlenkomposition) into the thinking of literary scholars as a uniquely medieval structuring device, a device that had gone unnoticed to all but a few modern observers. And although since CURTIUS' remarks of 1948 the history of scholarship pursuing this phenomenon is fraught with much misguided thinking, I intend to talk to you about it, or at least about a phenomenon which is closely related, perhaps best described as a subspecies of numerical composition, namely I shall talk about symmetrical composition.

I will show you what I consider to be a fully convincing example of such composition – so convincing is it, in fact, that even the confirmed skeptics among us will concede that the author intended it that way. Consequently, I shall have established that the search for more such patterns and – eventually I hope – the discovery of hidden meanings is a respectable pursuit, in spite of the fact that CURTIUS' innocent observations lead to a plethora of irresponsible analyses and idle speculation in the 1950's.

Before getting too far into the design of my research project, however, let me present you with the facts. They are contained on Exhibit A, which bears on it the fully convincing instance of symmetrical composition.

So as not to rob you of the joy of discovery, I have given it to you in the form of two normal pages of a standard critical edition with no markings to reveal the symmetry. I do this for two reasons: first, I want you to see the same pages that LEON GILBERT saw when he discovered the nature of this passage some twelve years ago while we were fellow students in Colorado. At that time he was reading the entire 'Iwein'; he did not have the advantage of being told that on these two pages you will find a remarkable example of symmetrical composition. Second, and deriving from the first point, I want you to appreciate how difficult and unlikely it is for us to find other instances of such composition if we rely only on conventional forms of reading, however meticulous.

While you are examining this exhibit, I shall resume my brief comments on the scholarship. HANS EGGERS saw in the analysis of numerical composition a »point of departure for a dependable and objective understanding«[1] of medie-

[1] HANS EGGERS: Symmetrie und Proportion epischen Erzählens. Studien zur Kunstform Hartmanns von Aue. Stuttgart 1956. p. 9, my translation.

Exhibit A

58

1815 daz ich nâch mîme herren var.
dû verliusest mich gar,
ob dû iemer man gelobest
neben im: wan dû tobest.'
dô sprach aber diu magt
1820 'iu sî doch ein dinc gesagt,
daz man iedoch bedenken sol,
ir vervâhetz übel ode wol.
ezn ist iu niender sô gewant,
irn wellet brunnen und daz lant
1825 und iuwer êre verliesen,
sô müezt ir etswen kiesen
der iun vriste unde bewar.
manec vrum rîter kumt noch dar
der iuch des brunnen behert,
1830 enist dâ niemen der in wert.
und ein dinc ist in unkunt.
ez wart ein bote an dirre stunt
Mîme herren gesant:
dô er in dô tôten vant
1835 und iuch in selher swære,
do versweic er iuch dez mære
und bat ab mich iu daz sagen
daz nâch disen zwelf tagen
unde in kurzerme zil
1840 der künec Artûs wil
zem brunnen komen mit her.
enist dan niemen der in wer,
so ist iuwer êre verlorn.
habt ab ir ze wer erkorn
1845 von iwern gesinde deheinen man,
dâ sît ir betrogen an.

59

und wære ir aller vrümekheit
an einen man geleit,
dazn wær noch niht ein vrum man.
1850 swelher sich daz nimet an
daz er der beste sî von in,
dern tar niemer dâ hin
dem brunnen komen ze wer.
sô bringt der künec Artûs ein her,
1855 die sint zen besten erkorn
die ie wurden geborn.
vrouwe, durch daz sît gemant,
welt ir den brunnen und daz lant
niht verliesen âne strît,
1860 sô warnet iuch der wer enzît,
und lât iuwern swæren muot.
ichn râtez iu niuwan durch guot.'
Swie sî ir die wârheit
ze rehte hete underseit
1865 und sî sich des wol verstuont,
doch tete sî sam diu wîp tuont:
sî widerredent durch ir muot
daz sî doch ofte dunket guot.
daz sî sô dicke brechent
1870 diu dinc diu sì versprechent,
dâ schiltet sî vil manec mite:
doch dunketz mich ein guot site.
er missetuot, der daz seit,
ez mache ir unstætekheit:
1875 ich weiz baz wâ von ez geschiht
daz man sî alsô dicke siht
in wankelm gemüete:
ez kumet von ir güete.

from: Hartmann von Aue, *Iwein*, Studienausgabe, Berlin: de Gruyter, 1965, pp. 58–59.

val literature. He said this specifically in relation to the courtly epics of Hartmann von Aue, but obviously intended this to apply to other authors as well.

It seems clear that his conviction of the method's objectivity was based on the presumed objectivity of numbers. »They cannot subjectively be twisted ... We can build on this sure foundation!«[2]

As later scholars found out, however, EGGERS' arguments did not recognize the fact that the supposedly objective numbers showing the grand structure of these epics were themselves based upon a more or less subjective content analysis of the text.[3] Skeptical observers could easily come to the conclusion that the neat numerical patterns presented by EGGERS and others were born in the fevered mind of the scholar, working under perhaps an unconscious need to find patterns. And therefore, the raw materials of the medieval epics yielded a well-ordered universe with beautiful patterns for these scholars, much in the way that these very same epics yielded a well-ordered world with beautiful damsels for Don Quixote. Just as innocent windmills could be turned into terrible giants, so innocent couplets could become mysterious patterns.

In spite of several attempts to restore the study of numerical composition to a respectable pursuit,[4] and in spite of recent attempts to recognize the actual accomplishments of these studies, the field still smacks of unreliability and of the fevered mind. And so, you may well ask, since I am interested in this field, have I perhaps been infected with the fever of the fifties – and to this question I answer with the example. Please turn to Exhibit B.

The relevant passage consists of lines 1820 to 1862. These structurally crucial 43 lines contain Lady Lûnete's advice to Laudine that in her own best interests and for the protection of her magic spring as well as the entire kingdom she would have to marry the man who but a few hours earlier had killed her husband. Here Hartmann faced a vexing problem in psychological motivation, because the source for his story required that Laudine accept this grisly advice with no delay. This passage, therefore, required meticulous attention, and it seems that this is why Hartmann provides us with a jewel of form and content in these lines.

You will notice that the magic spring *(brunnen)* serves as the compositional skeleton for this passage. It occurs five times, in lines 1824, 1829, 1841, 1853, and 1858, and this, in fact, is what tipped LEON GILBERT to the unique nature of this passage. One can, however, go further than this, for a proper skeptic should remark at this point that surely such a passage with a few symmetrically placed words can be entirely coincidental, especially when one considers

---

[2] EGGERS, p. 9, my translation.
[3] BERND SCHIROK: Der Aufbau von Wolframs 'Parzival'. Freiburg i. B. 1972. p. 10.
[4] SCHIROK, see especially pp. 8–22. See also R.G. PETERSON: Critical Calculations. Measure and Symmetry in Literature. In: PMLA 91 (1976) pp. 367–375.

Exhibit B

'iu sî doch ein dinc gesagt, 1820
daz man iedoch bedenken sol,
ir vervâhetz übel ode wol.
ezn ist in niender sô gewant,
1824 irn wellet brunnen und daz lant
und iuwer êre verliesen, 1825
sô müezt ir etswen kiesen
der iun vriste unde bewar.
manec vrum rîter kumt noch dar
1829 der iuch des brunnen behert,
enist dâ niemen der in wert. 1830
und ein dinc ist in unkunt.
ez wart ein bote an dirre stunt
Mîme herren gesant:
dô er in dô tôten vant
und iuch in selher swære, 1835
do versweic er iuch dez mære
und bat ab mich iu daz sagen
daz nâch disen zwelf tagen
unde in kurzerme zil
der künec Artûs wil 1840
1841 zem brunnen komen mit her.
enist dan niemen der in wer,
so ist iuwer êre verlorn.
habt ab ir ze wer erkorn
von iwern gesinde deheinen man, 1845
dâ sît ir betrogen an.
und wære ir aller vrümekheit
an einen man geleit,
dazn wær noch niht ein vrum man.
swelher sich daz nimet an 1850
daz er der beste sî von in,
dern tar niemer dâ hin
1853 dem brunnen komen ze wer.
sô bringt der künec Artûs ein her,
die sint zen besten erkorn 1855
die ie wurden geborn.
vrouwe, durch daz sît gemant,
1858 welt ir den brunnen und daz lant
niht verliesen âne strît,
sô warnet iuch der wer enzît,
und lât iuwern swæren muot.
ichn râtez iu niuwan durch guot.'

Hartmann von Aue, *Iwein,* Studienausgabe, Berlin: de Gruyter, 1965, pp. 58–59.

the universe of hundreds of thousands of lines of medieval epics from which these mere 43 lines were chosen.

To such a skeptic we can answer: »look at the rhyme words.« If you compare the rhymes used with the first and last instances of the word *brunnen* you will notice an identity, an identity which, in fact, applies almost to the entire line. And then, if you compare the rhymes of the other three instances, I believe you will see correspondences which, though if taken in isolation may be argued as being coincidental, must together with the other evidence be taken as convincing proof that Hartmann intended this passage to have this symmetrical form.

Other evidence, based upon an analysis of the content, can be adduced, but it would require more time than is available today, and therefore, I will end my exposition and assume that I have proved to your satisfaction that this is, indeed, a truly convincing example of intentional symmetrical composition. Should there be any remaining skeptics among you, then I suggest that you read LEON GILBERT's article,[5] and that you perform further analyses of your own, including manuscript verification.

As I have already mentioned, this passage was rediscovered a decade ago, yet no additional such passages have been found[6] in spite of the fact that after it was revealed to the class, the entire 'Iwein' and other works were read and reread, often until early morning hours by several fevered minds, namely all students in the class and, I assume, by Professor Beatie as well. Only a year ago, in fact, Professor Gilbert conceded to me that he still hoped to find more such passages, but that new methods would have to be employed, the old way is just too unreliable.

The most suitable such method - the one that I shall use for my search for further patterns and hopefully the discovery of hidden meanings - makes use of computers. Most Middle High German courtly epics have, during the last decade, been converted into a computer-readable form. Now that these epics - in which I suspect other symmetrical passages to be present - now that they are available in computer-readable form, it becomes possible to replace all those fevered minds reading these epics over and over again with a computer program that would give us a list of all such patterns and allow us then to speculate on the possible hidden meanings with complete and reliable evidence.

---

[5] Modern Language Notes 83 (1968) pp. 430–434.

[6] While it is true that symmetries have been described in other works by Hartmann, they are of a different nature, for they do not base upon such a precise repetition of the same word as is here the case. See PETRUS W. TAX: Studien zum Symbolischen in Hartmanns 'Erec'. Enites Pferd. In: ZfdPh 82 (1963) pp. 29–44, and also Wirkendes Wort 13 (1963) pp. 277–288. See also HANSJÜRGEN LINKE: Epische Strukturen in der Dichtung Hartmanns von Aue. München 1968, and the detailed discussion of this book by THOMAS CRAMER in Euphorion 64 (1970) pp. 115–123.

It should be clear that rather simple logical processes are involved in detecting this type of symmetry. The text could be divided into segments of one or two hundred lines, and these segments would be tested for words occurring more than two times. These, in turn, would be tested for symmetricity by a simple and objective arithmetic procedure.

This is a rather vague description of what might be done to enlist the help of the computer. In fact, a considerable refinement is possible if we first alphabetize the entire text, creating what amounts to an index. This means that all word forms occurring in the text will be alphabetized, and for every form the line numbers for every occurrance of that form will be known. In the case of 'Iwein', for example, the first entries in the index would no doubt be *ab, abe* etc. since they stand at the beginning of the alphabet. A bit farther on will be the word *brunnen.* After it – as after the other words as well – will be a series of numbers ordered by increasing magnitude, referring to the line numbers in which *brunnen* occurs. Interspersed among all the others will be the series of numbers 1824, 1829, 1841, 1853 and 1858.

After such an index has been created by the computer, another program will go to work. It will use the index as input and examine all the numbers for all the words for symmetry. In order to detect the type of situation evident in our passage, the program will operate as follows: for every line number in which a given word-form occurs, compare the distance from the preceding place with that to the following place in which that same word-form occurs. If it is not equal, go to the next line number. If, on the other hand, the distance is equal, write an output message that one level of symmetry has been detected. Furthermore, test the next preceding and next following places for a second level of symmetry. If it is not present, go to the next line number. Otherwise, write an output message that a second level of symmetry has been found, and add some exclamation marks to indicate joy of discovery! Next, test for a third level of symmetry, and so on.

Let us see how this program would deal with our passage. Coming to the word *brunnen* in the index, it would have examined each succeeding line number and presumably found no instance of symmetry. As it examines the second line number within our passage (1829), it would calculate that it comes five lines after the preceding instance (1824) and 12 lines before the following one (1841). Since these distances are unequal, it will simply step to the following line number (1841) and apply the same procedure. It would detect that the separation now from the preceding line number (1829) is the same as that from the following (1853). One level of symmetry would thereby be detected, and a check for the next preceding line number (1824) and the next following (1858) would reveal another level. The output message at this point might consist of these five numbers plus exclamation marks, and the next line number would then be subjected to the same examination procedure, and so on throughout the entire index.

It should be clear that by this approach all instances of such symmetry would be detected, and the scholar would then be ready to examine all these passages for additional evidence in the rhymes, in the content or whatever for clues concerning the intentions of the author. Many passages will surely be found where one or perhaps even two levels of symmetry came about purely by coincidence. This would especially be expected with the most frequent word forms, such as *und, von, aber* etc. However, I would think and hope that at least a few convincing examples would also be found. If so, we shall have a new and genuinely objective basis for this search for hidden meanings and, perhaps, a fresh understanding for the whole question of form and content in medieval epics.

In closing, I would like to point out two refinements to the procedure I've described, refinements that I deliberately left out in order to illustrate the basic issues more clearly.

First, it is obvious that the procedure described assumes that the symmetry will be of an odd order, i.e. it will always consist of an odd number of elements and that the symmetry must form around an element at its center. It would seem prudent, however, also to search for symmetries that consist of an even number of elements, such as would be the case if the word *brunnen* had occurred in the lines 5, 10, 20 and 25. It should be clear that such even-ordered symmetries can also be detected in a straightforward manner and that the procedure need not be described in any detail. Second, I think it also possible that symmetries may be established not only by identical word forms, but also by grammatical variants, such as is evidenced in the rhyme words of the example *behert* and *wert* on the one hand, *her* and *wer* on the other. To detect such correspondences as these, we need a more sophisticated index than the one I've assumed and described thus far. I don't intend to go into the details of parsing a computer-generated concordance, others have done it very well already, I merely want to point out another added level of complexity to the project, if these texts are to be investigated rigorously.

My last words are directed to non-Germanists. I would hope that this phenomenon of symmetrical composition would also be studied in other literatures and that perhaps some of you would let yourselves be sufficiently infected with the fever of the fifties to give it a try. Please keep in mind that CURTIUS was not referring specifically to Middle High German when he spoke of numerical composition, but rather of European medieval literature in general. I would like to suggest in closing that even the adjectives »European« and »medieval« need not be taken restrictively, and I hope that the evidence I've presented will convince you that the search for such patterns and hidden meanings may have more validity than at first appears to be the case, much as Don Quixote's search for giants and other adventures has a meaning beyond the world of mere windmills and everyday reality.

Rolf Ehnert

Grenzen reimstatistischer Untersuchungen bei hochmittelalterlicher deutscher Lyrik

Vorbemerkung: Das folgende Selbstreferat über zwei länger auseinanderliegende Arbeiten zur politischen Lyrik Walthers von der Vogelweide sollte so knapp wie möglich gefaßt werden. Deshalb wird, obwohl natürlich auf das Spezialstudium des Waltherschen Werkes Bezug zu nehmen ist, auf Details verzichtet. Es werden lediglich Ergebnisse gegeneinander gestellt. Nachweise, die ich dabei schuldig bleibe, sind in der angegebenen Literatur nachzulesen.

1

Über, gewiß notwendige, Erstellung von Registern, Konkordanzen, Wörterbüchern etc. hinaus ist der linguistisch-literarischen EDV-Analyse noch kein allzu großer Erfolg beschieden gewesen. Immerhin aber sind aufgrund statistischer Untersuchungen Echtheitsbestimmungen und Datierungen möglich geworden.

Solche Probleme sind ja bei älterer Literatur noch schwieriger zu lösen als bei modernen Texten. Versuche, einem Autor Texte zu- oder abzusprechen, waren lange Zeit Hauptarbeitsgebiet mancher Philologen, und diese Versuche waren allzu oft müßig.

Innerhalb nun speziell der Walther-Philologie spielt diese Frage eine ebenso große Rolle wie, vor allem, Fragen der Textanordnung, d.h. der Zugehörigkeit von Strophen zu größeren Einheiten (»Tönen«, »Zyklen«, »liedhaften Einheiten«, »Liedern«, »Gedichten«, »Texten«, »Ganztönen«) und ihrer Reihenfolge, oder auch Datierungsfragen. Gerade wenn man von reiner Textimmanenz wegkommen will und, bei Walther, nach der politischen Relevanz seiner Zeitdichtung fragt, ist die Beschaffenheit des Kunstwerks und seiner Wirkungsmöglichkeiten von größter Bedeutung.

Das sind die Vorüberlegungen, die mich dazu brachten, reimstatistische Untersuchungen an den politischen und religiösen Texten Walthers durchzuführen mit dem Ziel, unter Umständen diese Fragen, wenigstens teilweise, beantworten zu können. Dabei hielt ich es für legitim, trotz eines gewissen materiellen Aufwands (der aber vergleichsweise immer noch sehr bescheiden war) von vornherein mit einem negativen Ergebnis zu rechnen.

2

Nach dem Neuansatz MAURERS[1] mit seiner Lied-These wurde die zyklische, liedhafte Einheit der Waltherschen Töne wieder lebhaft diskutiert.[2] Sofern, von HALBACH, die Reimornamentik herangezogen wurde,[3] hat man als Gegenargument ins Feld geführt, daß darüber nicht befunden werden könne, ehe nicht ein Reimwörterbuch des Mittelhochdeutschen vorliege. Denn das Reimmaterial sei, so argumentierte man, gerade etwa im Vergleich mit dem Provenzalischen oder Französischen, beschränkt: Die wiederholte Verwendung ein und desselben Reimes könne also ebenso gut rein zufällig sein - ein Mangel an dichterischer Potenz gewissermaßen - wie sie auf künstlerischem Formwillen beruhen könne. Deshalb schien es sinnvoll, die Reimverhältnisse wenigstens innerhalb eines Teilbereichs des Waltherschen Werkes genau zu untersuchen,[4] und das brachte auch nützliche oder wenigstens interessante Ergebnisse, von denen einige genannt seien:

Es überrascht z.B., daß trotz der Geschmeidigkeit und Individualität von Walthers Sprache bei 13.941 Wortformen nur 3.193 Lexeme verwandt werden; man erfährt auch, daß ein einziger Reim *(at)* in den 2.140 Versen 73mal vorkommt, und vermutet, daß diese häufige Verwendung manchmal doch auf den Zwang des zur Verfügung stehenden sprachlichen Materials zurückzuführen ist.

Es wird bestätigt, was man spontan vermuten konnte: daß weibliche Reime überwiegen. Aber vielleicht hätte man doch ein noch größeres Übergewicht erwartet. Die Anzahl der männlichen verhält sich zu der der weiblichen Reime grob wie 2 zu 3.

Die charakteristischen Quotienten von Silben-, Wort- und Satzlänge sind bei Walther

---

[1] FRIEDRICH MAURER: Die politischen Lieder Walthers von der Vogelweide. Tübingen 1964; ders.: Die Lieder Walthers von der Vogelweide. Unter Beifügung erhaltener und erschlossener Melodien neu hrsg. 1. Bändchen. Die religiösen und die politischen Lieder. Tübingen 1955. ³1967; ders.: Walther von der Vogelweide. Sämtliche Lieder. München 1972.

[2] Als wichtigste Beiträge, in denen auch weitere Arbeiten genannt werden, seien erwähnt: HELMUT DE BOOR: Bespr. von FRIEDRICH MAURER, Die politischen Lieder Walthers von der Vogelweide (1956); HUGO MOSER: »Lied« und »Spruch« in der hochmittelalterlichen deutschen Dichtung (1961) und KURT RUH: Mittelhochdeutsche Spruchdichtung als gattungsgeschichtliches Problem (1968), alle in: Mittelhochdeutsche Spruchdichtung. Hrsg. von HUGO MOSER. Darmstadt 1972.

[3] Vgl. den Abschnitt II: Formproblem/Formkunst in KURT HERBERT HALBACH: Walther von der Vogelweide. Stuttgart ³1973. S. 31-43, wo auch die anderen wichtigen Arbeiten HALBACHS dazu angezeigt sind. Außerdem sind zu nennen: PETER STARMANNS: Friedrich Maurer und seine These über die politische Dichtung Walthers von der Vogelweide im Lichte der Kritik. Ein Kommentar und ein Versuch, den Unmutston und König Friedrichston als zyklische Einheiten zu beweisen. Doktoralarbeit (Masch.) Nijmegen 1971; MANFRED GÜNTER SCHOLZ: Die Strophenfolge des »Wiener Hoftons«. In: ZfdPh 92 (1973). S. 1-23.

[4] ROLF EHNERT: Reimlisten und Statistiken zu den religiösen und politischen Gedichten Walthers von der Vogelweide. In: Neuphilologische Mitteilungen 72 (1971) S. 608-648.

Silbe/Wort	1,42
Wort/Satz	17,31
Buchstabe/Wort	4,26

Mit Hilfe der bis vor einiger Zeit häufig benutzten statistischen Methode der »mittleren Abweichung«[5] habe ich auch versucht, Echtheitsbestimmungen aufgrund der Reimverhältnisse durchzuführen. Es sei ein Beispiel zitiert: Bei allen untersuchten Versen machen die *a*-Reime 28,27 % aus, bei den nach MAURER »echten« Strophen z.B. des Palästinaliedes aber 44,64 %. Die Abweichung beträgt (44,64 – 28,27 =) 16,37. Addiert man die Abweichungen aller Reime (hier derer auf *a, e, i, o*) und dividiert sie durch ihre Anzahl (also 4), so erhält man die »mittlere Abweichung« von einem statistischen Durchschnittswert der Reimverwendung. Sie beträgt in diesem Beispiel 8,78. Außer gerade bei diesem Lied besteht erstaunliche Differenz in der »mittleren Abweichung« der aufgrund anderer Kriterien als echt und der als unecht bezeichneten Strophen:

	»mittlere Abweichungen« bei den echten Str.	unechten Str.	Differenz in Prozent
Palästinalied	8,78	7,08	19
Wiener Hofton	2,98	4,37	47
2. Philippston	6,79	12,73	47
König Friedrichston	2,91	23,06	87
Bognerton	2,15	8,20	74

Damit hatten MAURERS Kriterien und meine zu einem ähnlichen Ergebnis geführt.

3

Die weitere Auseinandersetzung mit der politischen Lyrik Walthers und vor allem die Einbeziehung von HALBACHS äußerst subtilen Kriterien der Wort- und Reimresponsionen haben aber dann zumindest in zwei Fällen zu einer Relativierung jener früheren Ergebnisse geführt.[6]

Für den Bognerton gibt es einen neuen Anordnungsvorsschlag:

1. Sittenlehre: *unmâze*

(a) Kreuzzug

I La 78,24
II 78,32
III 79,1
IV 79,9
} Gott – Maria – Jesus – Herrscher – *(übermâze)*

(b) Dialektik *unmâze – geben*

V 80,3

[5] Auch »durchschnittliche Abweichung«. Zur Definition vgl. GÜNTER CLAUSS – HEINZ EBNER: Grundlagen der Statistik für Psychologen, Pädagogen und Soziologen. Frankfurt am Main und Zürich 1972. S. 80f.

[6] ROLF EHNERT: Möglichkeiten politischer Lyrik im Hochmittelalter. Bertran de Born und Walther von der Vogelweide. Bern und Frankfurt am Main 1976.

VI	80,11	*geben*
VII	81,15	*geben*
VIII	81,23	*unmâze*
IX	80,19	*unmâze*
		Übergang: Selbstüberwindung
X	81,7	Selbstüberwindung
		2. Freundschaft: Der Bogner und Freundschaftslehre
XI	79,17	(a) Freund-Dienst-Verhältnis *(helfen < geben)*
XII	80,27	(b) Der Bogner
XIII	80,35	
XIV	79,25	(c) Freundschaft
XV	79,33	
XVI	81,31	Eventuell Anhang
XVII	82,3	Minnelehre

Die Gliederung eines so entstehenden Großtons zeigt, daß die früher ausgeschiedenen Strophen inhaltlich und ornamental durchaus einzubeziehen sind. Falls die »mittlere Abweichung« der Reime genügend Aussagekraft besäße, um diese Strophen einem anderen Autor zuweisen zu können, so würde das bedeuten, daß er den künstlerischen Willen Walthers genau erkannt und sich ihm bei seiner Neuschöpfung genau angepaßt hat. Andererseits bestätigt die Reimstatistik, was nur durch genaues Hinhören auszumachen war: neben eigenständigen und oft erscheinenden *a*-, *e*- und *o*-Reimen ist der ganze Ton in eine *i*-Klangfarbe getaucht. Von den 136 Reimen enthalten 36 (= 26 %) ein *i*. Weiterhin muß bedacht werden, daß im Bognerton nur wenige Reime für die Ornamentik von Bedeutung sind, während das Gros der dafür irrelevanten Reime sich in der Tat von den sonstigen Verhältnissen in Walthers Lyrik abheben kann.

Für den König Friedrichston darf gelten: Die von Maurer in den Anhang verwiesenen Strophen scheiden, bis auf eine, sicherlich aus. Die Strophe La 29,15 aber – und die »mittlere Abweichung« rechtfertigt Maurers Entscheidung, auch sie auszuscheiden – muß aufgrund ihrer vollkommenen formalen Integration in den Gesamtton als Schluß-Strophe unbedingt einbezogen werden. Sie ist gerade für den Gesamtaufbau von größter Bedeutung, da sie die 12 Strophen durch ihre Beziehung zum Gebet der Strophe I ringkompositorisch rundet.

		1. *wie solt ich den geminnen der mir übele tuot?*
		Gebet und falsche Ratgeber (allgemeiner Zyklus von Weisheitsstrophen)
I	La 26,3	Einleitung: Beichtgebet
II	30,9	»Lächler«-Strophen
III	30,19	
IV	29,4	»Meerwunder«
V	28,21	die lügenhaften Ratgeber (Kärnten)
		2. Herrendienst: König Friedrich – Kaiser Otto, Herzog Leopold (persönlicher Zyklus)

VI	28,1	Bitt-Strophe: *von Rôme voget, von Pülle künec...*
VII	26,23	Ottenschelte
VIII	26,33	
IX	27,7	»zweifelhaftes Geschenk« Nachtrag
X	28,11	Leopold (- Lob/Warnung?) Nachträge
XI	28,31	Dankstrophe: *Ich hân mîn lehen...*
XII	29,15	Schluß: Friedrich - Kreuzzug / Wahl Heinrichs

4

In beiden Resultaten, den früheren und den neuen, sind Unsicherheitsfaktoren enthalten, die vielleicht nie ganz werden ausgeschaltet werden können. Bedenkt man die augenblicklichen Möglichkeiten, so möchte ich einstweilen folgern:

Empirisch-reimstatistische Untersuchungen an hochmittelalterlicher deutscher Lyrik sind unbedingt notwendig; mit ihrer Hilfe können aber nur Aussagen gemacht werden über die rein materiellen Bedingungen der Reimorganisation. Damit werden sie keiner, und schon gar nicht der staufischen Lyrik gerecht.

Deshalb sind alle verfügbaren Methoden zu verwenden, keine darf isoliert benutzt werden, sondern es müssen möglichst viele Schlüssel verwendet werden, um in diese komplizierte Formkunst einzudringen.

Burghart Wachinger

Ein Tönekatalog zu Sangspruchdichtung und Meistergesang

Der Tönekatalog, über den ich hier berichten möchte, ist Teil eines größeren Projekts, eines Repertoriums der Sangspruchdichtung und des Meistergesangs. Dieses umfangreiche Katalogwerk entsteht unter philologischer Leitung von Horst Brunner (Erlangen) und mir in zwei von der Deutschen Forschungsgemeinschaft finanzierten Arbeitsstellen in Nürnberg und Tübingen. Es soll die großenteils ungedruckte Überlieferung der Sangspruchdichter des 12. bis 15. Jahrhunderts und der Meistersinger des 15. bis 18. Jahrhunderts unter den verschiedensten Gesichtspunkten für die Forschung, insbesondere für germanistische, musikwissenschaftliche, volkskundliche, bildungsgeschichtliche und frömmigkeitsgeschichtliche Untersuchungen erschließen. Angesichts der Masse von Texten - wir rechnen mit über 16.000 Liedern - und angesichts der überwiegend recht bescheidenen Qualität dieser Texte schien uns eine Gesamtedition nicht nur fast unerreichbar, sondern auch gar nicht unbedingt die beste Form der Erschließung, da sich für eine solche Mammutausgabe vermutlich kaum Leser fänden. Wir möchten vielmehr das Material durch knappe Inhaltsangaben und durch zahlreiche Register so erschließen, daß der Benutzer rasch die für seine Fragestellung relevanten Texte ermitteln und sich dann gezielt Kopien der Handschriften bestellen kann. Eine in der Stadtbibliothek Nürnberg angelegte Kopiensammlung wird ihm auch die Benutzung des gesamten Materials an einem Ort ermöglichen.

Das Repertorium wird aus drei Hauptteilen bestehen, 1. einem Verzeichnis der Handschriften und Drucke, 2. einem Liederverzeichnis (mit Angaben über Verfasser, Überlieferung, Incipit, Form, Inhalt, gegebenenfalls auch Datierung, Quellen, Ausgaben und Literatur zu jedem Lied) und 3. einem Tönekatalog. Alle drei Hauptteile werden durch zahlreiche Register erschlossen. Vor allem diese Register könnten ohne den Einsatz elektronischer Datenverarbeitung nur mit einem unverhältnismäßig großen Arbeitsaufwand - und das heißt praktisch: gar nicht - erstellt werden. Um schon während der Arbeit, die sich noch mehrere Jahre hinziehen wird, Hilfe und Kontrolle zu haben, geben wir die erarbeiteten Teile laufend in den Computer ein. Die Datenverarbeitungsprobleme, die sich dabei ergeben, sind sehr vielfältig und reichen von der Sortierung nicht-normalisierter Incipits bis zu den verschiedensten Kontrollen und bis zum Lichtsatz des ganzen voraussichtlich etwa zehnbändigen Werks. Alle diese EDV-Arbeiten stehen unter Leitung von Paul Sappler.

Der Tönekatalog, dessen Grundkonzeption ich hier vorstellen möchte, ist also ein Ausschnitt aus diesem umfangreichen Projekt und ist, wie alle Teile des Repertoriums, das Ergebnis gemeinsamer Arbeit und Beratungen aller Beteiligten. Ein besonderes Verdienst gerade um diesen Teil haben sich jedoch Helmut Bottler und Johannes Rettelbach erworben.

Unter Tönen versteht man zunächst die Melodien, zu denen die Lieder zu singen sind, dann aber auch die metrischen Schemata, die diesen Melodien entsprechen. In unserem Zusammenhang geht es vor allem um die metrische Seite. Über die Melodien selbst werden wir uns nur sehr zurückhaltend äußern können, in dieser Hinsicht werden wir - noch mehr als in jeder anderen Hinsicht auch - nur Vorarbeiten leisten können für künftige fachwissenschaftliche Untersuchungen. In den meisten Überlieferungen ist übrigens die Melodie nicht aufgezeichnet, sondern es wird nur auf sie verwiesen, etwa nach dem Muster: *In des Marners langen don, Hans Volczen gedicht.* Im Gegensatz zu einem anderen Typus von Tonangaben, der einen Liedanfang zitiert *(im Ton 'Es wolt ein Mägdlein früh aufstehn'; in dem done 'Ich wirbe umb allez daz ein man')* ist diese Art von Tonangabe mit Tonnamen und Hinweis auf den Tonerfinder so typisch für die »meisterliche« Tradition, daß sie sogar eine wesentliche Rolle bei der Abgrenzung des von uns zu erfassenden Materials spielt. Denn das Kunstbewußtsein der spätmittelalterlichen Spruchdichter und der Meistersinger wird zu einem guten Teil dadurch bestimmt, daß sie zu vorgefertigten Tönen neue Texte dichteten, gleichgültig, ob sie Töne der alten Meister wie Walther von der Vogelweide, Reinmar von Zweter, Marner, Konrad von Würzburg oder Töne ihrer Zeitgenossen benutzten oder ob sie zwar eigene Töne erfanden, diese aber mehrfach wiederverwendeten.

Vollständige Tonangaben bestehen also in der von uns erfaßten Tradition aus dem Namen des Tonerfinders und dem Namen des Tons. Aus bisher nicht ganz geklärten Gründen sind die Namen der Tonerfinder nicht immer authentisch, auch jüngere, unechte Töne wurden vor allem im 15. Jahrhundert berühmten älteren Tonerfindern zugeschrieben, besonders häufig Frauenlob und Regenbogen. Dennoch wollen wir unseren Tönekatalog primär nach Tonerfindern (echten oder fiktiven) und Tonnamen alphabetisch anordnen, weil wir so dem Bewußtsein der Meister, der Überlieferung und dem bisherigen Usus der Forschung am nächsten kommen. Daß variierende Tonnamen und Tonerfindernamen durch Register und Querverweise erschlossen werden, ist selbstverständlich.

Damit bin ich bereits bei einem ersten Ordnungs- und Erschließungsgesichtspunkt. Weiteren Gesichtspunkten soll durch weitere Register zu ihrem Recht verholfen werden. Aber ehe ich auf sie eingehe, muß ich noch die metrische Zeichenschrift erläutern, die wir anwenden.

Ein metrisches Schema ist nicht die Aufzeichnung des tatsächlichen rhythmisch-klanglichen Verlaufs eines Liedvortrags, sondern eine Abstraktion der regelmäßigen sprachlichen Bedingungen für den Vortrag, wie sie für alle Strophen eines Tons gelten. Die Zeichensprache sollte daher die Fragen der spezifisch musikalischen Rhythmik offenlassen, nicht nur (wie allgemein üblich) die Entscheidung für Zweier- oder Dreiertakt oder die Möglichkeiten einer musikalischen Agogik im Vortrag, sondern auch - zumindest in einem Katalog, der mit Deutungen zurückhaltend sein sollte, - die Frage, ob durch Dehnung einzelner Silben oder durch Mitzählen von Pausen die Zahl der Takte verändert wird. Damit scheidet HEUSLERS Terminologie und Zeichensprache für uns von vornherein aus. Wir lehnen uns vielmehr an das seit HUGO KUHNS 'Minnesangs Wende'[1] weithin akzeptierte, im einzelnen freilich immer wieder variierte Zeichensystem an, das nur die sprachlich realisierten Hebungen zählt und dazu angibt, ob eine Zeile mit oder ohne Auftakt beginnt und ob sie männlich (d.h. mit betonter Silbe bzw. im 13. Jahrhundert auch mit kurzer offener Tonsilbe plus unbetonter Nebensilbe) oder weiblich endet.

Gewisse Schwierigkeiten, die die Minnesangphilologie hat, bleiben uns erspart; so brauchen wir uns vor allem nicht mit daktylischen Versen herumzuschlagen, in der Sangspruchdichtung gibt es sie nicht. Dafür haben wir andere Schwierigkeiten. Im Lauf des von uns erfaßten Zeitraums verschiebt sich innerhalb der Gattungstradition das metrische Prinzip von der Hebungszählung zu Silbenzählung. Das ist nicht so gemeint, daß etwa bei Hebungszählung die Zahl der Silben beliebig wäre (die Füllungsfreiheit ist im 13. Jahrhundert schon sehr weitgehend eingeschränkt), und auch nicht so, daß bei Silbenzählung die natürliche Wortbetonung völlig ignoriert würde. Aber es dominiert im 13. Jahrhundert eindeutig das Prinzip der Hebungszahl, im 16. das der Silbenzahl; den Grenzsaum bildet etwa das 15. Jahrhundert. Nun wollen wir einerseits natürlich weder unser Material vergewaltigen noch von eingeführten Zeichensystemen allzuweit abweichen. Aber wir haben von dem Faktum auszugehen, daß Töne des 13. Jahrhunderts, die auf dem Hebungsprinzip beruhen, noch im 17. Jahrhundert benutzt und dann selbstverständlich silbenzählend interpretiert werden; und es ist nicht auszuschließen, daß unter den spätbelegten Tönen noch mehr alte Töne stecken, als die Namen vermuten lassen und als wir bislang erkannt haben. Wir möchten deshalb folgendermaßen verfahren: Für alle Töne, die vor 1520 belegt sind, geben wir sowohl Hebungs- wie Silbenzahlen an, auch wenn keine eindeutig silbenzählenden Texte belegt sind. Die Silbenzahl wird bei den älteren Tönen nicht eingegeben, sondern vom Computer errechnet, indem die Zahl der Hebungen verdoppelt und gegebenenfalls für weibliche Kadenz eine Silbe dazugezählt wird. Wir rechnen also: 1 Hebung = 1 jambischer Takt = 2 Silben. Das ergibt für männliche Kadenzen gerade, für weibliche ungerade Silbenzahlen. Dabei neh-

---

[1] HUGO KUHN: Minnesangs Wende. Tübingen 1952. [2]1967. S. 47 Anm. 10.

men wir keine Rücksicht darauf, ob ein alter Ton ursprünglich auftaktlos war. Denn das Ziel der Umrechnung ist nicht eine Beschreibung des Tons im 13. Jahrhundert, sondern die Konstruktion derjenigen Form des Tons, die er nach allen Erfahrungen im silbenzählenden Zeitalter hat oder (wenn er nicht belegt ist) haben müßte. Im endgültigen Lichtsatzprogramm wird dann noch festgelegt, daß bei Tönen des 13. und 14. Jahrhunderts die Silbenzahl nur in kleinem Schriftgrad angegeben wird, bei Tönen des 15. Jahrhunderts, in denen beide Prinzipien sich die Waage halten, werden beide Zahlen groß gesetzt, bei Tönen des 16. und 17. Jahrhunderts kann auf die Hebungszahl verzichtet werden (ein Umrechnen in umgekehrter Richtung wäre zwar möglich, aber unsinnig).

An einigen Beispielen sollen nun noch einige Einzelheiten unseres Zeichensystems erläutert werden. Ich beginne mit einem einfachen Fall: Goesli von Ehenheim Ton II und Suchensinns Ton. Beim ersten handelt es sich um ein dreistrophiges Minnelied des 13. Jahrhunderts, das wir nur deshalb in den Tönekatalog aufnehmen, weil derselbe Ton im 15. Jahrhundert als Suchensinns Ton erscheint, dort selbstverändlich mit Auftakten.[2] Einen genetischen Zusammenhang halte ich übrigens in diesem Fall nicht für sicher, da ein so relativ einfacher, nach Bausteinen und Bauplan typischer Ton wohl auch zweimal erfunden worden sein kann; aber das Abwägen der Wahrscheinlichkeiten müssen wir dem Benutzer überlassen, wir bieten zunächst nur so viel einschlägige Information wie möglich.

Die beiden Töne geben wir in folgender Form in den Computer ein:

```
SuchensInns Ton;4a,4a,4a,3'b/,c,c,c,b//,5'd,(-4e,4e,4e,3'd-);;
GoesII von Ehenheim, Ton II ((KLD 14 II, S.=81f.));04a,04a,04a,3'b/,c,c
,c,b//,05'd,(-04e,C4e,04e,3'd-);;
```

Durch Programme, die ich nicht durchschaue, vermögen es Herr Sappler und seine Mitarbeiterin Frau Birkenhauer, diese Eingabe in folgende Zielform zu bringen, die schon weitgehend dem Haupteintrag im Tönekatalog entspricht, aber später durch die reicheren typographischen Möglichkeiten des Lichtsatzes noch optisch verdeutlicht werden soll (s. nächste Seite). In dieser Form stehen in der ersten Zeile die errechneten Silbenzahlen, die im Lichtsatz dann petit erscheinen, in der zweiten Zeile die Hebungszahlen, dann die Reime (diese später im Lichtsatz halbfett) und schließlich eine durchlaufende Verszählung, die vor allem bei sehr langen Tönen die Orientierung erleichtert. Sie wird im Satz ganz klein erscheinen, vielleicht als tiefgestellter Index beim entsprechenden Reimbuchstaben. Der zweite Stollen steht unter dem ersten; Silben und Hebungszahlen brauchen nur dann wiederholt zu werden, wenn es

[2] Zur Identität und zu weiteren nahverwandten Tönen vgl. GUSTAV ROETHE: Die Gedichte Reinmars von Zweter. Leipzig 1887. S. 164.

```
Goesli von Ehenheim, Ton II ((KLD 14 II, S.=81f.))

(SILB.:)   8   8   8   7   //   11      8   8   8   7
 HEB.:    ·4  ·4  ·4   3'  //   '5'    ·4  ·4  ·4   3'
 REIME:    a   a   a   b   //   d   (- e   e   e   d -)
 VERSZ.:                   //          10

 REIME:    c   c   c   b   //
 VERSZ.:   5

Suchensinns Ton

(SILB.:)   8  8  8  7   //   11      8  8  8  7
 HEB.:     4  4  4  3'  //    5'     4  4  4  3'
 REIME:    a  a  a  b   //    d   (- e  e  e  d -)
 VERSZ.:                //          10

 REIME:    c  c  c  b   //
 VERSZ.:   5
```

Abweichungen gibt (vgl. unten Frauenlob, Goldener Ton). Die Punkte vor den Hebungszahlen erscheinen später als kleine hochgestellte Nullen; sie bedeuten Auftaktlosigkeit: da auch schon im 13. Jahrhundert Auftakt sehr viel häufiger ist als regelmäßige Auftaktlosigkeit - wenigstens in der Sangspruchdichtung (im Minnesang ist es eher umgekehrt)[3] - und da später der Auftakt ohnehin selbstverständlich wird, bezeichnen wir abweichend von dem sonst üblichen Verfahren nicht positiv den Auftakt, sondern nur negativ die Auftaktlosigkeit. Der Apostroph nach der Hebungszahl entspricht dem sonst üblichen Gedankenstrich und bedeutet weibliche Kadenz.[4] Die Klammer mit Gedankenstrich schließlich wird im Druck nicht erscheinen, die eingeklammerten Zahlen und Buchstaben werden lediglich ein wenig vom Vorausgehenden abgerückt; für die Register aber dient die Klammer als Hinweis auf einen »dritten Stollen«: der Strophenschluß ist metrisch mit den Stollen identisch (über die musikalische Realisierung braucht das nicht notwendig etwas auszusagen).

Ein besonderes Problem, das sowohl die Aufnahme und Zeichenschrift als auch die Sortierung für die Register betrifft, bieten in unserer Tradition Komplikationen der Reimfolge. Ein sehr häufiger Fall ist der, daß lange Zeilen der alten Töne in jüngeren Varianten derselben Töne durch Zäsurreim gebrochen werden. Das nächstbenachbarte metrische Repertorium, Toubers Katalog der deutschen Strophenformen vorwiegend des 12./13. Jahrhunderts,[5] hat Binnenreime teilweise ungenau bezeichnet, teilweise ganz unterschlagen. Da die Herausgeber solche Versfolgen verschieden anordnen und Touber sich in der

[3] Gerhard A. Vogt: Studien zur Verseingangsgestaltung in der deutschen Lyrik des Hochmittelalters. Göppingen 1974. S. 202.

[4] So verfahren wir aus Platzgründen. Die Anregung dazu kam zwar von den romanistischen Repertorien: István Frank: Répertoire métrique de la poésie des troubadours. 2 Bde. Paris 1953 und 1957; Giuseppe Tavani: Repertorio metrico della lirica galego-portoghese. Roma 1967; Ulrich Mölk - Friedrich Wolfzettel: Répertoire métrique de la poésie lyrique française des origines à 1350. München 1972. Doch bleiben die Unterschiede der Beschreibungssysteme von dieser äußeren Annäherung selbstverständlich unberührt, da sie in verschiedenen metrischen Prinzipien (Silbenzählung - Hebungszählung) begründet sind.

[5] A.H. Touber: Deutsche Strophenformen des Mittelalters. Stuttgart 1975.

Regel an die Anordnungen der Herausgeber hält, hat das für die Sortierung die Folge, daß Identisches, wenn es von verschiedenen Herausgebern verschieden gegliedert wurde, nicht als identisch erkannt werden kann. Wir sind der Meinung, daß Binnenreime grundsätzlich verzeichnet werden müssen, sobald sie systematisch verwendet werden. Wir nehmen solche Versfolgen als Kurzverse auf. Das heißt aber, daß wir häufig für einen Ton mehrere Varianten bieten müssen, z.B. für Konrads von Würzburg Hofton:

```
Konrad von Würzburg, Hofton A ((Cpg 848))

(SILB.:)  15   15    7   8   //   16   8   7      15   15    7   8
 HEB.:     7'   7'  '3'  4   //   '8  '4   3'      7'   7'  '3'  4
 REIME:    a    a    a   b   //    d   d   e  (-  e    e    e   b -)
 VERSZ.:                     //       10                        15

 REIME:    c    c    c   b   //
 VERSZ.:   5

Konrad von Würzburg, Hofton B ((Nürnberger Fassung))

(SILB.:)  8  7   8  7   7   8   //  8  6   8  7       8  7   8  7   7   8
 HEB.:    4  3'  4  3'  3'  4   //  4  3   4  3'      4  3'  4  3'  3'  4
 REIME:   a  b   a  b   b   c   //  x  f   f  g   (-  h  g   h  g   g   c -)
 VERSZ.:                5       //         15                20

 REIME:   d  e   d  e   e   c   //
 VERSZ.:           10
```

Beim Sortieren können die beiden Varianten nur wie zwei verschiedene Töne behandelt werden. Der Zusammenhang der Fassungen ist aber in der Regel bereits durch den Tonnamen bekannt; durch verschiedene Register wird überdies sichergestellt, daß Varianten dieser Art als solche erkannt werden können.

Sehr viel seltener als Zäsurreime kommt ein anderes Reimphänomen vor; es wirft dafür umso kniffligere Probleme auf, wenn man eine konsequente und für die Sortierung durch EDV brauchbare Schreibung anstrebt: Ich meine die Anfangsreime. Wenn man sie voll mitzählt, kann die Struktur der Strophe sehr unübersichtlich werden. Beispiel ist der Goldene Ton Frauenlobs. Die Grundstruktur dieses Tons ist sehr klar: Lauter weibliche Dreiheber, nur am Stollen- und am Strophenende männliche Dreiheber. Die Folge der Endreime ist im ersten Stollen a b c d e, im zweiten Stollen f g h i k, die Reimentsprechungen finden sich dann in den Endreimen des Abgesangs in komplizierter Folge. Über diese Grundstruktur ist aber ein verwirrender Schmuck von Anfangsreimen gebreitet. Sie sind übrigens in der Überlieferung so variabel, daß wir in diesem Fall nur die häufigsten Varianten aufnehmen, da Vollständigkeit hier niemand nützen könnte.[6] Bei der Beschreibung verfahren wir nun folgendermaßen (vgl. den vorläufigen Printerausdruck auf S. 162):

[6] Die hier zur Demonstration benutzte Fassung ist die Variante, die HELMUTH THOMAS, Untersuchungen zur Überlieferung der Spruchdichtung Frauenlobs. Leipzig 1939. S. 56 als originale Fassung ansieht.

```
Frauenlob, Goldener Ton A ((nach der Rekonstruktion von ++Thomas())

(SILB.:)    7     7   2+  5     7     6   //    7   7   7   7   7   7   7   6   7   6
 HEB.:      3'    3'  1+  2'    3'    3   //    3'  3'  3'  3'  3'  3'  3'  3   3'  3
 REIME:   A.a   A.b   A   g   A.d   B.e   //  k.c   g   a   l   f   h   b   e   d   k
 VERSZ.:                              5   //                    15                  20

(SILB.:)    7     7         7     7     6   //
 HEB.:      3'    3'        3'    3'    3   //
 REIME:   B.f   C.g       C.h     l     k   //
 VERSZ.:                               10   //
```

In einem ersten Durchgang bezeichnen wir nur die Endreime, und zwar wie üblich mit Kleinbuchstaben, die im Lichtsatz halbfett werden. In einem zweiten Durchgang bezeichnen wir die Anfangsreime mit Großbuchstaben, die später mager und in etwas kleinerem Schriftgrad gesetzt werden. Nur diejenigen Anfangsreime, die mit einem bereits im ersten Durchgang benannten Endreim korrespondieren – in unserem Fall k – werden natürlich auch weiter mit dem festgelegten Kleinbuchstaben bezeichnet, aber auch sie werden mager und in kleinerem Schriftgrad erscheinen. Soweit die Anfangsreime auf einer Hebung liegen, müssen sie aus Konsequenzgründen mit einer Hebungszahl versehen werden, der Dreiheber wird also in 1 und 2 aufgespalten; die Zusammengehörigkeit wird aber durch geringeren Abstand angedeutet werden (im vorläufigen Ausdruck durch ein Pluszeichen markiert). Soweit die Anfangsreime auf der Auftaktsilbe liegen, werden sie ohne Hebungszahl vorangestellt und – das bedeutet der Punkt – etwas hochgerückt.

Bei der Sortierung für jene Register, die Reimschemata angeben, werden Töne mit Anfangsreimen grundsätzlich zweimal einsortiert: einmal nur nach den Endreimen, einmal nach allen Reimen. Damit wird die Wahrscheinlichkeit erhöht, daß ein Benutzer den Ton auch wirklich findet; da Anfangsreime in der Praxis oft schwer zu erkennen sind, scheint uns dieser kleine Aufwand zu vertreten. Dabei ist zwischen Sortierungsprinzip und optischer Darbietung zu unterscheiden. Die optische Darbietung könnte genau dem Haupteintrag entsprechen und die Anfangsreime als solche markieren. Ob das für den Benutzer eine Erleichterung ist, müssen Versuche mit umfangreicheren Ausdrucken erst noch zeigen; bei den Registerbeispielen unten habe ich auf diese Möglichkeit verzichtet. Die Einsortierung aber wird im einen Fall auf die Anfangsreime keine Rücksicht nehmen dürfen, im andern Fall auf einer neuen Durchbuchstabierung aller Reime beruhen müssen.

Die Schwierigkeiten einer exakten metrischen Zeichenschrift bei formal derart komplizierten Gebilden dürften deutlich geworden sein, hoffentlich auch die Möglichkeiten, sie in einer Weise zu lösen, die dem Benutzer nicht allzu viel an Entschlüsselung zumutet.

Nun aber endlich zu den Registern, bei denen der Hauptnutzen der EDV einsetzt. Unser Tönekatalog ist bereits in seinem Hauptteil, der alphabetisch geordneten Auflistung der vollständigen Strophenschemata samt allen Varianten, ein Register zum Kernteil unseres Unternehmens, zu den Liedaufnahmen: nach jedem Strophenschema werden die Nummern der Lieder verzeichnet, die in diesem Ton gedichtet sind. Darüber hinaus aber soll der Tönekatalog auch Eigengewicht erhalten und sich anderen metrischen Repertorien an die Seite stellen. Das nächstvergleichbare Repertorium, TOUBERS 'Deutsche Strophenformen des Mittelalters', ebenfalls mit Hilfe des Computers erstellt, leistet nur Folgendes: Es listet im Hauptteil die Strophenformen des Minnesangs und eines Teils der spätmittelalterlichen Lieddichtung nach Verfassern bzw. Handschriften geordnet auf. Ausgewertet wird das Material lediglich 1. durch ein Verzeichnis übereinstimmender Strophenformen und 2. durch ein Verzeichnis übereinstimmender Stollen oder Abgesänge. Diese Auswertung scheint mir zu dürftig. TOUBERS Repertorium versagt bereits bei einer so einfachen Fragestellung wie der, ob die Strophenform eines von ihm nicht erfaßten Liedes in dem von ihm erfaßten Material vorkommt; eine Antwort auf diese Frage ist nur möglich, wenn man sämtliche ca. 2500 Schemata TOUBERS durchprüft, was ziemlich mühselig ist. Hier sind offensichtlich die Möglichkeiten der elektronischen Datenverarbeitung zu wenig genutzt.

Unser Tönekatalog soll durch Register zunächst Fragen der Identifizierung beantworten, d.h. er soll identische Töne, die unter verschiedenen Namen laufen, als identisch erkennen lassen. Der Benutzer soll aber auch Varianten eines Tons als solche zuordnen können. Wir verzeichnen zwar alle Varianten eines Tons, soweit sie einigermaßen systematisch geworden sind, und wir ordnen sie in der Regel gleich bei der Datenaufnahme zu. Aber an den Randzonen unserer Tradition mag es noch weitere von uns nicht erfaßte Varianten geben. Z.B. hatte WALTER RÖLL gewiß nur durch Zufall oder durch langes Suchen entdeckt, daß Oswald von Wolkenstein mehrfach Varianten von Regenbogens Grauem Ton benutzt;[7] für uns genügte ein kurzer Blick in unseren Katalog, um festzustellen, daß Oswald auch in Frauenlobs Vergessenem Ton gedichtet hat. Solche Entdeckungen haben ihre Bedeutung darin, daß sie literarische Traditionszusammenhänge beweisen, die man sonst höchstens ahnen könnte. Und wir hoffen, daß unser Tönekatalog noch manche solchen Entdeckungen ermöglichen wird.

Der Benutzer muß also gegebene Strophenformen zuordnen können, auch wenn sie nicht völlig identisch in unserem Tönekatalog vorkommen. Zu diesem Zweck bieten wir ihm mehrere Register an, die jeweils eine sinnvolle Auswahl von Daten in jeweils verschiedener Hierarchisierung enthalten. Dadurch erhält der Benutzer schon im Register so viel Information, daß er nicht erst mehrere ähnliche Töne nachschlagen muß, bis er seinen Ton findet. Wenn die Zeile zu etwa drei Vierteln gefüllt ist, wird die Information allerdings abgebrochen: Die Identifizierung ist in der Regel schon sehr viel weiter vorn mög-

---

[7] WALTER RÖLL: Oswald von Wolkenstein und Graf Peter von Arberg. In: ZfdA 97 (1968) S. 219–234, dort S. 234.

lich, und Zeilenbrüche bei besonders langen Tönen würden optisch verwirren und Platz verschwenden.

Ich demonstriere die verschiedenen von uns geplanten Register am Beispiel der bereits zitierten Töne und Tonfassungen.

1. Ein erstes Register geht aus von der meistersingerischen Terminologie, die die Töne nach der Gesamtzahl der vorkommenden Reime ordnet. Das Register bietet:

a) Gesamtzahl der Reime
b) Reimzahl des 1. Stollens
c) Reimzahl des 2. Stollens
d) Reimzahl des Abgesangs
e) eventuell auch noch Zahl der verschiedenen Reimklänge

Das ergibt:

13:4:4:5 (5)	Goesli II; Suchensinn
15:4:4:7 (5)	Konrad v. W., Hofton A
20:5:5:10 (10)	Frauenlob, Goldener Ton A (ohne die Anfangsreime)
21:6:6:9 (8)	Konrad v. W., Hofton B
29:10:8:11 (13)	Frauenlob, Goldener Ton A (mit den Anfangsreimen)

2. Ein zweites Register bietet das volle Reimschema und ist in folgender Hierarchie geordnet:

a) Reimzahl des Aufgesangs
b) Reimschema des 1. Stollens
c) Reimschema des 2. Stollens
d) Reimzahl des Abgesangs
e) Reimschema des Abgesangs

Das ergibt:

8 a a a b c c c b 5 d e e e d	Goesli II; Suchensinn
8 a a a b c c c b 7 d d e e e e b	Konrad v. W., Hofton A
10 a b c d e f g h i k 10 c g a i f h b e d k	Frauenlob, Goldener Ton A (ohne die Anfangsreime)
12 a b a b b c d e d e e c 9 f f g h g h g g c	Konrad v. W., Hofton B
18 a b a c a d a f g h g i k l k m n o 11 o d l b [...]	Frauenlob, Goldener Ton A (mit den Anfangsreimen, neu durchbuchstabiert)

In unserer eigenen Praxis haben sich solche Register, allerdings noch etwas roher von Hand gemacht, bislang am besten bewährt. Da aber die Varianten der gleichen Töne in diesen beiden Registern noch nicht in Nachbarschaft gerückt sind, sind auch Register nötig, die von Hebungs- bzw. Silbenzahlen ausgehen. Wir gehen immer nach beiden Prinzipien vor und nehmen in die Silbenzahlenregister alle Töne auf, in die Hebungszahlenregister nur die Töne bis ca. 1520.

3. Ein Register wird voraussichtlich die Gesamthebungs- bzw. Silbenzahlen verzeichnen. Es ist für die wenigen nichtstolligen Töne nötig, im übrigen aber wahrscheinlich umständlich zu handhaben.

4. Wir machen daher noch ein Register nach folgenden Gesichtspunkten:

a) Hebungszahl des 1. Stollens
b) Reimschema des 1. Stollens
c) Reimschema des 2. Stollens
d) Hebungszahl des Abgesangs
e) Reimschema des Abgesangs

Das ergibt:

15 aaab cccb 20 d eeed	Goesli II; Suchensinn
15 abacadafgh giklkmno 30 odlb [...]	Frauenlob, Goldener Ton A (mit den Anfangsreimen, neu durchbuchstabiert)
15 abcde fghik 30 cgaifhbedk	Frauenlob, Goldener Ton A (ohne die Anfangsreime)
21 aaab cccb 36 dde eeeb	Konrad v. W., Hofton A
21 ababbc dedeec 36 ffg hghggc	Konrad v. W., Hofton B

Hier werden auch bei einer größeren Zahl von Tönen die Varianten des gleichen Tons zumindest in nähere Nachbarschaft rücken. Auch wenn z.B. die beiden Fassungen von Konrads von Würzburg Hofton verschiedene Namen trügen, könnte bei diesem Register ein kundiger Benutzer bereits Verwandtschaft vermuten. Die letzte Entscheidung wird er freilich immer erst beim Vergleich der vollständigen Schemata fällen können. Mehr als eine Reduzierung der Sucharbeit können auch wir dem Benutzer nicht bieten.

5. Für die Identifizierung des Tons von fragmentarisch oder entstellt überlieferten Strophen könnte noch ein weiteres Register nützlich sein, das vom Abgesang ausgeht. Eine mögliche Hierarchisierung wäre die folgende:

a) Hebungszahl des Abgesangs
b) Reimschema des Abgesangs
c) Hebungszahl des 1. Stollens
d) Reimschema des 1. Stollens
e) Reimschema des 2. Stollens

Dabei müssen freilich die Reime neu durchbuchstabiert werden, was vom Benutzer ein gewisses Umdenken erfordert. Für unsere Beispieltöne sähe das so aus:

20 a bbba 15 cccd eeed	Goesli II; Suchensinn
30 abcdefghika 15 ldlhlblkmi mf [...]	Frauenlob, Goldener Ton A (mit Anfangsreimen)
30 abcdefghik 15 cgaih ebfdk	Frauenlob, Goldener Ton A (ohne Anfangsreime)
36 aab bbbc 21 dddc eeec	Konrad v. W., Hofton A
36 aab cbcbbd 21 efeffd ghghhd	Konrad v. W., Hofton B

Ob wir alle Register genau in der angegebenen Weise erstellen werden, ist noch nicht entschieden. Praktische Versuche werden ergeben müssen, ob diese oder andere Hierarchisierungen vorteilhafter sind. Kaum noch ändern wird sich das Prinzip. Grundsatz dieser Register ist es, durch mehrfache Angaben, die jeweils verschieden ausgewählt und hierarchisiert sind, die Zahl der nachzuschlagenden Töne einzuschränken.

Nun ist aber die Frage nach Identifizierung und Zuordnung eines gegebenen Tons sicher nur die eine Art von Fragen, die man an ein metrisches Repertorium stellen kann. Andere Fragen zielen mehr auf formgeschichtliche Aspekte. Manche Probleme dieser Art (wie z.B. der Umfang der Töne in bestimmten Epochen oder bei bestimmten Autoren) können schon mit Hilfe der bisher genannten Register untersucht werden. Für andere Fragestellungen wollen wir noch eine Reihe von Sonderregistern zu einzelnen Formelementen erstellen z.B.:

a) Töne mit Bauformen, die von der einfachen Kanzone abweichen: Töne mit drittem Stollen oder repetiertem Steg; sogenannte Laiausschnitte; nichtstollige Töne.
b) Töne mit verschiedenen Reimbindungen zwischen Aufgesang und Abgesang: Anreimung, Durchreimung, Reimbindung von Stollenenden und Abgesangende.
c) Töne mit besonderen Reimkünsten: Kornreime, Anfangsreime, Pausenreime, Schlagreime, Reimhäufungen (4facher bis 29facher Reim auf einen Klang).
d) Töne mit charakteristischen Einzelversen: gleichversige Töne, Töne mit auftaktlosen Zeilen, Töne mit zahlreichen Zweihebern.

Die zahlreichen Register werden zwar den Tönekatalog umfangreich machen. Aber wir glauben, daß sich der Aufwand lohnt und daß auf diese Weise nicht nur das von uns durchgearbeitete, bislang weitgehend unbekannte Material so vielfältig wie möglich erschlossen wird, sondern daß auch die Literaturgeschichtsforschung zu anderen Bereichen, soweit sie Strophenformen zu analysieren hat, von unserem Repertorium lernen kann, so wie wir aus den Fehlern und Vorzügen benachbarter Repertorien gelernt haben.[8]

---

[8] Außer den schon genannten Repertorien möchte ich noch dankbar erwähnen Bruce Alan Beatie: Strophic form in medieval lyric. A formal-comparative study of the German strophes of the Carmina Burana. Diss. (masch.) Harvard University, Cambridge, Mass. 1967.

Félicien de Tollenaere

Rechnergesteuerte Satzherstellung beim Leidener Institut für niederländische Lexikologie

Das Leidener Institut ist nicht nur der reinen Lexikographie gewidmet – »the gentle art of lexicography«, wie ERIC PARTRIDGE sie in seinem 1963 erschienenen Büchlein nennt – sondern hat eine etwas breitere Zielsetzung, wie es sich aus dem Wort Lexikologie, also die Lehre vom Wortschatz, in seinem Namen ergibt.

Unser Institut besteht aus zwei separaten Abteilungen. Die sind: erstens das historische Wörterbuch der niederländischen Sprache, das sich dem GRIMMschen Wörterbuch vergleichen läßt bis auf die Tatsache, daß es leider nicht, wie dieses, schon fertig gestellt wurde, und zweitens der viel jüngere, am 14. September 1967 erzeugte und erst am 15. Januar 1969 geborene Zwillingsbruder, der Thesaurus. Der Unterschied zwischen beiden Abteilungen ist folgender: Indem das Wörterbuch seiner Aufgabe auf traditionellem Wege nachgeht, werden beim Thesaurus lexikologische Projekte mit Hilfe von Automationsverfahren in Angriff genommen.

Wie sich aus dem Titel meines Referats ergibt, will ich mich heute nur mit denjenigen unserer Projekte befassen, die mittels rechnergesteuerter Satzherstellung zustande gekommen sind, deren Vollendung bevorsteht oder auch für eine sehr nahe Zukunft geplant ist. Ich werde bei meiner Ausführung eine gewisse chronologische Folge beachten. Das bedeutet aber nicht, daß Arbeiten, die heute noch nicht fertig sind, deshalb auch erst später angefangen wurden als andere, die schon erschienen sind.

Auf die Gefahr hin, Eulen nach Athen tragen zu wollen, möchte ich zuerst ganz kurz sagen, was unter rechnergesteuerter Satzherstellung zu verstehen sei. Es handelt sich um einen elektronischen Setzvorgang, bei dem ein Rechner den Text verarbeitet und eine Lichtsetzanlage steuert. Bei der Lichtsetzanlage schreibt ein Elektronenstrahl auf einer Kathodenstrahl-Röhre, ungefähr wie das bei einem Fernsehgerät der Fall ist (WHITAKER 1972, S. 154). Die vom Rechner fertig zusammengestellten, auf der Kathodenstrahl-Röhre projizierten Seiten werden schließlich auf Photopapier oder Film reproduziert und dienen als Vorlage für den Offsetdruck. Die Steuerung des Setzvorgangs beruht selbstverständlich auf Programminstruktionen.

In der Reihe 'Monumenta Lexicographica Neerlandica', das ist eine Reihe von Faksimileausgaben von niederländischen Wörterbüchern aus dem Mittelalter und dem sechzehnten Jahrhundert, erschienen 1972 drei Bände. Einem dieser Bände, dem Antwerpener 'Dictionarium Tetraglotton' aus dem Jahr 1562, war ein vom Computer hergestellter alphabetischer Index der niederländischen Wörter beigegeben. Die Druckvorlage für diesen Index war ein Schnelldrucker-Protokoll, das mit einem Einmal-Farbtuch ausgedruckt wurde und daher gut lesbar war; dieser Ausdruck wurde photographiert und im Offsetdruck vervielfältigt. Das Resultat ist in seiner Art eigentlich ziemlich gut. Typographisch will es doch nicht recht gefallen; sieht man sich z.B. die Wörter *aduocaet* und *aduocaetschap* an, dann wirkt die Distanz zwischen den Buchstaben *a* und *e* doch störend. Daher waren wir entschlossen, bei einem nächsten vom Computer geordneten Wortindex den Versuch mit rechnergesteuerter Satzherstellung zu wagen.

```
39
A 12D 136C 317A
ABC 105B(2) 183A
ABLATIF 2A
ABSENCIE 2D
ABSENT 3A 294C
ABSTINENCIE 3A 73C 143C
ABSTINEREN 3A
ABUSEREN 128C
ACCEPTEREN 3C
ACCOERDT 63D
ACCOORD 216C 311B
ACCORD 71C 75A 137C 328C
ACCORDEERT 57B 152B 152C 293A
ACCORDEREN 3D 27D 64C 68C
 EN PASSIM (TOTAAL 14X)
ACCORDERENDE 70B 71B 97A
ACCORDT 61D
ACH 12B 138A
ACHAET 4D
ACHT 26A 27B 30A 35B(2)
 EN PASSIM (TOTAAL 16X)
ACHTBAER 10C
ACHTE 70D 160C 208D 211A(2)
 257C 323D
ACHTEN 10C 20A(2) 47A 47B
 EN PASSIM (TOTAAL 32X)
ACHTENDERTICH 101D
ACHTENTACHTENTICH 101D
ACHTENTSEUENTICH 101D
ACHTENTWINTICH 102A
ACHTENTWINTICHMAEL 101D
ACHTENVEERTICH 101D
ACHTER 10C 21B 39C 39D(3)
 EN PASSIM (TOTAAL 31X)
ACHTERCLAPPER 197C 303B
ACHTERDEEL 92D 151D 152A(2)
 197C 209D
ACHTERDENCKEN 160D
ACHTERDENCKINGHE 261C
ACHTERDEYSINGHE 306D
ACHTERE 331C
ACHTERGHELATEN 91D 95D 166C
 178D
ACHTERHALEN 27D 70B(2)
ACHTERHOUDEN 61B 210D 265B
ACHTERLAET 21C 178D 220D
ACHTERLATEN 88A 96A 166D 179A
 212D 242D
ACHTERLATINGE 242D
ACHTERNAE 264A
ACHTERNOEN 20A 193A 236A
ACHTERSTE 38A 39C 48D 210C
 237C 237D 252B
ACHTERUOLGEN 162A 228D
ACHTERUOLGHEN 228D 283D 320A
ACHTERUOLGHENDE 228D
ACHTERUOLGHINGHE 249C
ACHTERUOLGINGHE 70A 134C
ACHTERVOLGINGHE 70A
ACHTERWAERTS 92C
ACHTERWARTS 2D 49A 85B 88D
 EN PASSIM (TOTAAL 30X)
ACHTHEBBINGHE 208D
ACHTHIENEN 102A
ACHTHIENSTE 102A
ACHTHONDERT 211A
ACHTHONDERTSTE 211A
ACHTINGE 10C
ACHTINGHE 47B 95A 114A 196D
 236B 241C 263D
ACHTMAEL 211A(2) 211B
ACHTSTE 101B 211A 280B
ACHTTHIEN 102A
ACKENKRUYT 49B
ACKER 11D 12D 26D 129D 219D
 296A 307A
ACKERBOW 12D
ACKEREN 25D
ACKERLANDT 269A
ACKERLIEDEN 268D
ACKERMAN 12D(2) 23C 269A
ACKERUOREN 182D(2)
ACKERVORE 182D
ACORD 137C
ADEM 18B(2) 18C 236A 264D
 286B 303A
ADEMADERE 26B
ADEMEN 18C
ADEMS 18B 18C
ADERE 17C 231D 273D 319B 320B
ADEREN 26C 168C 199D 317D(2)
 320A
ADERKEN 122A 320B
ADERLATINGE 231D
ADICK 102C
ADIEU 161B
ADMINISTRATIE 96A
ADOR 7D
ADUOCAET 5B 9A(2) 46B
 214C 218D 221A
ADUOCAETSCHAP 9A
AEL 18A
AELMOESSE 105B 192C(2)
AELWEREN 156A
AEMBETEL 126A
AEN (TOTAAL 265X)
AENBADEN 320B
AENBASSEN 14B
AENBELDT 153B
AENBELT 289C
AENBESTEDEN 5D
AENBIDDEN 8A 8B
AENBIDDINGHE 7D 148A
AENBINDEN 14C 16A 144D 173C
AENBINDINGHE 14C 68D
AENBLASEN 27C
AENBLASINGE 11B
AENBLASINGHE 27B
AENBRENGHEN 253D
AENBRENGHER 253D
```

1. Bei der Edition einer mittelalterlichen lateinisch-niederländischen Wortliste, dem 'Glossarium Harlemense' (circa 1440), war es soweit. Der eigentliche Text dieser Liste wurde teilweise mit Hilfe eines Kartenlochers IBM 029, zum Teil auch mit einem Streifenlocher auf Informationsträger und schließlich auf Magnetband übertragen. Nach vielen Korrekturgängen war ein fehlerfreies Magnetband da, aber ohne Setzinstruktionen. Da mußte nun, auf Veranlassung des grafischen Betriebes, der Text konvertiert werden in eine für den Digiset 50 T 1 lesbare Fassung; überdies sollte unser Institut selbst die Steuer-

OUDE

NEDERLANDSE WOORDENBOEKEN

opnieuw uitgegeven onder auspiciën van de

Stichting Instituut voor Nederlandse Lexicologie

REDAKTIE: F. DE TOLLENAERE EN G. DE SMET

REEKS I: 14de en 15de EEUW

Deel I

HET

GLOSSARIUM HARLEMENSE

(circa 1440)

opnieuw uitgegeven met een inleiding, translitteratie en commentaar en

van een alfabetische en retrograde index voorzien door

P. G. J. VAN STERKENBURG

MOUTON

's-GRAVENHAGE

1973

zeichen für die Satzprogramme anbringen. Die Anweisungen für die Verschlüsselung enthielten aber grobe Inkonsequenzen, und die Zusammenarbeit zwischen Setzerei, grafischem Betrieb und Thesaurus ging nicht immer glatt vonstatten. Die Satzherstellung zeigte vor allem Mängel bei Spaltensatz, Fußnoten und speziellen Zeichen. Durch Unkenntnis rechnergesteuerter Satzherstellung stagnierte diese Erstlingsarbeit ungefähr neun Monate. Man war selbstverständlich noch unwissend im Bezug auf die an das Satzverarbeitungssystem zu stellenden Forderungen und wußte damals noch nicht, welche Lichtsetzanlagen im Lande zur Verfügung standen (STERKENBURG 1976, p. 9).

Daß der Spaltensatz bei dieser Arbeit noch nicht automatisch zustande gekommen ist, sondern durch Schneiden und Kleistern, ergibt sich z.B. aus Seite 69 der transliterierten lateinisch-niederländischen Wortliste, wo die *castitas* sich zum *bever* 'Biber' gesellt, und *lubben* 'kastrieren' die Übersetzung von *castellum* darstellen soll.

2. Die zweite mit einer Lichtsetzanlage elektronisch gesetzte Arbeit war eine 1975 erschienene Dissertation über das 'Glossarium Harlemense', ein lexikologischer Beitrag zum Studium der mittelniederländischen Lexikographie, ver-

	4 VC	diminutivum
	craticula	huseken
1050	casa	scoum femininum
	casimia	casuefle
	casula	blixen neutri generis
	casma	case
	caseus	caescorf
1055	casiarium	een cruet
	cassa	jdel, tervgees*
	cassus	een ghioele
	cacasta*	vytdoen
	cassare	helm, nette
1060	cassis*	reyne
	cassus*	reynleke
	caste	reynegheyt
	castitas →	beuer
	castor ←	casteyin
1065	castigare	casteyinghe
	castigacio	borch, tinte
	castrum	diminutivum
	castellum →	lubben
	castrare ←	oueraet
1070	castrimargia	geual, een val
	casus	geuallec
	casualis	'geuallike
	casualiter	ketene
	Cathena	snotte
1075	catharrus*	gheketent
	cathenatus	rote, scare
	caterua	ghescaert
	cateruatim	welpen
	catulus	katte
1080	catus	scotele
	catinus	kersten man
	catholicus	kerstelike
	catholice	sake
	¶ Causa	sakelike
1085	causaliter	beclaghen
	causari	stert
	cauda	ghestert
	caudatus	scuwen, huden
	cauere	ware
1090	cautela*	listich
	cautus	brant
	¶ cauterium	roeke, roetse vel lapis
	cautes	
	5 RA	
	cauea	cule, gryole, kiuie*

faßt von P.G.J. VAN STERKENBURG (STERKENBURG 1975), dem Herausgeber des Textes des Glossariums. Bei dieser Arbeit, die vom Setzereibetrieb Lumo-zet, einem Tochterunternehmen von Philips in Eindhoven, betreut wurde, kam die Sektion Automatisierung unseres Instituts, unter der Leitung des Herrn H.T. Wong, besser beschlagen aufs Eis. Dieser Setzereibetrieb verfügte über ein gut ausgearbeitetes Handbuch für das Einfügen von Steuer-Anweisungen im Magnetband, die sich auf die Satzgestaltung beziehen (z.B. auf Satzspiegel, Type, Schriftart, Liniatur usw.). Es kam schließlich zu einer 'interface', d.h. einem Anschluß zwischen dem Leidener System und dem Lumo-zet-System in Eindhoven (STERKENBURG 1976, p. 10).

Es ist zu beachten, daß in dieser Dissertation, die mit einer Digiset 40 T 2 gesetzt wurde, noch keine echte Kursive, sondern noch die herkömmliche, auf die Kante gestellte Letter verwendet wurde. Für den Autor stellte dieses zweite Experiment mit rechnergesteuerter Satzherstellung eine gute Schule dar.

3. Im April 1976 erschienen unsere 'Word-Indices and Word-Lists to the Gothic Bible and Minor Fragments'. 1974 sprach ich beim dritten internationalen Symposion 'The Computer in Literary and Linguistic Studies' in Cardiff über Erfahrungen und Probleme bei diesem Projekt. Der Vortrag wurde in den im Oktober erschienenen 'Proceedings' des Symposions veröffentlicht. Ich hegte damals die Hoffnung, das Buch schon Ende 1974 fertigzubringen. Es erwies sich aber, daß noch weitere zwei Jahre dazu notwendig waren. Ich war damals so naiv zu meinen, daß es die Arbeit beschleunigen würde, wenn nur der Kern der Arbeit, das heißt die Indices und Listen, von einer rechnergesteuerten Lichtsatzanlage gesetzt würden. Alles übrige, also u.a. Inhaltsverzeichnis, Vorwort, Einleitung, Appendices und Bibliographie, sollte also auf traditionellem Wege zustande kommen. Es erwies sich aber bald, daß wir im Jahr 1974 noch recht wenig wußten von der Satzherstellung mittels Rechner und Lichtsatzanlage.

Ich habe über die peinlichen Erfahrungen, die mir bei der Satzherstellung unseres gotischen Buches zuteil wurden, ausführlich berichtet auf dem vierten internationalen Symposion 'The use of the Computer for linguistic and literary Research', das vom 5. bis 9. April 1976 in Oxford stattfand. Ich werde nicht wiederholen, was ich damals sagte, und nicht zum zweiten Male meine eigene Schande zur Schau tragen. Wenn mein Oxforder Vortrag im Druck erscheint, wird man über meinen Spießrutenlauf genügend unterrichtet sein.

Ich werde mich auf einen Punkt beschränken. Vom zweiten Appendix des Buches mit dem Text des berühmten gotischen Speyer-Fragmentes, den wir also nicht auf Magnetband, sondern als herkömmliches Manuskript angeliefert hatten, bekam ich die erste Ausgabe am 23. April 1975. Es hat nicht weniger als sechs Läufe erfordert, bis wir, am 23. Januar 1976, also fast ein Jahr später, die endgültige Version dieser einen Seite zu sehen bekamen.

Das waren also drei Arbeiten unseres Leidener Instituts, die bis heute mittels einer Lichtsetzanlage elektronisch gesetzt worden sind. Bevor ich die Arbeiten behandle, deren Erscheinen noch in diesem Jahre bevorsteht, möchte ich noch ganz kurz ihre Aufmerksamkeit erbitten für zwei Projekte, die für die nächsten Jahre geplant sind.

4. Es handelt sich um Teil 2 der dritten Reihe, 'Studien', unserer 'Monumenta Lexicographica Neerlandica'.

In der zweiten Reihe, der Reihe der Wörterbücher des 16. Jahrhunderts, erschien schon 1972 Kiliaan's 'Etymologicum', ein originaltreuer Nachdruck der 1599 in Antwerpen, in der Officina Plantiniana, erschienenen Edition, mit einer gründlichen Einleitung des Kiliaan-Spezialisten dr. F. Claes, s.j.

Es sei mir erlaubt, nur rein beiläufig mein Bedauern darüber auszusprechen, daß in der vom Olms Verlag herausgegebenen Reihe 'Documenta Linguistica. Quellen zur Geschichte der deutschen Sprache des 15. bis 20. Jahrhun-

A A N V U L L I N G   M N W   A L F A B

		bet. 1)
1	AFWORDICHEIT	"afwezigheid" (Hwb)
1	ALBAERDINE	'albandina, rood edelgesteente' (z. woordenlijst voor de afl.)
1	ALKORAM	'Koran'
1	ALLEGACIE	"het aanvoeren of bijbrengen van redenen, bewijzen, aanspraken, rechtsgronden, enz." (Hwb)
9	ALLENGIEREN	z. A l l e g e r e n
1	ALLET	"voortdurend, steeds" (Hwb, bet.
1	ALMACHTICHEIT	'almacht'
1	ALMANGEN, AELMAENGEN	'Duitsland'
1	ALREBEHAGELIJCST, -HAECHLICST	adj. 'allerangenaamst'
1	ALREBEST	"allerbest" (Hwb); 'opperbest'
1	ALREFRISSCHELICST	'allersierlijkst'
1	AMATIST	'zeker edelgesteente'
1	APPELBOOM, -BOEM	'appelboom'
1	ARCHEFLAMINNE	'aartsbisschop der moslims'
2	ARKE, ERKE	"de ark van Noach" (Hwb, bet. 5)
1	ARPENS	'lengtemaat' (ofr. *arpentz*)
6	ARREST	*arreest* 'bezit'
9	ARTICULE	z. A r t h r i t i k e
1	ASTROLABE, ASTRA-	'astrolabium'
69	AVENTUURLIJC	*avontuerlic ghecleet* 'in aernoutscostuum'
16	AVENTUURLIJC	*avontuerlic* 'van het toeval levend'
2	AVENTUURLIJC, AVENTUER-	*aventuurlike lieden*, "menschen d van het geluk leven, geen vast bestaan hebben, speellieden en dgl." (Hwb, bet. 5)
1	BABUUN, -BUIN	'baviaan' (ofr. *baboyn*, fr. *babouin*)
2	BACCALARIE, BACA-	'baccalaureus'
9	BACHELIJC	z. B e h a g e l i j c
1	BAGIJNSCHAP, BEGHIJNSCAP	"het bagijn zijn, de orde der bagijnen" (Hwb)
4	BARE	'golf'
2	BAREN, BEREN	trans. 'uitvoeren, volvoeren'
1	BARENTEER	'bedrieger' (vgl. Hwb, i.v. B a r a t e u r)
1	BARENTEERSCHAP, -SCAP	'bedriegerij'
1	BARINGE, -GHE	"baring" (Hwb)
1	BARMHERTELIKE, BERMHERTELIJC	"barmhartig" (Hwb)
1	BARMHERTICH	'barmhartig'
4	BEBLECKEN	
1	BEBLOET	"bebloed, bloedig" (Hwb)
2	BECOMMERINGE	"bezigheden, beslommeringen" (Hwb, bet. 1)
2	BECOMMERINGE, -GHE	"beslommeringen" (Hwb, bet. 1)
1	BECOMMERNISSE	"bezorgdheid" (WNT, bet. 2)

T I S C H E   I N D E X   DD: 22-07-1975   2

Blome d.Doochd.(M 1)	60(2x)	[holl.,t1485]
Mandev.^{2}(M 1)	186	[holl.,1462]
Mandev.^{2}(M 1)	112;113(3x); 116(2x);117 120;enz.	[holl.,1462]
*Marialeg.*2(M 1)	124	[wmnl.,1478-'79]
MANDE, *Bijl.*	82	[holl.,t1500]
*Marialeg.*2(M 1)	106	[geld.ov., eind 15e e.]
*Marialeg.*1(M 1)	299	[holl.,1479]
Mandev.^{2}(M 1)	110;155	[holl.,1462]
MANDE, *Bijl.*(M 1)	46	[brab.,15e e.]
*Marialeg.*1(M 1)	16	[holl.,1479]
Mandev.^{2}(M 1)	197	[holl.,1462]
Mandev.^{2}(M 1)	184;186;234	[holl.,1462]
Blome d.Doochd.(M 1)	114	[holl.,t1485]
Mandev.^{2}(M 1)	122	[holl.,1462]
Blome d.Doochd.(M 1)	116	[holl.,t1485]
Mandev.^{2}(M 1)	164	[holl.,1462]
Ts. 60	23	[1470]
Mandev.^{2}(M 1)	271	[holl.,1462]
Mandev.^{2}(M 1)	155(3x);199; 161	[holl.,1462]
Ts. 60	88	[1520]
Ts. 60	88	[1520]
Blome d.Doochd.(M 1)	84	[holl.,t1485]
Mandev.^{2}(M 1)	178	[holl.,1462]
*Marialeg.*2(M 1)	105	[geld.ov., eind 15e e.]
Mandev.^{2}(M 1)		[holl.,1462]
*Marialeg.*2(M 1)	83	[brab.,1515]
Mandev.^{2}(M 1)	231(2x);263	[holl.,1462]
Blome d.Doochd.(M 1)	102	[holl.,t1485]
Mandev.^{2}(M 1)	138	[holl.,1462]
Mandev.^{2}(M 1)	118;230	[holl.,1462]
*Marialeg.*1(M 1)	341;357;374; 375	[holl.,1479]
MANDE, *Bijl.*(M 1)	18	[brab.,15e e.]
*Marialeg.*1(M 1)	255	[holl.,1479]
Ts. 60	244	[1520]
Mandev.^{2}(M 1)	122	[holl.,1462]
MANDE, *Bijl.*	98	[holl.,t1500]
*Marialeg.*2(M 1)	21	[holl.,1479]
*Marialeg.*1(M 1)	429	[holl.,1479]

derts . . . Reihe I. Wörterbücher des 15. und 16. Jahrhunderts', im Jahre 1975, mit einer Einleitung von dr. F. CLAES, Kiliaans 'Dictionarium Teutonico-Latinum' (1574) erschienen ist. Damit kann nur ein zähes Mißverständnis verstärkt werden über die Frage, was Deutsch ist und wie es sich zum Niederländischen verhält (GOOSSENS 1971). *Teutonica lingua,* statt das herkömmliche *Flandrica lingua* in der Grafschaft Flandern, ist beim Brabanter Kiliaan die lateinische Übersetzung von *diets,* also niederländisch; die hochdeutsche Sprache dagegen heißt bei ihm *Germanica lingua.* Zu Ihrer Beruhigung kann ich sagen, daß kein Deutscher an diesem unglücklichen Annexionismus Schuld hat.

Bei seinem Tode im Jahre 1607 hat Kiliaan ein annotiertes Exemplar seines Etymologicums hinterlassen, das sozusagen als Manuskript zu einer Neuedition hätte dienen sollen. Auf unsere Initiative hin hat dr. F. CLAES die Arbeit auf sich genommen, die vielen Notizen Kiliaans, die für das ungeübte Auge nicht immer leicht zu lesen sind, zu transkribieren und auf diesem Grunde, zusammen mit Einleitung und Kommentar, die Ausgabe der von Kiliaan geplanten zweiten Auflage des Etymologicums zustande zu bringen.

Das Manuskript wurde im Leidener Institut auf Lochstreifen abgelocht. Es soll noch, insoweit das nicht automatisch geschehen kann, mit der Hand kodiert werden. Es ist unsere Absicht, das neue, erweiterte Etymologicum im nächsten Jahre mit Hilfe der Digiset zu veröffentlichen.

5. Ein Projekt auf etwas längere Sicht betrifft die von J. VERDAM, dem Verfasser des mittelniederländischen Wörterbuches (MNW), bei seinem Tode 1919 zum Zweck der Herausgabe eines Supplementes hinterlassenen Ergänzungen und Berichtigungen. Zwischen den Jahren 1965 und 1973 bereicherte dr. J.J. MAK in Leiden diese Hinterlassenschaft VERDAMS durch eigene Exzerpte einschließlich einem Exzerpt aus den Zettelkästchen VERDAMS. Die Kollektionen wurden im August 1973 unserem Institut übergeben. Insgesamt handelt es sich um eine Kartei von mehr als 25.000 Zetteln.

Aus verschiedenen, vor allem prinzipiellen Gründen haben wir nicht die Absicht, ein Supplement im Sinne VERDAMS zu verfassen. Die Zettel, meistens ohne Zitate, Lokalisierung und Datierung, entsprechen nicht modernen lexikographischen Anforderungen.

Es wäre aber schade, das von VERDAM und MAK zusammengebrachte Zettelmaterial nicht der Forschung zugänglich zu machen. An unserem Institut werden nunmehr die Zettel der Kartei standardisiert, abgelocht und vom Computer alphabetisiert. Das Resultat wird schließlich ungefähr so aussehen, wie die Abbildung auf der vorhergehenden Doppelseite zeigt. Ich sage ungefähr, denn das ist nur ein Ausdruck auf Endlosformular. Wir glauben, es könnte schließlich ein von einer Lichtsetzanlage elektronisch gesetztes Buch mit etwa 25.000 Lemmata, d.h. ungefähr 300 Seiten, daraus werden. Das Endprodukt wird aber nicht das Buch selbst sein, sondern eine mittelniederländische Datenbank zum automatischen Wiederauffinden von vielerlei Informationen.

Schließlich möchte ich noch drei Projekte erörtern, deren baldiger Abschluß bevorsteht.

6. Die Abteilung Thesaurus des Leidener Instituts veröffentlicht eine kleine Zeitschrift 'Informatie Nederlandse Lexikologie', von der bis heute vier Lieferungen erschienen sind: die erste 1970, die zweite 1971, die dritte 1972 und die vierte 1974. Diese bescheidene Publikation verzeichnet Projektbeschreibungen von an verschiedenen Instituten mit Automationsverfahren behandelten Texten in niederländischer Sprache.

Bis jetzt sind alle vier Lieferungen mittels einer IBM-Executive Schreibmaschine in unserem Institut getippt worden. Bei Nr. 5 aber ist der Text auf Lochstreifen abgelocht, auf Magnetband übertragen und kodiert worden. Hiermit ist der Weg frei für den elektronischen Satz.

7. In der ersten Hälfte dieses Jahres erscheinen die Indices zu 'Het oudste Goederenregister van Oudenbiezen' (1280–1344), das im Jahre 1965 von BUNTINX und GYSSELING herausgegeben wurde. Als Maschinenausdruck waren die Indices schon 1973 fertig. Das mit dem Digiset erzeugte Band enthält: einen alphabetischen Wortformenindex, einen Index der römischen Zahlen und Jahreszahlen, eine rückläufige Liste, eine Frequenzliste und schließlich eine nach der Wortlänge, d.h. nach der Zahl der Buchstaben geordnete Liste.

Das Projekt gehört eng zusammen mit dem folgenden, da es chronologisch fast auf der gleichen sprachlichen Grundlage fußt und demselben Endzweck dienen soll.

8. Schließlich bleibt mir noch unser letztes und wichtigstes Projekt, das 'Corpus der frühmittelniederländischen Texte vor dem Jahre 1301', von MAURITS GYSSELING. Das niederländische Corpus wurde ursprünglich von J. VAN CLEEMPUT angefangen nach dem Modell von FRIEDRICH WILHELMS 'Corpus der altdeutschen Originalurkunden bis zum Jahr 1300' (DE TOLLENAERE en PIJNENBURG 1974, S. 2), welches Urkunden nicht primär als Geschichtsquellen, sondern als Sprachquellen sammelt. WILHELM hat auch holländische Urkunden als Dokumente aufgenommen. Ob das »sprachgeschichtlich ganz mit Recht« geschah, wie HELMUT DE BOOR meinte (DE BOOR 1971, S. 202), kann man freilich bezweifeln, da »Holland damals bereits nicht nur politisch, sondern auch sprachlich eigene Wege ging«. Bei dem geplanten Wörterbuch zu den deutschen Urkunden des 13. Jahrhunderts sind sie aber »aus guten Gründen nicht berücksichtigt« worden (SCHULZE 1976, S. 55).

Mit der Vorbereitung des Projektes habe ich schon 1968 angefangen, nachdem ich am 7. September 1967, beim dritten Colloquium der Dozenten der

BOUWSTOFFEN VOOR EEN
WOORDARCHIEF VAN DE NEDERLANDSE TAAL

CORPUS VAN
MIDDELNEDERLANDSE
TEKSTEN

(TOT EN MET HET JAAR 1300)

UITGEGEVEN DOOR

MAURITS GYSSELING

M.M.V. EN VAN WOORDINDICES VOORZIEN DOOR
WILLY PIJNENBURG

REEKS I: AMBTELIJKE BESCHEIDEN

MARTINUS NIJHOFF
'S-GRAVENHAGE 1977

Niederlandistik, das damals im Haag tagte, den Plan skizziert hatte. Jetzt, zehn Jahre später, sind wir ganz nahe an seiner Vollendung.

GYSSELINGS Transkription der Original-Dokumente wurde zuerst in Leiden verschlüsselt, das heißt Anweisungen für die Satzherstellung (ob fett, mager, kursiv usw.) wurden mittels Code-Symbolen im Manuskript angebracht. Dann wurde der Text samt den Symbolen auf Lochstreifen abgelocht, auf Magnetband übertragen und ausgedruckt. Nachdem die Korrekturen abgelocht waren, kam ein neues Magnetband zustande, mit dessen Hilfe die korrigierten Zeilen ausgedruckt wurden usw. Das Magnetband dient nachher als Eingabe für die Lichtsetzanlage. Instruktionen für den Satzspiegel, Seitenzahl usw. wurden vorher durch das Satzprogramm miteingelesen. Dieses Programm übersetzt gleichzeitig die Code-Symbole in Setzinstruktionen.

Die Programmierarbeit für die Satzherstellung wurde von Frau Moers-da Silva geleistet. Dieses Programm ist gar nicht so einfach. Man kann bezweifeln, ob Programme für astronomische Berechnungen von Sternbahnen schwieriger sind.

Das Projekt hat für den automatischen Seitenumbruch selbstverständlich ein eigenes Programm. Betreffs der Einsteuerung von Fußnoten hatte man in den Niederlanden bis vor kurzem noch recht wenig oder gar keine Erfahrung. Es wurde aber ein Programm geschaffen, bei dem die rechnergesteuerte Lichtsetzanlage keine Seite umbricht, ohne zuerst alle auf diese Seite bezüglichen Noten zu beachten, und andererseits kein Dokument beendet, ohne zugleich alle sich auf eine bestimmte Seite beziehenden Noten dieses Dokumentes am Ende des Dokumentes mitzugeben. Wenn also z.B. Dokument 374 auf Seite

Brugge

Lxxx. p*ri*mo.

374 **Brugge** **1281 oktober 11**

Schepenen van het Vrije oorkonden dat Diederic, zoon van Reinvard Edin, en zijn vrouw Margriete aan Gherard, kapelaan van de Wijngaard te Brugge, ten behoeve van pastoor, beide kapelaans, scholieren en koster aldaar, 1 gemet 2 roeden land te Sint-Pieters-Kapelle gaven, dat zij in cijns terugkrijgen tegen 14 s. 's jaars.

A. Origineel: Brugge, Commissie van Openbare Onderstand, Begijnhof, nr. 28. Perkament (H 260 + plica 15, B 212 mm); de 7 uithangende zegels verloren. In dorso: (1[e] kwart 14[e] e.:) Dese tsartere sprecd van den virtiene scheleghen die de scolieren prochiepape tue capellane & de coster van den wingarde ghemene ebben hup .i. stic lands in onkeuliet in ghistel ambocht de welke me gheld x sol telken medewintere & iiii s̃ te sinte jans messe & cop & v*er*sterefnesse gheliic den tsense.- (15[e] e.:) j ghemet ij R*oeden* lands jn honcke vliete Rente.

Geschreven door de hand van nr. 240.

domaes die hont. jan die weuel. jan die b ne. willem die Corte. willem / die scoutete. gherard die weuel. en*de* j mont wie schepe*n*ne vande*n* vrie*n* / doen teverstane allen den goenen die dese lett*re*n sullen zien & horen lesen / dat camen vor ons diederic .f. reinvards edins. en*de* Margriete sin wijf / en*de* gaven wettelike ghifte den h*ere* gherarde capellaen vande*n* wijngarde / tes p*ro*chie papen boef vande*n* wijngarde & ter tve capellanen boef & ter / scoliere*n* boef. & tes cost*ers* boef vande*n* wijngarde vorseit van. enen. / ymete lants. tve roeden lants, Min jof me lecghende int ambocht va*n* ghistell*e* / indie p*ro*chie van honkevliet [a] vp die ofstede daer die vorseide diederic woe*nt* / & nortwest van gherards lande sins broeder nort over dat ledekin & / of oestalf griele capeels lande [b]. & of sutalf boude*n* daniels lande & of westalf / dis vorseits diederix lande [d] & sie weddets. de*n* h*ere* gher*arde* vorseid tes p*ro*chie / papen boef t*er* capellane boef t*er* scoliere boef. & tes cost*ers* boef vande*n* wijn/garde vorseid aldit vorseid*e* lant tewette tewaerne wech & lant & q*ui*te / lant te haere alre boef vorseit vrie*n* eghindome jeghe*n* elken meinsch*e* / en*de* dese vorseide h*ere* gherard gaf weder van haerre alre haluen die hier / vorseit sin dien vorseide*n* diederike & Margrieten sine*n* wiue aldit / vorseid*e* lant te Erfliken chense o*m*me. viertiene. schelegh*e* tsiaers / goed*ere* vlaems*cher* peneg*he* teghelde*n* tiene. schelegh*e* telken

a) *of* houkevliet
b) de *verbeterd uit* t
c) *zie b*
d) *zie b*

Brugge

Medewintere. & / viere. sceleghe te sinte jans messe [e] die daer naest comt & coep & / versterfnesse ghelijc den chense. Ende omme dat wie vorseide scepenne / stonden over dese dinc & willen datse vast & ystade bliue. so hebben / wie dese lettren te kennessen hutanghende yseghelt met onsen
5 zeghellen / dit was ghedaen saterdaghes vor sinte donaes daghe. anno domini / - M° - CC° - Lxxx° - primo -----

e) eerste e door scheur onzeker.

375 Brugge 1281 oktober 17

Schepenen van het Vrije maken, na inlassing van de brieven betreffende aanstelling en vervanging van scheidsrechters van 1280 juni 3 en 1281 oktober 11, in een geschil tussen de Sint-Pietersabdij te Gent
15 *en Jhan Woubrechts zoene nopens het twaalfde deel van de tiende uit de nieuwe keure van Watervliet, de scheidsrechterlijke uitspraak bekend (die Jhan belooft te zullen naleven op straffe des doods), waarbij genoemde tiende volledig wordt toegewezen aan de abdij.*

20 *A*. Origineel: Gent, Rijksarchief, Sint-Pietersabdij. Perkament (H 686 + plica 37, B 598 mm); van de 24 uithangende zegels is slechts één fragment bewaard. Aan de randen zijn verschillende tekstdelen door vocht vergaan. In dorso: (14e e.:) Compromissum & sma super duodecima parte decime et vp de kore de watervliet.
25 Uitg.: C. P. Serrure, *Vaderlandsch Museum* 2, Gent 1858, 360-365.- Wilhelm, *Corpus*, I, 424-427, nr. 483.

Geschreven door de hand van nr. 222.

Wie. Diederic die vos.. Domaes die hont.. Willem die scoutete.. Jhan van den zande.. Jhan die brune.. Jhan die weuel.. Willem van cleihem.. Jhan mont.. Boudene van laepscuere.. Weinin van varsenare.. Hughe van boyenghem.. ende Gherard / die weuel. scepenen van den vrien
35 brugschen ambochte doen te wetene allen den ghoenen die dese lettren zullen zien ende horen lesen. Als van den contente ende van der calaengen die jhan woubrechts zoene elemoeden zoens hadde vp den abbet / ende vp die kerke van sinte pieters van ghent ouer hem ende ouer die ghoene die aeldinghe waren met hem van der voerseider elemoeden
40 doet. ende van enen vinderscepe dan of dat wie zaghen enen sartre ende ghelesen was voer ons / sprekende jn dese woerde . . .

[Hier wordt het afschrift ingelast van een (ook in origineel bewaarde doch dan sterk gehavende) Latijnse oorkonde van 1280 juni 3, waarbij de scheidsrechters beloven het geschil tussen de Sint-Pietersabdij te Gent
45 *en Jan Woubrechts zoon (hiertoe door zijn deelgenoten vóór schepenen van diverse jurisdicties gevolmachtigd), nopens het twaalfde deel van de*

593 anfängt und auf Seite 594 schließt, dann kommen die zu Seite 593 gehörenden Noten als Fußnoten auf Seite 593, während die übrigen zum selben Dokument gehörenden Noten innerhalb der Seite 594, aber gleich nach Dokument 374 eingesteuert werden. Bald wird das Corpus Gysseling I, die nichtliterarischen Texte, mit vier Bänden von je 800 Seiten fertig dastehen.

Falls wir es dabei bewenden ließen, könnten wir schon zufrieden sein. Wir wollen aber zugleich auch einen Wortindex mit Stellenangaben zusammen mit drei Wortlisten (einer rückläufigen, einer nach abnehmender Häufigkeit und einer nach abnehmender Wortlänge geordneten) zu dem Corpus erscheinen lassen. Im Gegensatz zu ULRICH GOEBELS Wortindex zum 1. Band des Corpus der altdeutschen Originalurkunden, der im Jahre 1974 im Georg Olms Verlag erschienen ist, werden beim frühmittelniederländischen Corpus Index und Listen ebenfalls von Rechner und Lichtsatzanlage hergestellt. Ich teile also nicht die Ansicht von URSULA SCHULZE, die in ihrer Rezension (1976, S. 62) im Anschluß an grundsätzliche kritische Bemerkungen zu ULRICH GOEBELS Wortindex prinzipiell den Nutzen eines rein automatischen Index für Corpus-Textmaterialien verneint. Die Wortformen werden in unserem alphabetischen Index nicht auf Grundformen zurückgeführt, also nicht lemmatisiert. Es findet auch keine Auflösung der Homographen statt. Es versteht sich von selbst, daß eine nicht-anachronistische Lemmatisierung unseres Materials nicht a priori, sondern nur a posteriori, das heißt im Wörterbuchstadium, möglich ist. Dabei wird das Stichwort nicht unbedingt nach VERDAMS Mittelniederländischem Wörterbuch angesetzt.

Unser Index und die Wortlisten bilden allerdings nicht, wie gesagt, die Endstation unseres Unternehmens. Nachher wird das Magnetband gereinigt von nunmehr überflüssiger rein typographischer Verschlüsselung (z.B. Fett, Kapitälchen u.ä.). Mit Hilfe eines speziellen Programms folgt dann die Ausgabe von Kontextkarten, die jede Wortform in und zusammen mit ihrem Kontext (TOLLENAERE 1973) enthalten. Diese Kartei ist geplant als Grundlage für ein frühmittelniederländisches Wörterbuch, das heißt, ein Periodenwörterbuch zu den ältesten Texten der niederländischen Sprache. Auch bei diesem Wörterbuch wird die rechnergesteuerte Satzherstellung in Zukunft noch eine Rolle spielen (TOLLENAERE 1975, S. 137–138), aber das ist eine andere Geschichte.

Nachwort.
Es gebührt unser Dank Frau F.I. Moers-da Silva sowie den Herren dr. P.G.J. van Sterkenburg, H.T. Wong und vor allem dr. W. Ott sowie dr. P. Sappler, die dieses Referat im Manuskript gelesen und durch ihre Bemerkungen bereichert haben.

Bibliographie

BOOR, HELMUT DE (1971)
Das Corpus der altdeutschen Originalurkunden. In: Jahrbuch für Internationale Germanistik 3. S. 199–217.

BUNTINX, J. – M. GYSSELING (1965)
Het oudste Goederenregister van Oudenbiezen (1280–1344). I. Tekst. Tongeren. (Werken uitgegeven door de Koninklijke Commissie voor Toponymie en Dialectologie, Vlaamse Afdeling).

Dictionarium Tetraglotton (1972).
Het Tetraglotton van 1562. 2 Bde. Opnieuw uitgegeven door F. CLAES, F. DE TOLLENAERE en J.B. VEERBEEK. 's-Gravenhage.

Glossarium Harlemense (1973).
Het Glossarium Harlemense (circa 1440). Opnieuw uitgegeven met een inleiding, translitteratie en commentaar en van een alfabetische en retrograde index voorzien door P.G.J. VAN STERKENBURG. 's-Gravenhage. (Monumenta Lexicographica Neerlandica, Reeks I: 14de en 15de eeuw, Deel I).

GOOSSENS, JAN (1971)
Was ist Deutsch – und wie verhält es sich zum Niederländischen. Bonn: Kgl. Niederländische Botschaft.

SCHULZE, URSULA (1976)
Zur Herstellung eines Wortindex zum Corpus der altdeutschen Originalurkunden durch elektronische Datenverarbeitung – Rezension und grundsätzliche kritische Bemerkungen. In: Beitr. (Tübingen) 98, S. 32–63.

STERKENBURG, P.G.J. VAN (1975)
Het Glossarium Harlemense. Een lexicologische bijdrage tot de studie van de Middelnederlandse lexicografie. 's-Gravenhage. (Monumenta Lexicographica Neerlandica, Reeks III: Studies, Deel I).

STERKENBURG, P.G.J. VAN (1976)
Lexicologie en computergestuurd fotografisch zetten. Ervaringen en problemen. Eindhoven: Lumozet.

TOLLENAERE, F. DE (1973)
The problem of the context in computer-aided lexicography. In: The Computer and Literary Studies. S. 25–35.

TOLLENAERE, F. DE – W. PIJNENBURG (1974)
Verwerking van Vroegmiddelnederlandse Teksten met de Computer (Het Corpus-Gysseling). Leiden.

TOLLENAERE, F. DE (1975)
Een nieuw Engels uitspraakwoordenboek. In: Wetenschappelijke Tijdingen 34, S. 185–188.

TOLLENAERE, F. DE – R.L. JONES (1976)
Word-Indices and Word-Lists to the Gothic Bible and minor Fragments. Leiden.

WHITAKER, RICHARD E. (1972)
Computerized Video-Composition for the Humanist. In: CHum 6, S. 153–156.

Wilhelm Ott

Satzherstellung von maschinenlesbarem philologischem Material

Am Schluß des Symposions möchte ich Sie nach so vielen Höhenflügen der computer-unterstützten altgermanistischen Forschung zurückführen in die Niederungen rein technischer Fragestellungen.

Die Frage, wie das Ergebnis der eigenen Arbeit den Fachkollegen oder der weiteren Öffentlichkeit zugänglich gemacht werden kann, betrifft zwar einen vorwiegend technischen Gesichtspunkt, der jedoch nicht ganz unwichtig ist: hängt doch ein Gutteil der Wirkung einer Arbeit von ihrer Präsentation ab. Dies gilt auch da, wo das Ergebnis - etwa eine Edition, ein Glossar, ein Wortindex, eine Konkordanz - mit Computerhilfe erarbeitet wurde und somit maschinenlesbar vorliegt.

Hier sind nun verschiedene Verfahren der Publikation denkbar. Natürlich könnte man den Weg über den konventionellen Satz einschlagen, indem man dem Verleger ein Zeilendrucker-Protokoll liefert, das dieser dann dem Setzer als »Manuskript« in die Hand drückt. Dieser Umweg ist nicht nur sehr kostspielig; er verbietet sich vor allem deshalb, weil auf diese Weise ein Großteil der Mühe, die man aufgewandt hat, um eine fehlerfreie Vorlage zu erhalten (u. U. war dies der einzige Zweck des EDV-Einsatzes gewesen), durch den menschlichen Setzer wieder gefährdet oder gar zunichte gemacht wird.

Der nächstliegende Ausweg wäre nun, das, was der Computer ohnehin gewohnt ist als Ergebnis auszugeben, in der gleichen Form auch der Öffentlichkeit anzubieten: Das Zeilendrucker-Protokoll, etwas verkleinert und im Offset-Druck vervielfältigt, gibt in der Tat den Zustand der Ergebnisse wieder, wie sie am Ende der Arbeit in maschinenlesbarer Form vorliegen. Diese Form der Veröffentlichung hat deshalb in der Vergangenheit (etwa bei Wortindices, die mit EDV-Unterstützung erstellt wurden) eine erstaunliche Verbreitung erfahren.

In meinen Augen verbietet sich diese Form der Veröffentlichung aus drei Gründen:

a) Sie ist für den potentiellen Leser ästhetisch eine Zumutung und deshalb als »Verpackung« für das eigene wissenschaftliche Produkt nicht gerade gut geeignet (auch Ergebnisse der eigenen Arbeit wollen dem Leser »verkauft« werden).

b) Der ästhetische Mangel ließe sich (mit Blick auf essentielle Qualitäten) ertragen, wenn er nicht häufig genug in Unleserlichkeit überginge (ich erinnere an das Beispiel »aduocaet« statt »aduocæt«, das uns Herr de Tollenaere vorgeführt hat). Dies geschieht vor allem da fast zwangsläufig, wo diakritische Zeichen oder Zeichen in nicht-lateinischen Alphabeten durch Ersatzzeichen dargestellt werden müssen.
c) Sie ist - bei all diesen Mängeln - meist auch noch teurer als eine typographisch befriedigende Form der Publikation.

In den beiden erstgenannten Punkten werden Sie mir ohne weitere Diskussion zustimmen; der dritte der angeführten Gründe gegen die Reproduktion von Zeilendrucker-Protokollen bedarf vermutlich einer Erläuterung, da gerade auch Kostengründe immer wieder für diese Form der Publikation angeführt werden.

Es ist richtig: auf die Kosten pro publizierte Seite umgerechnet, ist dieses Verfahren das billigste und wird es auch in Zukunft sein. Doch ob das auf diese Weise publizierte Werk auch noch billiger ist als eines, auf dessen Publikation und deren äußere Form mehr Mühe verwendet wird, ist damit noch lange nicht gesagt. (Wir sprechen hier ja jeweils von Publikation in gedruckter Form, also dem Buch, das ohne weitere Hilfsmittel wie Mikrofilm-Lesegerät benutzbar ist.)

Kostenvergleich: Reproduktion vom Zeilendrucker-Protokoll und Publikation über Lichtsatz

Um das Ergebnis vorwegzunehmen: der Grund, warum der Zeilendrucker zur Erstellung der Druckvorlage auch aus Kostengründen nicht mit der computer-gesteuerten Setzmaschine konkurrieren kann, liegt darin, daß beim Zeilendrucker fehlende typographische Qualität durch großzügigere Platzaufteilung ausgeglichen werden muß. Das gleiche Ergebnis nimmt also, über Zeilendrucker ausgegeben, mehr Platz ein, als wenn es über die Setzmaschine ausgegeben wird. Das Buch wird dicker und damit teurer.

Die »Platzverschwendung« des Zeilendruckers fängt schon damit an, daß - ähnlich wie bei der Schreibmaschine - auf dem Zeilendrucker-Protokoll alle Zeichen gleich breit sind, während im Satz - bei gleichzeitig besserer Lesbarkeit - nur wenige Zeichen gleich viel Platz einnehmen wie etwa der Buchstabe *m* oder *w*. Es passen also mehr Zeichen in die Zeile. Das Argument, daß Zeilendrucker-Protokolle ja normalerweise verkleinert wiedergegeben werden, zählt nicht: auch wenn man mit der Setzmaschine gleich groß setzt wie etwa mit dem Zeilendrucker (was etwa der Schriftgröße auch der Schreibmaschine entspricht), so können in einer Zeile dieser Breite, die 48 Zeilendruckeranschläge aufnehmen kann, bei gleich groß wirkender Schrift (Kleinbuchstaben jeweils etwa gleich hoch) jeweils 60-70 Zeichen (bei weitaus besserer Lesbarkeit) untergebracht werden (Beispiel 1: Zeilendrucker der TR 440 des Zentrums für Datenverarbeitung der Universität Tübingen; Beispiel 2: Univers (DIGISET), 10/11 Punkt; Beispiel 3: Garamond (DIGISET), 11 Punkt; Beispiel 4: Times (DIGISET), 10/11 Punkt).

so können in einer Zeile dieser Breite, die 48 Zeilendruckeranschläge aufnehmen kann, bei gleich groß wirkender Schrift (Kleinbuchstaben jeweils etwa gleich hoch) jeweils 70–75 Zeichen (bei weitaus besserer Lesbarkeit) untergebracht werden (Beispiel 1: Zeilendrucker der TR 440 des Zentrums für Datenverarbeitung der Universität Tübingen; Beispiel 2: Univers (DIGISET), 10/11 Punkt; Beispiel 3: Garamond (DIGISET), 11 Punkt; Beispiel 4: Times (DIGISET), 10/11 Punkt).

so können in einer Zeile dieser Breite, die 48 Zeilendruckeranschläge aufnehmen kann, bei gleich groß wirkender Schrift (Kleinbuchstaben jeweils etwa gleich hoch) jeweils 70–75 Zeichen (bei weitaus besserer Lesbarkeit) untergebracht werden (Beispiel 1: Zeilendrucker der TR 440 des Zentrums für Datenverarbeitung der Universität Tübingen; Beispiel 2: Univers (DIGISET), 10/11 Punkt; Beispiel 3: Garamond (DIGISET), 11 Punkt; Beispiel 4: Times (DIGISET), 10/11 Punkt).

so können in einer Zeile dieser Breite, die 48 Zeilendruckeranschläge aufnehmen kann, bei gleich groß wirkender Schrift (Kleinbuchstaben jeweils etwa gleich hoch) jeweils 70–75 Zeichen (bei weitaus besserer Lesbarkeit) untergebracht werden (Beispiel 1: Zeilendrucker der TR 440 des Zentrums für Datenverarbeitung der Universität Tübingen; Beispiel 2: Univers (DIGISET), 10/11 Punkt; Beispiel 3: Garamond (DIGISET), 11 Punkt; Beispiel 4: Times (DIGISET), 10/11 Punkt).

Selbst bei gleicher Schriftgröße braucht die gleiche Information also um etwa 30% weniger Raum, wenn wir die Setzmaschine statt des Zeilendruckers benutzen. Wenn wir noch die bessere Lesbarkeit der gesetzten Zeile ausnutzen und etwas kleinere Schrift wählen als sie der Zeilendrucker bietet, wird das Verhältnis noch günstiger, ohne daß (wie die vorgelegten Beispiele zeigen) die Lesbarkeit leidet.

Die vergleichsweise schlechte Lesbarkeit der Zeilendrucker-Protokolle führt denn auch dazu, daß man sie zusätzlich zu dem Platz, den die einzelnen

Zeichen schon benötigen, durch großzügigere Platzaufteilung auszugleichen versucht; die als Abb. 1 abgedruckte Probeseite aus dem Wortindex zu Georg Büchner zeigt dies recht deutlich.

Ich möchte dennoch nicht dieses (in seiner großzügigen Platzaufteilung konsequente) Beispiel den weiteren Überlegungen zugrundelegen, sondern an drei weiteren Beispielen die jeweiligen Kosten nach den heute geltenden Preisen in etwa abzuschätzen und zu vergleichen versuchen.

Legen wir die als Abb. 2 abgedruckte Probeseite aus dem Novalis-Index als Beispiel für den Offset-Druck vom Zeilendrucker-Protokoll unseren Berechnungen zugrunde. Wir haben hier:

- 58 Textzeilen pro Seite, 54 Zeichen/Zeile (+ 3 Stellen Zwischenraum zwischen den Spalten). Dies ergibt maximal (wenn jede mögliche Schreibstelle beschrieben wäre)
- 3132 Zeichen/Seite. Die vorliegende Seite enthält de facto (außer der Seiten-Überschrift; die Zwischenräume zwischen den Stellenangaben (Referenzen) sind jeweils nur als 1 Zeichen gewertet) 1905 Zeichen, wovon 47 Sterne sind, die auf der Setzmaschine durch Wahl einer anderen Schriftart (z.B. kursiv) ersetzt werden könnten. Die vorliegende Seitenaufteilung erlaubt maximal
- 348 Referenzen in 58 Zeilen à 6 Referenzen. De facto enthält die abgebildete Seite 249 Referenzen.

Stellen wir nun diesem Index den in der gleichen Reihe erschienenen Index zu Georg Trakl's Dichtungen gegenüber, aus dem Abb. 3 eine Probeseite zeigt. Der Trakl-Index ist dem Novalis-Index auch vom Erscheinungsbild her durchaus vergleichbar: zweispaltiger Satz, die Referenzen in den beiden Spalten kolumnenartig angeordnet. Wir haben hier bei gleichem Format und gleichem Satzspiegel (lediglich der Abstand zwischen den beiden Spalten ist bei gleicher Spaltenbreite größer gewählt):

- 61 Zeilen pro Seite und (bei der gewählten Schrift-Größe von 8/9 Punkt und einer Spaltenbreite von 13 Cicero) 78 Ziffern pro Zeile. Wenn man davon ausgeht, daß Buchstaben und Interpuktionszeichen durchschnittlich gleich breit sind wie die Ziffern, ergibt dies maximal
- 4758 Zeichen/Seite bei besserer Übersichtlichkeit und Lesbarkeit. De facto enthält die Seite 2867 Zeichen, wobei Markierungen nicht durch zusätzliche Zeichen dargestellt werden müssen, sondern durch Kursiv-Schrift angegeben sind. Die Zahl der Referenzen beträgt hier maximal
- 610 Referenzen in 61 Zeilen à 10 Referenzen. Die vorliegende Seite enthält de facto 262 Referenzen.

Stellen wir die Zahlen tabellenartig zusammen, so ergibt sich folgendes Verhältnis:

	Novalis	Trakl	Differenz
max. Zeichen/Seite	3132	4758	+51,9%
(tats. Zeichen/Seite	1905	2867	+50,5%)
max. Referenzen/Seite	348	610	+75,3%
durchschnittl. Abweichung:			+63,6%

Im vorliegenden Beispiel haben wir also durch den Einsatz der Setzmaschine bei wesentlich verbesserter Wiedergabe-Qualität im Schnitt etwa 60% mehr Information auf der Seite als im Schnelldruckerprotokoll.

Davon ausgehend wollen wir jetzt am Beispiel des Trakl-Index die Kosten möglichst konkret durchrechnen und vergleichen, was Satz und Druck des vorliegenden Index in beiden Satzverfahren (Zeilendrucker einerseits und Lichtsatz andererseits) kosten würde. Ich gehe in beiden Fällen davon aus, daß das Magnetband im einen Fall fertig aufbereitet ist für die Zeilendruckerausgabe, im andern Fall für das Satzprogramm (noch nicht für die Setzmaschine selbst).

Die Kosten, die für das Ausdrucken auf dem Zeilendrucker anfallen, sind nach dem Tarif berechnet, der an der Universität Tübingen den Benutzern aus dem Bereich der Universität für Verbrauchsmaterial (Papier, Farbtuch) verrechnet wird (1000 Zeilen Druckerausgabe kosten danach 1,50 DM). Rechenzeitkosten (für Univ.-Institute: –,30 DM/Minute) sind wegen Geringfügigkeit nicht gerechnet. Dies ergibt bei 59 Zeilen/Seite einen Seitenpreis von 0,0885 DM.

Die eingesetzten Kosten für die Herstellung über die Setzmaschine sind Kosten, die bei Abwicklung über die Firma Pagina GmbH in Tübingen entstehen (der ihrerseits für Inanspruchnahme der Anlage des ZDV nach dem »kommerziellen Tarif« Gebühren in Höhe von 13,– DM/Minute CPU-Zeit + 6,50 DM/Minute Kanalzeit verrechnet werden). Diese Abwicklungsform wurde eingesetzt, weil nach Auffassung der Universität Tübingen jeder Satzauftrag für eine Publikation, die bei einem kommerziellen Verleger erscheint, ein kommerzieller Auftrag ist. Die Kosten betragen bei fehlerfreiem, für die Satzprogramme codiertem Eingabe-Magnetband, einem Durchlauf durch die Satzprogramme einschl. Kontroll-Protokoll auf Zeilendrucker, Belichtung auf der Setzmaschine, Ablieferung der repro-fertigen, seitenumbrochenen Druckvorlage auf Fotopapier ca. 1,50 DM/1000 Zeichen (bei Ausgabe auf Film statt auf Fotopapier kommt ein Zuschlag von –,50 DM/Seite hinzu). Das ergibt bei 3000 Zeichen/Seite einen durchschnittlichen Seitenpreis von 4,50 DM.

Die Druckkosten sind angesetzt in der Höhe, wie ich sie unmittelbar vor dem Symposion in Tübingen erfragen konnte. Sie betragen bei einem Bogen-Format von 70x100 cm (ergibt 32 Seiten im Format 17x24) und einer Auflage von 1000 Stück ca. 160,– DM für den 16-seitigen Bogen; dazu kommen die Papierkosten mit 72,– DM/16 Seiten.

Wenn wir nun davon ausgehen, daß im vorliegenden Fall, wie oben errechnet, auf einer über die Setzmaschine erstellten Seite ca. 60% mehr Information untergebracht werden kann als bei Verwendung des Zeilendrucker-Protokolls als Druckvorlage, so ergibt sich, daß bei Verwendung des Zeilendruckers der Umfang des Trakl-Index um eben diese 60% zunehmen würde. Der Index-Teil des Bändchens (also abzüglich Vorwort und 2 Seiten Zwischentitel vor dem Häufigkeitswörterbuch) umfaßt 176 Seiten = 11 Bogen. Bei Zeilendrukker-Protokoll als Druckvorlage würde der Umfang um 60% = 106 Seiten oder 6,6 Bogen zunehmen; das Bändchen würde 282 Seiten = 17,6 Bogen umfassen.

Daraus ergibt sich folgende Kosten-Gegenüberstellung (Auflage: 1000 Exemplare):

	Druckvorlage	Druck	Papier	zusammen
Lichtsatz	176 × 4,50	11 × 160	11 × 72	
	= 792,-	= 1760,-	= 792,-	3344,-
Zeilendrucker	282 × 0,0885	17,6 × 160	17,6 × 72	
	= 24,96	= 2816,-	= 1267,20	4108,16
Differenz:	−767,04	+ 1056,-	+ 475,20	+ 764,16

Die eingesparten Satzkosten werden durch die höheren Druckkosten also um mehr als das Doppelte wieder aufgewogen: Die Verwendung des Zeilendrukker-Protokolls hätte die Herstellung des Bändchens (ausschließlich Bindekosten) um etwa 760,- DM oder 22% verteuert.

Noch krasser wird das Mißverhältnis, wenn wir einen Index wie den Kaufringer-Index von Paul Sappler (siehe Abb. 4) zugrunde legen und uns dazu eine entsprechende Zeilendrucker-Ausgabe vorstellen. Hier sind die Auszeichnungsmöglichkeiten, die die Setzmaschine bietet, noch besser ausgenutzt: zusätzlich zur normalen Schrift sind noch eine halbfette Schrift (auch diese teilweise schräggestellt), Auszeichnung durch Sperrung (die auf dem Zeilendrucker zwar auch möglich wäre, aber mehr Platz kosten würde) und Index-Ziffern benutzt. Auf diese Weise konnte bei gleicher Buchstaben-Zahl auf der Seite mehr Information untergebracht werden: die Referenzen (die durch die beigefügten Index-Ziffern mehr Information enthalten als in den vorigen Beispielen) nehmen weniger Platz ein, indem die (halbfetten) Gedicht-Nummern nur dann gesetzt wurden, wenn sich die Referenzen auf ein neues Gedicht beziehen; vom platzaufwendigen Kolumnensatz für die Referenzen konnte abgegangen werden; für Unterlemmata konnte auf Zeilenwechsel verzichtet werden; und dies alles, ohne daß die Übersichtlichkeit darunter gelitten hätte.

Obwohl das Format des Buches um 20% kleiner ist als in den vorigen Beispielen (und entsprechend weniger Papier pro Seite verbraucht wird; Format: 14 × 22 cm = 308 cm^2 statt 16 × 24 cm = 384 cm^2; Spaltenbreite 2 × 11 statt 2 x 13 Cicero), haben wir noch mehr Information auf der Seite: 53 Zeilen mit durchschnittl. 6,6 Referenzen in jeder Spalte = max. 700 Referenzen/Seite gegenüber 348 in unserem Zeilendrucker-Beispiel. Der Indexteil hätte, über Zeilendrucker gesetzt, also statt 139 Seiten rund 280 Seiten ergeben: eine Umfangsteigerung um 100%. Das Kostenverhältnis wird hier also noch günstiger für die qualitativ bessere Darstellung.

Diese Kosten-Überlegungen habe ich freilich immer auf das ganze Buch und die darin enthaltene Information bezogen, nicht auf den Preis pro bedruckter Seite. Letzterer ist zweifelsohne günstiger, wenn man durch die Reproduktion von Zeilendrucker-Protokollen die Satzkosten einspart und dabei gleichzeitig mehr Seiten produziert; dieses Verfahren bleibt konkurrenzlos preisgünstig, wenn man das Gewicht einer wissenschaftlichen Publikation in kg mißt.

Der Weg vom maschinenlesbaren Material zum fertigen Satz

Doch nun von den Vorteilen der Publikation über Lichtsatz zum Weg dorthin: Was muß mit dem maschinenlesbaren philologischen Material geschehen, damit daraus ein fertiges Satzprodukt wird?

Das Verfahren, das angewandt werden muß, besteht in jedem Fall aus drei Stufen:

a) Das zu setzende Material muß mit Information versehen werden, aus der die typographische Gestaltung und die Satzanordnung hervorgeht (typographische Steuer-Codes).
b) Aus diesem, mit Steuer-Codes versehenen maschinenlesbaren Material müssen mit Hilfe eines Satzprogramms die Steuercodes für die Setzmaschine erstellt werden, z.B. auf einem Magnetband, das die hardwarecodes der verwendeten Setzmaschine enthält.
c) Mit Hilfe dieses Steuerbandes wird (sofern das Satzprogramm nicht als Software Bestandteil der Setzmaschine selbst ist und die Schritte b) und c) deswegen zusammenfallen) das gewünschte Satzprodukt erstellt, z.B. ein Film, der die fertig umbrochenen Seiten enthält.

Wir wollen uns hier nur über die ersten beiden Stufen unterhalten; auf die Setzmaschine haben wir ohnehin (außer vielleicht der Auswahl des für unseren Zweck geeigneten Gerätes) keinen Einfluß.

Diese beiden Stufen können auf sehr unterschiedliche Weise verwirklicht sein, je nachdem, welches Satzprogramm verwendet wird. Dieses Satzprogramm kann sein:

1. ein Spezialprogramm, das auf bestimmte Texttypen zugeschnitten ist, das folglich um die Struktur des zugrunde liegenden Textes einerseits und die typographischen Gestaltungswünsche andererseits weiß; ein solches Programm wird mit sehr wenig Zusatz-Information im Sinne des oben

genannten Schrittes a) auskommen. Aus der Anordnung des maschinenlesbaren Materials (das für solche Anwendungen häufig als formatgebundene Datei mit festen Spalteneinteilungen für die einzelnen Teile der Information vorliegt; Beispiel: ein Telefonbuch oder eine Adressenliste) geht für das zugehörige Spezial-Satzprogramm schon alle Information hervor, die für die typographische Gestaltung notwendig ist.

2. ein Universalprogramm, das nicht auf einen bestimmten Texttyp zugeschnitten ist. Hier möchte ich weiter unterscheiden:
   a. Universalprogramme ohne Seitenumbruch-Funktion. Dazu gehören fast alle in kommerziellen Satzzentren verfügbaren Universalprogramme. Diese Programme leisten: automatische Aufteilung von endlos erfaßten Texten in Zeilen vorgegebener oder (über im Text selbst enthaltene Steuercodes) vorgebbarer Länge einschließlich eventuell notwendiger automatischer Silbentrennung, oder Aufbereitung in Form von Tabellen-Zeilen, jeweils in der (voreingestellten oder über Steuercode verlangten) Schriftart und Schriftgröße (sofern es sich nicht um ein Programm handelt, das für Zeilengießmaschinen eingesetzt wird). Das Satzprodukt, das diese Programme automatisch erstellen können, ist mit den Druckfahnen des herkömmlichen Satzes vergleichbar: alles, was über den Zeilenumbruch hinausgeht, muß entweder nach der Belichtung auf der Setzmaschine mit Schere und Leim gemacht werden, oder aber vorher berechnet und in Anweisungen an das Satzprogramm (z.B. für größeren Filmvorschub am Seitenende, Wechsel vom Haupttext auf Fußnoten-Text usw.) verwandelt werden, die in den dem Satzprogramm übergebenen Text als Steuercodes eingefügt werden müssen. Davon möchte ich unterscheiden
   b. Satzprogramme, die den Seitenumbruch selbständig vornehmen und dennoch nicht Spezialprogramme für bestimmte Texttypen sind, sondern so universell sind, daß die meisten im Werksatz anfallenden Satzaufgaben damit bewältigt werden können, angefangen vom Bibliothekskatalog über Wortindex und wissenschaftliche Monographie bis zur kritischen Textedition.

Es ist mir wichtig, daß deutlich wird, daß automatischer Seitenumbruch nicht gleichbedeutend ist mit Spezialprogramm. Ich betone dies, da ich wiederholt gerade von Fachleuten aus dem graphischen Gewerbe, die selbst Lichtsetzanlagen (auch des von uns benutzten Typs) benutzen, den Einwand gehört habe, es müsse, wenn von der Setzmaschine automatisch umbrochene Seiten verlangt werden, für jedes Buch mit typographisch nicht identischer Form ein eigenes Programm geschrieben werden. Dies verteuere dann die Kosten weit über die im konventionellen Verfahren für komplizierten Satz entstehenden (durchaus auch hohen) Kosten hinaus; wo diese Kosten nicht verrechnet werden, seien sie in Personalausgaben an den Universitätsrechenzentren versteckt, die eben diese Spezialarbeit (die entweder in Stufe a) oder in Stufe b) besteht) für jedes Buch machen und somit statt des Verlegers den Steuerzahler belasten.

Ich gebe gerne zu, daß wir auch in Tübingen begonnen haben, unsere erste Lichtsatz-Erfahrung mit Spezialprogrammen zu sammeln: Der Textteil der Reihe 'Materialien zu Metrik und Stilistik' wird heute noch mit Hilfe des Spezialprogrammes gesetzt, das ich Ende 1969 für die Publikation der 'Metrischen Analysen zur Ars Poetica des Horaz' geschrieben hatte. Ausgegangen wird dabei von einer für den Zeilendrucker aufbereiteten Datei; die Zeileneinteilung steht schon vor dem Durchlauf durch das Satzprogramm fest, da es sich (bis auf die wenigen Zeilen erläuternden Zwischentextes) ausschließlich um Information in tabellarischer Anordnung handelt. Das Satzprogramm muß dann nur noch wissen, um welchen von einigen wenigen verschiedenen Zeilentypen es sich bei einer eingelesenen Zeile handelt; hierfür reicht das Printer-Vorschubzeichen der CD 3300 aus (es wird bei der Erstellung des Zeilendrucker-Protokolls ausgenutzt, daß nicht definierte Vorschubzeichen, z.B. das S oder das T, bei der Zeilendrucker-Ausgabe wie blank behandelt werden). Das Satzprogramm verzweigt aufgrund des Vorschubsteuerzeichens zu entsprechenden Programmteilen, in denen die typographische Form der entsprechenden Zeile fest vorgegeben ist; auch mehrere Drucker-Zeilen können so zu einer Setzmaschinenzeile zusammengefaßt werden; so wird auf diese Weise aus den beiden Drucker-Zeilen

```
S     -    . .   -   . .   -    . . -   -  - . .   -  +
T  73 NEC MODUS INSERERE ATQUE OCULOS IMPONERE SIMPLEX.
```

auf der Setzmaschine die eine Zeile

73 nec modus inserere atque oculos imponere simplex.

Für den automatischen Seitenumbruch genügt es hierbei (da keine Fußnoten vorkommen), einige Zeilen vor Überschrift-Wechsel den Seitenwechsel zu verbieten.

Die Programmierarbeiten für dieses Programm haben mich etwa 2 Monate intensiver Arbeit gekostet; die Programme waren aber schon so modular aufgebaut, daß das nächste Spezialprogramm, dessen Ergebnis Sie in der oben besprochenen Abbildung 3 vor sich haben, nur noch ca. 3 Tage Progammierzeit erforderte. Nach einem dritten Spezialprogramm (mit dessen Hilfe der Editionsteil von PAUL SAPPLERS Kaufringer-Edition gesetzt wurde) hatten wir Erfahrung genug, um - stufenweise - unser heutiges Universalprogramm zu entwickeln.

Ich bitte Sie mir nachzusehen, daß ich darauf insistiere, daß ein solches Universalprogramm nicht nur theoretisch denkbar, sondern tatsächlich auch vorhanden ist, weil Ihnen das, wenn Sie sich mit Fachleuten unterhalten, fast durchweg energisch und mit Fachkompetenz bestritten wird (in allerjüngster Zeit tauchen jedoch auch im kommerziellen Bereich Satzprogramme auf, die zumindest den einfacheren Umbruch nach typographischen Regeln enthalten). Die im Anhang abgedruckten Probeseiten (Abb. 3-7) mit unterschiedlichster typographischer Form sollen (zusammen mit der vorliegenden Publikation, die ebenfalls über diese Programme gesetzt und umbrochen wurde) die Universalität dieser Programme veranschaulichen: das Satzprodukt waren jeweils die fertig umbrochenen Seiten, also einschließlich Seitenziffer, Kolumnentitel und Fußnoten bzw. kritischem Apparat.

Einfügen von Steuercodes in das maschinenlesbare Material

Voraussetzung für diese Vielfalt von typographisch verschiedenen Seitenbildern ist natürlich ein gewisser Vorrat an Steuercodes, aufgrund welcher das Satzprogramm seine Entscheidungen treffen kann. Der Vorrat möglicher Steuercodes wird größer sein als bei Satzprogrammen, die keinen oder nur einen trivialen automatischen Seitenumbruch leisten.

Ein Spezialprogramm, das aus der Zeilen- und Spalten-Aufteilung der Eingabe-Daten seine Information entnimmt, kommt fast ohne zusätzliche Codes für Umbruch-Funktionen aus; in unserem o. g. Beispiel der 'Metrischen Analysen' genügte es, den Zeilentyp anzugeben; sogar auf Codes für »Zeilenabbruch« (die bei Programmen des o. g. Typs 2a notwendig sind, wenn innerhalb eines Textblocks, z.B. an einer Abschnittsgrenze, eine neue Zeile verlangt wird) konnte verzichtet werden, da jeder Zeilenwechsel in der maschinenlesbaren Vorlage auch einen Zeilenwechsel im Satzprodukt bedeutete.

Ein Universalprogramm braucht derartige Angaben; selbst wenn es nur Fahnen belichten kann und - stark vereinfacht gesprochen - nur den Befehl für Schriftwechsel, Zeilenwechsel und leeren Filmvorschub kennt, muß es alles, was hinsichtlich des Seitenumbruchs darüber hinausgeht, nicht selbst machen, sondern kann erwarten, daß es nach der Belichtung mit Schere und Leim vorgenommen wird oder aber als Vorleistung in der Form erbracht wurde, daß an den entsprechenden Stellen genau diese Codes im Text enthalten sind.

Ein Satzprogramm, das auch den Seitenumbruch automatisch vornehmen will, braucht für diese Funktion noch zusätzliche Codes; so muß z.B. für den Zeilenabbruch die doppelte Anzahl von Codierungsmöglichkeiten vorhanden sein, da es Zeilenwechsel als Abschnittsgrenze unterscheiden muß von einem Zeilenwechsel, der auch innerhalb eines Abschnittes (z.B. bei Gedichtsatz) vorkommen kann. Der Grund dafür sind typographische Umbruchregeln, nach denen z.B. die letzte Zeile eines Abschnittes nicht oben auf einer neuen Seiten stehen darf, ebenso wie die erste Zeile eines neuen Abschnittes oder gar eine Überschriftzeile nicht als letzte auf der Seite stehen sollte.

Der Benutzer muß also seine Steuercodes für ein Satzprogramm mit Umbruch-Funktion aus einem größeren Befehlsvorrat auswählen als der Benutzer eines Programms, das nur Fahnen setzen soll. Dafür entfällt aber die anschließende Umbruch-Arbeit, die (einschließlich der Umbruch-Korrektur) freilich den Autor bzw. Herausgeber nicht immer so sehr belastet wie im Fall einer kritischen Edition mit mehreren textkritischen Apparaten. (Für solche Editionen dürfte der Einsatz eines Programmes, das die Umbruchleistung nicht vorsieht, in der Tat unwirtschaftlicher sein als der herkömmliche Herstellungsweg, zumindest für die kritischen Apparate.)

Furcht vor diesen Steuerzeichen ist in keinem Fall angebracht: wo sie »von Hand« eingesetzt werden müssen (z.B. bei der Zusammenstellung des Textes für eine kritische Edition), spart dies nach dem Satz die Umbruch-Arbeit und -Korrektur; in vielen Fällen, die hier zur Diskussion stehen, ist aber das maschinenlesbare Material in der zur Publikion vorgesehenen Form gar nicht von Hand zusammengestellt, sondern durch ein Programm erarbeitet worden; dies gilt u. a. im Fall eines Wortindex, von dem wir bei unseren Überlegungen ja ausgegangen waren. Es ist dann im allgemeinen eine geringe Mühe, in einem solchen Programm noch einige Instruktionen vorzusehen, die auch die für das Satzprogramm notwendigen Steuercodes (z.B. bei Lemmawechsel) mit ausgeben, oder aber (falls Sie Standard-Programme benutzen, die solche Funktionen nicht vorsehen) Ihre Ausgabe-Datei mit Hilfe eines anderen Standard-Programms oder eines entsprechenden eigenen Programms aufzubereiten. Es reicht in der Regel aus, einen Teil der Steuerzeichen, die Sie für die philologische Verarbeitung Ihres Textes ohnehin vorsehen mußten, mit Hilfe eines Standardprogramms durch andere zu ersetzen.

Wo das Satzprogramm eine Vielzahl von Codierungen verlangt (z.B. bei einem Wortindex die Befehle für Kolumnentitel-Wechsel), sind diese zumeist auch automatisch einsetzbar; wo sie nicht so häufig sind, spart die geringe Mühe des Einsetzens (und »Mitschleppens« dieser Codierungen durch die einzelnen Verarbeitungsschritte) ein Vielfaches an Mühe bei der Umbruch-Korrektur wieder ein – sofern man nicht nach wie vor vom Zeilendrucker-Protokoll publizieren will; was zwar nicht das beste Druckbild ergibt, nach den obigen Ausführungen auch nicht das billigste Publikationsverfahren sein dürfte, aber dort, wo weder ästhetische Gesichtspunkte noch Druckkosten eine Rolle spielen, der bequemste und schnellste Weg der Publikation von maschinenlesbarem philologischem Material sein dürfte.

	Haaren	Forts.					
				1180.31			
5123.	Haaren	r	1	1214.31			
5124.	Haarstern		1	1059.21			
5125.	hab		22	1032.21	1038. 3	1041. 3	1146.23
				1147.27	1149. 9	1149.10	1149.14
				1150.27	1153.14	1154.25	1154.28
				1158. 8	1159.25	1161.16	1163.35
				1167. 1	1171. 2	1172.29	1174. 5
				1177.12	1181. 5		
5126.	hab	g	1	1177.23			
5127.	hab'		25	1032. 8	1034.22	1041. 9	1041.11
				1041.25	1053. 1	1105.16	1113.22
				1113.23	1117. 2	1123. 6	1123.12
				1132. 7	1137.17	1153.33	1154.19
				1156.18	1160.28	1161. 1	1162.30
				1164.25	1170.21	1173.13	1174.19
				1248.27			
5128.	hab'	g	2	1092. 6	1092. 7		
5129.	hab's		12	1153.36	1157.37	1158. 6	1161.12
				1161.19	1166.17	1168. 6	1171. 1
				1172.33	1174.14	1174.31	1174.32
5130.	habe		228	1013.10	1017.38	1019.29	1020.21
				1030.36	1032.24	1036. 9	1036.13
				1037.28	1038. 3	1044. 7	1047. 5
				1048.32	1049. 4	1050. 4	1050.14
				1052.35	1053. 9	1053.32	1053.33
				1053.33	1054. 9	1056. 2	1056.12
				1058.15	1061. 4	1061. 4	1064.19
				1065.20	1066.29	1068. 8	1072.29
				1073.17	1080.35	1085.15	1085.20
				1086.37	1090.21	1090.21	1090.22
				1095. 1	1095.39	1105. 9	1105.10
				1105.22	1105.26	1106. 1	1106.38
				1107.32	1107.33	1110.10	1110.21
				1111.26	1112. 3	1112.34	1113. 4
				1113.37	1114.36	1115. 1	1115.20
				1116. 4	1117.17	1117.20	1118.16
				1119.22	1119.39	1121.29	1121.31
				1125.35	1129.14	1129.25	1137. 9
				1137.10	1137.22	1137.26	1138. 2
				1138.38	1140.36	1141.10	1141.11
				1141.21	1158.31	1163.33	1164.13
				1176. 6	1177.15	1180. 8	1196. 2
				1199.20	1200.12	1200.16	1200.34
				1201.32	1204.39	1205.11	1206.29
				1207.23	1207.28	1208.19	1208.29
				1208.33	1208.35	1211.28	1214. 7
				1215.37	1222.33	1222.37	1223.38
				1225.14	1225.35	1228.19	1230. 7
				1230.32	1231.32	1232. 7	1234.14
				1235.18	1236.11	1236.11	1236.27
				1237. 8	1237.20	1240. 5	1240. 9
				1240.27	1241. 9	1244.19	1246. 8
				1246.14	1248.37	1248.38	1251.29
				1251.31	1251.34	1253.14	1254. 8
				1254.18	1254.34	1255.12	1255.39
				1256.26	1256.36	1262.29	1263.28
				1263.29	1264.38	1265.20	1266. 9
				1266.14	1266.22	1266.29	1269. 7
				1269.29	1269.30	1270.16	1270.29
				1271.17	1271.29	1272.14	1272.36
				1273.37	1274.32	1275. 2	1277.17
				1277.32	1278.24	1279.33	1279.33
				1280. 5	1283.20	1284.12	1287.19
				1289. 3	1289. 3	1289.11	1289.19
				1290.27	1290.29	1290.37	1292. 3
				1292.21	1292.29	1292.31	1294. 7
				1294.17	1294.22	1294.31	1294.31
				1295.15	1295.18	1295.20	1296. 1
				1296.29	1298.26	1298.28	1298.29
				1300.11	1300.17	1301. 2	1301.25
				1301.32	1302.25	1303. 2	1304.22
				1305.15	1306.22	1309. 6	1309.16
				1309.19	1310.15	1312.24	1312.27
				1314.16	1314.22	1314.28	1317.15
				1319.34	1319.35	1324.11	1324.17
				1326.28	1329.18	1331.26	1332. 1
				1332.20	1333.35	1334. 1	1334.39
5131.	haben		205	1009.18	1009.21	1010. 3	1011. 3
				1013.27	1014. 7	1014. 8	1014. 9
				1014.12	1014.15	1014.16	1014.16
				1014.17	1014.18	1014.19	1014.19
				1014.20	1014.21	1015.15	1017. 6
				1017.32	1018.14	1018.15	1019.25
				1020.29	1020.33	1022.17	1022.31
				1024. 6	1025.27	1025.36	1025.37
				1026. 4	1028. 3	1029.33	1031. 9
				1032.13	1032.18	1032.23	1032.38
				1033. 2	1033. 4	1035. 3	1035. 5
				1035. 6	1035.14	1036.26	1036.31
				1037. 7	1039.16	1043.17	1044. 5
				1045. 4	1045.11	1046.12	1046.22
				1046.26	1046.27	1047.13	1047.16
				1047.18	1047.21	1047.24	1047.35
				1047.37	1048.12	1048.14	1048.17

Abb. 1: Monika Rössing-Hager: Wortindex zu Georg Büchner, Dichtungen und Übersetzungen. Berlin 1970, S. 165
(Format des Buches: 22 × 32 cm, Satzspiegel ca. 135 × 260 mm)

NIEDER		21230
22627	22723	24711
29420	30707	
NIEDERFAELLT		31929
NIEDERGELASSEN		20416
NIEDERGESCHLAGENEN		22008
*NIEDERKNIENDEN		29633
NIEDERKNIETE		28817
NIEDERLIESS		22720
NIEDERSETZEN		20020
*NIEDERUNGEN		23405
NIEDERZULASSEN		31426
NIEDLICH		30917
NIEDRIG		25234
NIEDRIGEREM		21515
NIEDRIGERN		26109
NIEGEFUEHLTES		22512
NIEGEKANNTEN		19608
NIEGESEHENE		19702
NIEVERGLUEHENDEN		27804
*NIMM		20208
30402	*32122	
*NIMMER		27309
NIMMT		23133
28026		
NIPPT		27515
NIPPTE		30434
*NIRGENDS		20613
20614	20935	*23722
*28722	30131	
*NOCH		19327
19513	19530	19809
19835	19903	19924
20002	20008	*20023
*20027	20033	20136
20207	20233	20507
20828	20903	21034
21035	21208	21211
21316	21319	21321
21524	21632	21803
21824	21911	21915
21918	*21935	22011
22317	22323	22335
22408	22527	22601
22625	23032	23223
23418	23421	23422
23612	23613	23614
23815	*24108	24307
24336	24414	24420
24819	24821	24916
25109	25132	25206
25415	25502	25509
25515	25521	25625
25723	25734	26202
26202	26309	26415
26427	26801	*26805
26806	27132	27307
27331	27526	27618

27908	27930	28326
28504	*28614	28707
28708	28721	28731
28808	28904	28910
28915	*28923	28933
28935	28936	29126
30128	*30132	*30303
30331	30415	30720
30735	*30836	30910
30927	*31006	31719
*31804	31806	*32007
32126	32132	32213
32230	32327	*32417
32431	32508	32511
32711	32723	32932
32935		
*NOCHMALS		28126
NOERDLICHE		30421
NOETIG		19823
23728	26016	26216
28004	28602	28623
29601	30617	
NOETIGE		28530
32828		
NOETIGEN		28605
32831		
*NORDEN		26220
*27017	*29434	*29512
*29724	*30725	*31224
*31307		
*NOT		19607
*21308	*25632	*27228
*33028		
*NOTLEIDENDER		28002
NOTWENDIG		20435
25919		
NOTWENDIGEN		24136
*NOTWENDIGKEIT		21806
*28722	*33328	
*NUETZLICHE		20534
28230		
NUETZLICHEN		26027
NUN		20009
20109	20716	20931
21209	22127	22225
22312	*22312	22322
*22324	22404	*22521
22805	22906	23009
23923	24214	24326
25014	*25225	25322
25529	25622	25726
26003	26108	26528
26811	26830	26831
27019	27201	27218
27720	28101	*28819
29031	29436	30325
30703	30803	30819
30924	31001	31202

Abb. 2: Helmut Schanze: Novalis, Heinrich von Ofterdingen. Frankfurt und Bonn 1968 (Indizes zur deutschen Literatur 1), S. 122. (Format des Buches: 16 × 24 cm, Satzspiegel ca. 125 × 208 mm in 2 Spalten à ca. 58 mm Breite)

Hügels (1,1) 114,05
Abendhügel
Beinerhügel
Felsenhügel
Frühlingshügel
Herbsteshügel
Kalvarienhügel
Rebenhügel
Tannenhügel
Hülle (1,1)
Hülle (1,1) 109,04
hüllen (10,9) V
gehüllt (6,5) A 14,71 108,06
181,04 *412,14* 455,18 459,29
hülle (1,1) 179,15
hüllt (2,2) 178,24 256,18
hüllt (1,1) D 451,65
umhüllen
verhüllen
hüllenlos (1,1) A
hüllenlos (1,1) 196,48
Hürlein (1,1)
Hürlein (1,1) 283,07
hüten (1,1) V
hüten (1,1) 283,02
Hütte (28,22)
Hütte (12,8) 50,25 89,26
91,06 128,14 *297,10* 298,10 321,11
323,07 *363,23* *378,08* *379,06* 457,70
Hütten (16,14) 28,12 39,07
46,04 51,06 67,39 72,77 94,03
144,04 169,40 180,12 273,11 315,02
316,02 342,12 *381,04* *408,40*
Lehmhütte
Huhn
Rebhuhn
Huld (3,3)
Huld (3,3) 249,05 249,09 249,13
Hummel (3,3)
Hummeln (3,3) 157,10 278,07
319,05
Hund (9,9)
Hund (7,7) 18,15 53,12 62,21
64,36 180,03 298,07 457,80
Hunde (1,1) 220,04
Hunden (1,1) 289,05
hundert (1,1) P
hundert (1,1) 441,04
jahrhundertalt
Hunger (4,4)
Hunger (3,3) 124,09 180,07 316,11
Hungers (1,1) 133,32
hungern (4,2) V
hungernd (2,2) A 456,40 459,41
Hungernden (2,0) *372,15* *374,36*
hungertoll (1,1) A
hungertolle (1,1) 20,05
hungrig (3,2) A
Hungrigen (3,2) 17,16 *294,36*
296,36

Hure (3,3)
Hur (1,1) 443,05
Hure (2,2) 124,07 218,09
Hürlein
verhuren
Hurenhaus (1,1)
Hurenhaus (1,1) 16,17
huschen (9,9) V
huschen (2,2) 48,10 52,06
huschen (1,1) D 275,09
huschend (1,1) A 148,52
huscht (3,3) 19,13 39,07 168,22
huscht (1,1) D 13,44
huschten (1,1) 192,07
vorüberhuschen
Hyazinthe (5,3)
Hyazinthe (4,3) 26,14 84,14
168,06 *373,15*
Hyazinthen (1,0) *366,24*
hyazinthen (15,10) A
hyazinthene (6,5) 81,12 94,05
170,56 319,12 346,07 *371,03*
hyazinthenen (5,3) 83,04 125,20
139,14 *405,56* *409,14*
hyazinthener (1,1) 336,05
hyazinthne (1,0) *381,06*
hyazinthnes (1,1) 286,22
Hyazinthnes (1,0) *284,22*
ich (272,266) P
ich (272,266) 46,13 46,15 46,19
49,16 50,39 59,03 59,07 59,09
65,11 95,12 141,17 147,23 160,02
168,02 168,04 168,05 168,09 168,11
168,16 168,25 169,28 169,30 169,34
169,42 169,42 169,43 169,44 169,46
169,51 170,55 170,57 170,58 170,59
170,64 170,64 170,65 176,07 176,17
189,03 189,04 189,20 189,25 189,27
189,29 190,32 190,38 190,41 190,43
190,45 190,46 190,47 190,50 190,52
190,53 190,55 190,59 190,63 191,67
191,68 191,71 191,73 191,75 191,76
191,78 191,82 191,83 191,84 191,84
191,85 191,86 191,88 191,89 191,90
191,90 191,92 191,92 191,94 191,97
192,99 192,05 192,06 192,09 192,11
192,14 192,14 192,15 192,15 192,17
192,17 192,18 194,32 194,33 195,09
195,10 195,12 195,12 195,13 195,16
195,17 195,21 195,22 195,25 195,25
195,25 195,26 195,28 195,29 196,34
196,36 196,47 196,52 196,55 196,57
197,68 197,69 197,69 197,70 197,71
197,73 197,74 197,77 197,77 197,77
197,78 197,80 198,05 198,13 198,16
198,17 198,19 198,20 198,20 198,22
215,03 215,07 215,07 215,10 215,12
215,14 216,33 216,37 *219,03* *219,07*
219,09 220,02 220,15 221,10 222,04
223,17 224,39 224,42 225,65 225,73
225,74 226,84 226,91 226,95 226,99

Abb. 3: W. KLEIN – H. ZIMMERMANN: Index zu Georg Trakl, Dichtungen. Frankfurt 1971 (Indizes zur Deutsche Literatur 7), S. 71. (Format des Buches: 16 × 24 cm, Satzspiegel ca. 130 × 206 mm in 2 Spalten à 13 Cicero = 59 mm Breite)

gach

- *gähen* (1) **11**, 122^{3}

gach *Subst.* (1) **13**, 254^{7*}
gaden *Subst.* (2) **3**, 546^{7*}; **10**, 2^{6*}
gaffen *Verb.* (1) **9**, 54^{6*}
gahen *Verb.* [10] (3) **7**, 146^{6*}; **10**, 12^{5*}; **27**, 141^{5*}; **gachen** (4) **1**, 419^{5*}; **2**, 202^{5*} 226^{6*}; **3**, 582^{6*}

- *gahet* (1) **9**, 194^{2}; **gacht** (2) **13**, 131^{6*}; **14**, 338^{7*}

gaist *Subst.* [12] (11) **17**, 175^{6*}; **18**, 80^{5} 97^{5}; **26**, 83^{5*}; ~der hailig gaist **16**, 637^{6*}; **25**, 23^{3} 66^{3} 94^{3} 115^{5*} 141^{3} 244^{3}

- *gaists* (1) des hailigen gaists **25**, 205^{4}

gaistlich *Adj.* [5] (3) **3**, 254^{4}; **19**, 71^{5}; **25**, 139^{4*}

- *gaistlichen* (2) **7**, 276^{5}; **17**, 229^{4}

gaiseln^{0} *Verb.* [1]

- *gaiselt* (1) **17**, 281^{2}

galgen *Subst.* (1; 1) **6**, 18^{3}; **30**, 95^{6}
Gallilee *Eigenname* (0; 1) **32**, 50^{5*}
gan *Verb.* [174; 15] (20; 2) **4**, 85^{4*}/; **5**, 121^{8*} 575^{6*}; **6**, 83^{6*} 133^{6*}/; **8**, 240^{7*} 475^{6*}; **9**, 35^{6*}; **11**, 311^{6*} 403^{7*} 411^{6*} 429^{6*}; **14**, 76^{5*} 102^{6*} 191^{7*} 487^{6*} 511^{5*}; **15**, 42^{8*}; **16**, 148^{7*}; **18**, 90^{6*}; **30**, 34^{5*} 88^{7*} 129^{6*}*a*; **gaun** (22; 5) **1**, 71^{7*} 132^{7*} 179^{3} 183^{6*} 243^{3} 308^{2} 316^{3}; **2**, 223^{7*}; **3**, 208^{6*} 543^{7*}; **4**, 85^{4*}*a* 183^{7*}; **6**, 133^{6*}*a*; **7**, 253^{7*}; **8**, 214^{5*}; **9**, 124^{6*} 143^{5}; **11**, 15^{5*}; **14**, 300^{5} 381^{7*} 601^{4} 646^{7*}; **15**, 85^{2}; **17**, 112^{6*}; **30**, 70^{5*} 104^{6*} 129^{6*}/; **31**, 38^{3}; **32**, 134^{1}; **gen** (3) **3**, 597^{4}; **9**, 222^{6*}; **11**, 543^{6*}

- *gangest* (1) **7**, 88^{2}
- *gang* (12) **1**, 314^{5}; **3**, 718^{4}; **4**, 74^{4}; **5**, 678^{1}; **7**, 168^{2}; **9**, 41^{1}; **11**, 427^{1}; **13**, 295^{1}; **14**, 486^{1}; **15**, 77^{5}; **20**, 104^{1} 135^{1}
- *gat* (11; 3) **4**, 158^{6*}; **7**, 126^{2}; **8**, 200^{2} 412^{2}; **16**, 347^{3}; **17**, 82^{2}; **24**, 98^{4}; **26**, 73^{2}; **28**, 57^{7*} 135^{2}; auf und nider gat **4**, 58^{7*}; **7**, 60^{6*}; wenn es (...) an ain schaiden gat **16**, 728^{7*}; **30**, 146^{6*}; **gaut** (1; 1) **24**, 99^{2}; **30**, 132^{6*}; **get** (6) **3**, 645^{2}; **5**, 78^{1}; **12**, 215^{4}; get her **3**, 407^{3}; get hin **11**, 348^{1} 377^{3}
- *gangent* (0; 2) **30**, 48^{2} 90^{2}; **gaund** (1) **6**, 140^{4}; **gont** (0; 1) **30**, 9^{5}; **gent** (1) **26**, 9^{5*}
- *gee* (1) **7**, 5^{5*}

gan

- *gieng* (72; 1) **1**, 126^{2} 280^{2} 444^{4}; **2**, 51^{2} 215^{5}; **3**, 551^{2}; **4**, 36^{2} 89^{3} 171^{2} 250^{2}; **5**, 123^{2} 126^{2} 138^{3} 153^{2} 232^{2} 430^{2} 449^{2} 545^{1} 640^{2}; **6**, 53^{2} 104^{3} 132^{2} 236^{2}; **7**, 20^{2} 36^{2} 47^{2} 109^{1} 122^{2} 175^{2} 186^{2} 210^{3} 233^{2} 239^{2} 347^{2} 354^{2} 365^{2}; **8**, 189^{5*} 365^{2}; **9**, 60^{4} 135^{3} 195^{6*}; **11**, 455^{3}; **13**, 116^{2} 121^{4} 231^{4} 248^{2} 267^{1}; **14**, 154^{3} 189^{6*} 265^{2} 274^{2} 282^{2} 365^{2} 469^{6*} 543^{4} 567^{2} 588^{2} 611^{2}; **18**, 167^{2}; **20**, 63^{2} 122^{2}; **21**, 24^{2} 33^{2} 45^{7*}; **23**, 15^{3}; **30**, 38^{2}; gieng hin und her **2**, 36^{2}; gieng her **1**, 149^{6*}; **18**, 73^{3}; gieng hin **5**, 235^{1}; **6**, 114^{2}; **7**, 227^{2}; es gieng *unpers.* **13**, 119^{6*}; **gie** (3) **5**, 262^{6*}; **8**, 224^{6*}; **11**, 419^{7*}
- *giengen* (13) **1**, 43^{2} 54^{2} 77^{2} 207^{2}; **4**, 52^{1}; **5**, 400^{2}; **9**, 185^{2}; **14**, 489^{2} 518^{2}; **17**, 23^{1} 74^{2} 87^{3}; giengen hin **14**, 343^{2}
- *giengent* (1) **23**, 104^{2}
- *gegangen* (4) **1**, 45^{6*} 133^{5*}; **5**, 489^{3}; **6**, 235^{4}; **gegan** (2) **10**, 10^{6*}; **12**, 285^{5*}

gang *Subst.* [3] (1) **19**, 104^{6*}; **gank** (2) **11**, 518^{5*}; **24**, 97^{3}
ganz *Adj.* [41; 8] (10; 7) **1**, 41^{1}; **12**, 59^{6*}; **14**, 6^{4}; **28**, 113^{1} 139^{4}; ganz *zusammen mit* gar **3**, 704^{7*}; **12**, 71^{5}; **15**, 96^{5}; **16**, 755^{3}; **17**, 66^{6} 103^{5}; **20**, 158^{6*}; **28**, 22^{6*} 107^{1} 120^{4} 181^{2} 188^{2}

- *ganzer* (7) **4**, 425^{4}; **5**, 513^{6}; **13**, 455^{4}; **22**, 58^{2}; mit ganzer kraft **5**, 749^{3}; **16**, 437^{5}; **17**, 4^{6}
- *ganze* (5) **2**, 45^{4}; **5**, 488^{5} 744^{1}; **11**, 185^{4}; **16**, 448^{6}
- *ganzem* (5) mit ganzem ~fleiß **11**, 227^{5}; **13**, 32^{6}; **18**, 137^{5}; von ganzem herzen **11**, 272^{2}; **17**, 130^{6}
- *ganzen* (14; 1) **2**, 128^{5}; **3**, 185^{3}; **8**, 53^{4}; **11**, 313^{4}; **14**, 22^{2}; **16**, 748^{1}; **17**, 255^{3}; **19**, 151^{2}; **27**, 32^{2}; **28**, 182^{4}; ganzen trewen **5**, 5^{4} 741^{3}; **8**, 293^{2}; **13**, 73^{2}; **16**, 1^{4}

gänzlich *Adj.* [21; 1] (1) **16**, 673^{4}; **genzlich** (20; 1) **1**, 65^{5*} 362^{2} 389^{1}; **2**, 56^{4}; **3**, 620^{4}; **4**, 25^{1}; **5**, 240^{5} 296^{5}; **7**, 193^{1} 286^{4}; **9**, 221^{4}; **13**, 506^{3}; **14**, 509^{4} 586^{4}; **16**, 303^{5}; **17**, 237^{4}; genzlich *zusammen mit* gar **3**, 307^{3}; **8**, 459^{3}; **16**, 418^{3}; **23**, 182^{3}; **28**, 159^{3}
gar *Adj.* (336; 19) **1**, 20^{5} 61^{1} 70^{5} 126^{3} 147^{4} 187^{5} 215^{3} 231^{4} 295^{4} 373^{4} 415^{3}

Wortindex 51

Abb. 4: Heinrich Kaufringer, Werke. Herausgegeben von Paul Sappler. Band 2: Indices. Tübingen 1974, S. 51
(Format des Buches: 14 × 22 cm, Satzspiegel ca. 103 × 175 mm in 2 Spalten à 11 Cicero = 50 mm Breite)

Abb. 5: JENS LÜDTKE: Prädikative Nominalisierungen mit Suffixen im Französischen, Katalanischen und Spanischen. Tübingen 1978. S. 215 (Wechsel von ein- und mehrspaltigem Satz, mit Fußnoten).

émir → émirat
exarque → exarchat
externe → externat
général → généralat
imam (iman) → imamat (imanat)
khédive → khédivat (khédiviat)
marquis, -se → marquisat
principal → principalat
proconsul → proconsulat
provincial → provincialat
syndic → syndicat
tétrarque → tétrarchat
triumvir → triumvirat
vice-consul → vice-consulat
vizir → vizirat
voïvode → voïvodat

Bei mehreren Wörtern hat das Suffix die Variante /-ja/:

khédive → khédiviat (khédivat)
landgrave → landgraviat
margrave → margraviat
novice → noviciat
patrice (patricien) → patriciat
rhingrave → rhingraviat

und *ministre* → *ministériat* (mit Lexemvariante nach *ministère*).

Die meisten übrigen Ableitungen enthalten Varianten des Grundworts. Bei wenigen Ableitungen liegt die Variation /-ɛ/ → /-e-/ vor: *catéchumène* → *catéchuménat*, *mécène* → *mécénat*, *stathouder* → *stathoudérat*. Auch Ableitungen, denen ein auf Nasalvokal auslautendes Substantiv zugrunde liegt, sind nicht sehr häufig: *artisan* → *artisanat*, *assistant* → *assistanat*,[85] *khan* → *khanat*, *sultan* → *sultanat*; *mandarin* → *mandarinat*, *orphelin* → *orphelinat*, *rabbin* → *rabbinat*; *champion* → *championnat*, *colon* → *colonat*, *patron* → *patronat*; *tribun* → *tribunat*. Die Alternanzen /-ɛr/ → /-arj-/ und /-œr/ → /-ɔr/ sind besser vertreten:

/-ɛr/ → /-arja/

actionnaire → actionnariat
actuaire → actuariat
commissaire → commissariat
haut-commissaire → haut-commissariat
notaire → notariat
prolétaire → prolétariat
secrétaire → secrétariat
sociétaire → sociétariat
sous-secrétaire → sous-secrétariat
vicaire → vicariat
volontaire → volontariat

/-œr/ → /-ɔra/

auditeur → auditorat
censeur → censorat
directeur → directorat
docteur → doctorat
Electeur/électeur → électorat
inspecteur → inspectorat
pasteur → pastorat
précepteur → préceptorat
prieur → priorat
professeur → professorat
prosecteur → prosectorat
protecteur → protectorat

---

[85] Formal regelmäßig wäre *assistance* wie *intendant* → *intendance*, aber die Einordnung in eine Bezeichnungsgruppe (*rectorat*, *professorat*) scheint wichtiger zu sein als die rein morphologische Regelmäßigkeit.

Abb. 6: Gregorii Ariminensis OESA Lectura super primum et secundum sententiarum. Edidit A. Damasus Trapp OSA. Tomus IV: Super Secundum (Dist. 1-5). Berlin 1979. S. 161 (automatischer Umbruch mit lebendem Kolumnentitel, Marginalien, mehreren Fußnoten-Apparaten in unterschiedlicher Gestaltung - der zweite Apparat ist über die automatisch eingesetzten [umbruch-abhängigen] Zeilennummern an den Text gekoppelt und fortlaufend als Block gesetzt).

deperditur et alia continue acquiritur. Sed consequens est contra Philosophum[13] 5 Physicorum in capitulo De contrarietate motus.

(Ad obiectionem 1-15)

Ad primam[14] concedo maiorem et nego minorem. Ad probationem concedo quod illud quod continue movetur potest quiescere, esto quod nulla res 5 permanens corrumpatur. Et cum additur ›si quieverit, motus desinet esse‹ dico quod si quieverit, nulla re permanente desinente esse, ut prius sumebatur, motus ille non desinet esse, sed mobile utique desinet moveri et motus desinet esse motus. Hoc autem non erit propter desitionem alicuius rei, sed ideo quia id ex motu, quod est acquirendum dum mobile movetur, erit ac- 10 quisitum complete, et non immediate erit aliquid acquirendum, sicut requiritur | ad hoc quod res aliqua sit motus, ut patet supra[15]. 19J

Additio 13: Nec immediate aliquid acquiretur, et per consequens nulla res tunc erit actus illius mobilis secundum quod est mobile et in potentia. Ac per hoc nulla erit motus. Sic igitur res, quae nunc est motus, tunc etiam erit, sed 15 tunc non erit motus, quia nulla pars eius erit in potentia ut sit actus mobilis modo supra[16] posito.

Et ideo, si aliquando ab auctoribus vel aliis recte intelligentibus dicitur quod motus desinit, ubi nulla res permanens desinit, intelligendum est modo praedicto. Quod satis docet Commentator[17] 8 Physicorum commento 62, ubi 20 ait: »Omnis motus desinens non desinit, nisi quando potentia transfertur ab eo in quo fuit in actu, et hoc erit quando illud fit in actu«. Et 9 Metaphysicae commento 11 in fine dicit[18] quod »significatum potentiae« acceptae in definitione motus »est non cessare neque separari ab illo ad quod potest, quoniam, si ista potentia exiverit ad actum, destrueretur motus«. Ubi patet secun- 25 dum eum quod, cum de ratione motus sit ut ad aliquid eius mobile sit in potentia, hoc remoto, motus destruitur. Sed constat quod hoc potest contingere absque desitione alicuius rei, quinimmo per positionem alicuius in actu

[13] *cf* Aristot Phys 5,5 (229a 7-b 22; Juntina 4,235E-238J = tc 46-52)
[14] *cf* p 158
[15] *cf* p 151 sq et 154 sqq
[16] *cf* p 154 sqq
[17] Averroes In Phys 8 com 62 (Juntina 4,401M).- Pro ›in actu‹ Juntina praebet ›transmutatio‹.
[18] Averroes In Metaph 9 com 11 (Juntina 8,237BC)

7 esse] *om* J **9** desitionem] *edd*, desinitionem EJW **15** nunc] nec λ **15** sed] *Hic est interpolatio, de qua in margine* λ: Istud quod clauditur lineis parenthesis erat in originali in margine, impertinens ut patet.- *Haec interpolatio nunc est Additio 13a, vide* p 162,19-24 **28** desitione] desinitione λ

Additio 13: λ fol 19JK

Abb. 7: Universitätsbibliothek Tübingen: Zeitschriften Naturwissenschaften, Mathematik. Laufende Zeitschriften der UB-Zweigbibliothek und Institute Auf der Morgenstelle. 2. Aufl. Tübingen 1978. S. 59 (tabellenartiger Blocksatz).

Standort	59	UB-Bestellnummer
Physik	**Soviet physics JETP**. (Žurnal eksperimentalnoj i teoretičeskoj fiziki, engl.) New York 1955–1975.	
Theor. Physik	--21.1965 ff.	
	Soviet physics: JETP-letters. *Siehe* JETP-letters.	
Angew. Physik	**Soviet physics: Solid state**. New York 1967 ff.	
Theor. Physik	--10.1968 ff.	
Angew. Physik	**Soviet physics: Technical physics**. New York 1970–16.1972	
Physik	**Soviet physics: USPEKHI**. New York 1958 ff.	
B nat S 76	**Soviet sciences**. USSR Academy of Sciences bulletin. (Transl.) New York 45.1975 ff.	Z B 1404
	Space life sciences. Dordrecht *Siehe* Origins of life	
Astrophysik	**Space science reviews**. Dordrecht 1962 ff.	
Astronomie	--1962 ff.	
Astronomie	**Spaceflight**. London 1.1956/58–8.1966.	
chem S 20	**Spectrochimica acta**. Berlin 1.1941–22.1966.	Bf 1093
chem S 21	**Spectrochimica acta: A: Molecular spectroscopy**. 23.1967 ff.	Bf 1093
chem S 22	**Spectrochimica acta: B: Atomic spectroscopy**. 23.1967 ff.	Bf 1093
Chemie	--1941 ff.	
Rechenzentrum	**Sprache und Datenverarbeitung**. Tübingen 1977 ff.	
phys S 40	**Springer tracts in modern physics**. Berlin 1922 ff.	Ba 517
Mathematik	**Srpska Akademija nauka zbornik radova, matematicki Institut**. Beograd 1.1951–8.1960. (Serbokroat.)	
Rechenzentrum	**Statistical methods in linguistics**. Stockholm 1962 ff.	
Mathematik	**Statistical theory and method abstracts**. Edinburgh 1959 ff. Bis 4.1963: International journal of abstracts, statistical theory and method.	
Astronomie	**Die Sterne**. Leipzig 1924 ff.	
Astronomie	**Sterne und Weltraum**. Mannheim 1962 ff.	
Astrophysik	--1969 ff.	
chem S 40	**Steroids**. San Francisco 3.1964 ff.	Z A 1950
Mathematik	**Stochastic processes and their applications**. Amsterdam 1973 ff.	
phys S 60	**Strahlenschutz in Forschung und Praxis**. Stuttgart 1.1961 ff.	Z A 73
chem S 50	**Structure and bonding**. Berlin 1.1966 ff.	Z A 981
chem S 58	**Structure reports**. Utrecht 1913 ff. Früher: Zeitschrift für Kristallographie. Ergänzungsbde.	Bk 1032 b
Mathematik	**Studia logica**. Poznań 1953 ff.	
Mathematik	**Studia mathematica**. Warszawa 1929 ff.	
Mathematik	**Studia scientiarum mathematicarum Hungarica**. Budapest 1966 ff.	
UB: Magazin	**Studia Universitatis Babes-Bolyai**. Ser. Mathematica (bis 19.1974: Mathematica-Mechanica) und Physica. Cluj 15.1970 ff.	Ka LXXXVII 8 cb
Mathematik	--13.1968 ff.	
biol S 55	**Studienführer für den Fachbereich 23 der Freien Universität Berlin**. Berlin 1972 ff.	Z A 2296
math S 65	**Studies in applied mathematics**. Cambridge, Mass. 1.1922 ff. Früher: Journal of mathematics and physics.	Bb 848
Mathematik	--1921 ff.	
Biologie	**Studies in mycology**. Baarn 1.1972 ff.	
biol S 60	**Studies on the neotropical fauna**. Amsterdam 1.1956/59 ff. Früher: Beiträge zur neotropischen Fauna.	Bh 1260
nat S 84–87	**Stuttgarter Beiträge zur Naturkunde**. Stuttgart 1.1957–233.1970: nat S 84	Ba 939
	Ser. A: Biologie: nat S 85. 234.1972 ff.	Ba 939
	Ser. B: Geologie: nat S 86. 1.1972 ff.	Ba 939 b

Abkürzungen

ALLC-Bulletin	Association for literary and linguistic computing. Bulletin
AfdA	Anzeiger für deutsches Altertum und deutsche Literatur
Beitr.	Beiträge zur Geschichte der deutschen Sprache und Literatur
CHum	Computer and the Humanities
Diss.Abstr.	Dissertation abstracts. A guide to dissertations and monographs available in microfilm
DTM	Deutsche Texte des Mittelalters
DVjs	Deutsche Vierteljahrsschrift für Literaturwissenschaft und Geistesgeschichte
GAG	Göppinger Arbeiten zur Germanistik
Hist.Vj.	Historische Vierteljahrsschrift
IPK-Forschungsberichte	Forschungsberichte des Instituts für Kommunikationswissenschaft und Phonetik der Universität Bonn
MTU	Münchener Texte und Untersuchungen zur deutschen Literatur des Mittelalters
PMLA	Publications of the Modern Language Association of America
SIL	Studies in linguistics
ZfdA	Zeitschrift für deutsches Altertum und deutsche Literatur
ZfdPh	Zeitschrift für deutsche Philologie
ZGL	Zeitschrift für germanistische Linguistik

Mit Kurztitel wird zitiert:
The computer and Literary Studies. Hrg. von A.J. Aitken, R.W. Bailey und N. Hamilton-Smith. Edinburgh 1973.

Die Referate der beiden Vorgänger-Symposien, auf die öfters Bezug genommen wird, sind in zwei Bänden 1978 erschienen:
Maschinelle Verarbeitung altdeutscher Texte. I. Beiträge zum Symposion Mannheim 11./12. Juni 1971. II. Beiträge zum Symposion Mannheim 15./16. Juni 1973. Hrg. von Winfried Lenders und Hugo Moser. Berlin 1978.

Teilnehmerverzeichnis

Dr. Erika Bauer, Tübingen
Renate Birkenhauer, Tübingen
Prof. Dr. Roy A. Boggs, Pittsburgh
Maria Bonner, Saarbrücken
Gerd Brümmer, Saarbrücken
Ulf Dammers, Bonn
Dr. Rolf Ehnert, Bielefeld
Gert Frackenpohl, Bonn
Hans Fix M.A., Saarbrücken
Prof. Dr. Winfried Frey, Frankfurt
Dr. Kurt Gärtner, Marburg
Dr. Frédéric Hartweg, Paris
Prof. Dr. Walter Haug, Tübingen
Prof. Dr. Rudolf Hirschmann, Los Angeles
Bernhard Kelle, Freiburg
Prof. Dr. Winfried Lenders, Bonn
Hans-Dieter Mück, Kornwestheim
Hermann Müller, Trier
Prof. Dr. Ulrich Müller, Salzburg
Dr. Wilhelm Ott, Tübingen
Prof. Dr. Monika Rössing-Hager, Marburg
Dr. Paul Sappler, Tübingen
Prof. Dr. Klaus M. Schmidt, Bowling Green, Ohio
Peter Schröder, Bonn
Prof. Dr. Werner Schröder, Marburg
Prof. Dr. Franz Viktor Spechtler, Salzburg
Dr. Jochen Splett, Münster
Dr. Georg Steer, Würzburg
Prof. Dr. Erich Straßner, Tübingen
Dr. Félicien de Tollenaere, Leiden
Prof. Dr. Burghart Wachinger, Tübingen
Klaus-Peter Wegera, Bonn
Dr. Gerd Willée, Bonn